今日からモノ知りシリーズ

トコトンやさしい

スキンケア化粧品の本

化粧品には驚くほど多くの技術と知識が詰め込まれています。肌の悩み、有効成分、作り方、容器との関係、守るべきルールなど、スキンケア製品を創って世に送り出すために知っておきたい知識をまとめました。

江連智暢

B&Tブックス
日刊工業新聞社

はじめに

スキンケア化粧品とはどのようなものでしょうか。

店頭には様々なスキンケア製品が並びます。その1つ1つには驚くほど多くの技術と知識が詰め込まれています。それは消費者の高い要望に応え、また誰もが安心して使えるように、国や企業、大学や業界団体等、多くの関係者が、長い年月をかけて築き上げてきた成果の結晶です。汗や海水でも落ちない日焼け止めが洗顔で簡単に落ちる、その技術は魔法のようです。ミクロやナノサイズの粒子を操り、乳液の感触を刻々と変化させる技術はＳＦのようです。年齢とともに肌が黄ばんで見えるのはなぜか、そこには意外な事実があります。地球環境を維持するための取り組みは、全てのプロセスに組み込まれています。

本書では、この広範で奥深いスキンケア化粧品の世界に、誰もが興味を持って踏み込み、楽しめるように、明確な道案内、つまり目的を設定しています。それは「スキンケア製品を作って、世の中に送り出すこと」です。

もちろん、本書はスキンケア化粧品の製造方法のノウハウ本ではありません。この目的は、大きな流れを指し示す羅針盤です。目的を明確にすることで、深いスキンケア化粧品の森の中で迷うことなく、進むことができます。多様な知識が有機的に繋がります。それを基に、次々と発売されるスキンケア化粧品の価値を判断することができます。さらには新たなスキンケア製品を発想することもできます。そして、全ての知識や技術が、1つのゴールに向かっていることに気づくかと思います。そのゴールとは、「肌を整え、良好な状態とすること」です。これが「スキンケア」です。そして、そのスキンケアをより効果的に行うために作られる製品が、スキンケア化粧品です。

本書では、はじめにスキンケアとはどのようなものか、を見ていきます。そしてスキンケア製品に求められる、肌に関する悩み（肌悩み）に答えるために、肌悩みの実態を理解します。そこでは、シワのように明確な形の変化もあれば、肌の透明感が低下した等の感覚的な悩みもあります。

このような多様な肌悩みに答えるために、次に肌とはどのようなものか、そしてなぜ肌悩みが起きるのか、を見ていきます。原因を知ることで、対応する手段、つまり肌悩みを改善する方法を開発することができます。また実際に開発された様々な有効成分もあわせて見ていきます。そして、そのような成分を使い、製品を作るにはどのようにすればよいか、その実際へと進みます。そこでは、高い使用感触を提供し、高級感を演出する等、スキンケア製品ならではの観点も理解します。さらに作り出した製品を、実際に世の中に送り出し、宣伝して販売するためのルールを理解します。その際に、環境問題に配慮することも、社会的な観点から重要です。

もちろん、興味のある部分だけを読んでも理解できるように、各章は独立しています。ただ、大きな流れがあることで、その章がスキンケア化粧品を作る過程の、どの位置なのかがわかります。読み方は自由です。スキンケア化粧品の世界を自在に探索していただき、その魅力と深みを感じていただくことができれば、それは筆者にとって無上の喜びです。

２０２４年2月

江連　智暢

トコトンやさしい

スキンケア化粧品の本

目次

目次 CONTENTS

第1章 スキンケア化粧品とそのターゲットを知る

1 **スキンケア化粧品とは**「スキンケア化粧品は何のためにあるの?」……10

2 **スキンケアのステップ**「スキンケア効果を最大化する手順」……12

3 **様々な肌悩み**「肌悩みを知ることが、スキンケアの第一歩」……14

4 **シワ**「肌に刻まれる溝」……16

5 **たるみ**「重力で垂れ下がる肌」……18

6 **シミ、くすみ**「肌の色調の変化」……20

7 **キメの乱れ**「見た目を左右する肌表面の微細構造」……22

8 **毛穴の目立ち**「毛穴の色と形の変化」……24

第2章 皮膚を解き明かす

9 **皮膚の働き**「皮膚は何のためにあるの?」……28

10 **皮膚の構造**「皮膚内部の世界」……30

11 **「表皮」は環境から体を守る**「バリア機能を生み出すユニークな仕組み」……32

12 **「角層」は体の最外層**「核を失うことで得られること」……34

13 **「角層」の成分**「バリア機能を生み出す成分」……36

14 **「真皮」は弾力性を生み出す**「シワやたるみを防ぐ、皮膚の弾力性」……38

第3章 肌悩みの原因を探る

15 **「コラーゲン」は皮膚に強度を与える**「真皮の70%はコラーゲン」……40

16 **「ヒアルロン酸」「弾性線維」がハリを生み出す**「しなやかな肌を作る成分」……42

17 **「皮下組織」は皮膚の土台**「皮膚を支える皮下脂肪の機能」……44

18 **「付属器官」が特別な機能を発揮する**「脂、汗、毛を生み出す専門器官」……46

19 **「幹細胞」は皮膚再生の鍵**「新たな細胞を供給する仕組み」……48

20 **「遺伝子」が皮膚をコントロールする**「マイクロRNA?エピゲノム?」……50

21 **「エクソソーム」「サイトカイン」で伝える**「細胞同士のコミュニケーション」……52

22 **皮膚の老化**「肌悩みの根源」……56

23 **細胞の老化**「老化のスパイラル」……58

24 **日焼け**「サンタンとサンバーン」……60

25 **「紫外線」による老化**「老化が加速する」……62

26 **「糖化」による老化**「生活習慣と肌悩みの関係性」……64

27 **皮膚を測る**「計測法の選び方」……66

28 **皮膚の内部を見る**「皮膚の今を読み解く」……68

第4章 有用な成分を開発する

29 **乾燥に対する成分**「保湿成分のバリエーション」……72
30 **シミに対する成分**「美白有効成分」……74
31 **シワに対する成分**「シワを改善する有効成分」……76
32 **肌荒れに対する成分**「炎症を抑える成分」……78
33 **ニキビに対する成分**「洗顔、そして有効成分」……80
34 **酸化ストレスに対する成分**「活性酸素を消去する」……82
35 **薬剤を浸透させる**「肌内部に届けるテクノロジー」……84
36 **美容法や美容器具で効果を高める**「マッサージの科学」……86

第5章 スキンケア基剤を作る

37 **スキンケア化粧品の成分**「スキンケア化粧品には何が入っているの?」……90
38 **成分を混ぜ合わせる**「スキンケア製品を創り出すコア技術」……92
39 **成分が混ざり合った状態**「『溶解』と『分散』の違い」……94
40 **「分散」技術で多様な製品を創る**「使用感触や見た目の印象をコントロールする」……96
41 **「界面張力」が分散を左右する**「水と油はなぜ混ざらないの?」……98
42 **「界面活性剤」の働き**「水と油を混ぜ合わせる」……100
43 **「界面活性剤」の様々な状態**「界面活性剤の最大活用」……102
44 **「界面活性剤」の選び方**「界面活性剤がわかる指標」……104

第6章 スキンケア化粧品を作る

45 「エマルション」を作る「基本的な乳化法」……106
46 「エマルション」を効率的に作る「転相を使った乳化法」……108
47 「エマルション」を安定化する「エマルションの崩壊を防ぐには」……110
48 「αゲル」というスキンケア基剤「水分や油分を多量に含むゲル」……112
49 「ピッカリングエマルション」「『粉末粒子』を使ったエマルションの作り方」……114
50 「高分子」でエマルションを作る「『高分子乳化剤』のメリット」……116
51 「相図」は便利「状態の変化を予測し、読み解くツール」……118

52 「油性成分」と「水性成分」「スキンケア製品の大半を占める成分」……122
53 「高分子」で使用性を高める「高分子の増粘性を活用する」……124
54 「洗浄料」を作る「汚れを落とす技術」……126
55 サンスクリーンを作る「紫外線を防ぐ成分とその配合技術」……128
56 サンスクリーンの効果を測る「SPFとPA」……130
57 「塗布膜」を操る「塗ったスキンケア化粧品はどうなるの?」……132
58 「使用性」を演出する「『レオロジー』による感触の評価」……134
59 「容器」をデザインする「スキンケア製品を支えるもう1つの技術」……136
60 モノ創りの実際「製剤化技術の集大成」……138

第7章 スキンケア化粧品を届ける

61 **スキンケア化粧品を製造して販売するには**「どんな許可が必要なのか？」……**142**
62 **スキンケア化粧品のルール**『化粧品』と『医薬部外品』……**144**
63 **表示、広告のルール**「スキンケア化粧品を伝える」……**146**
64 **「安全性」を担保する**「この成分は配合できるの？」……**148**
65 **「安定性」を保証する**「過酷な環境でも安定に」……**150**
66 **腐敗を防ぐ**「微生物から製品を守る」……**152**
67 **地球環境への配慮**「未来の地球のために」……**154**

【コラム】
●肌悩みに気づく時……**26**
●男性のスキンケア……**54**
●生活習慣とスキンケア……**70**
●美肌の湯……**88**
●有効成分開発の実際……**120**
●進化するスキンケア化粧品……**140**

索引……**159**

第1章

スキンケア化粧品とそのターゲットを知る

1 スキンケア化粧品とは

スキンケア化粧品は何のためにあるの？

皮膚は、体の最外層です。私たちは毎日その状態を見ています。なかでも顔はコミュニケーションを行う上で、最も重要な場所です。そのため顔の皮膚に現れる変化には、多くの人が敏感になり、その状態がわずかに悪化すると、肌に関する切実な悩み（肌悩み）となります。この肌悩みに対して、「肌を整えて良好な状態にする」ために行うことが「スキンケア」です。そしてその効果を最適化するために作られた製品が、スキンケア化粧品です。

スキンケア化粧品では、この肌悩みを改善する「機能性」に加え、使いやすさ（使用性）も重要です。たれ落ちない洗浄料、耐水性の高いサンスクリーンなど、様々な使用場面を最適にする機能が求められます。

スキンケア化粧品では「安全性」も重要な要素です。スキンケア化粧品は、毎日使うものです。何十年も同じ製品を使う方もいます。長期間、安心して使えることは必須です。また品質の「安定性」も重要です。消費者は様々な環境でスキンケア化粧品を使用します。過酷な状況下でも、分離や、腐敗することなく、長期間安定な必要があります。

スキンケア化粧品を使用する際の印象や感触は、「使用感」と呼ばれます。滑らかに塗り広げられることは、心地よさに繋がります。コクのある質感からは、高級感を感じます。感覚的な面での充足感を提供することは、スキンケア化粧品のユニークな特徴の1つです。

それではこの多様な要素を満たすスキンケア化粧品は、どのように作られるのでしょうか。本書では実際に化粧品が生み出される流れに沿って見ていきます。その第一歩は肌悩みを知ることです。次に肌とはどのようなものか、なぜ肌悩みが起きるのかを見ていきます。原因を知ることで、肌悩みを改善する方法を理解することができます。そして、実際の製品を作るための技術へと進みます。さらに作り出した製品を世の中に送り出すためのルールを見ていきます。

要点BOX

- ●スキンケアとは肌を整え良好な状態とすること
- ●スキンケア化粧品には、機能性、使用性、安全性等が求められる

スキンケア化粧品を作るための知識と技術

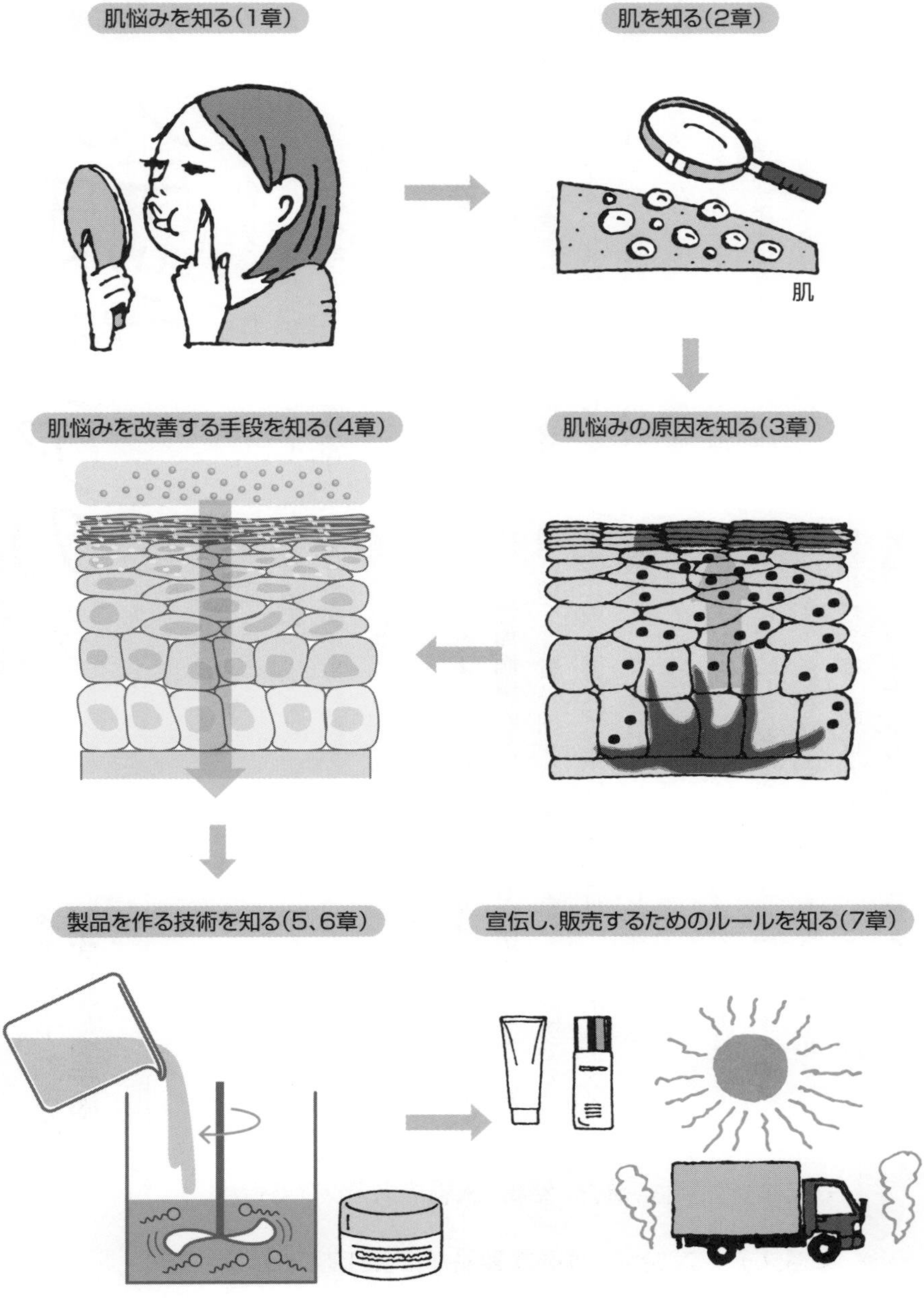

2 スキンケアのステップ

スキンケア効果を最大化する手順

スキンケアは、いくつかのステップで行います。そのステップごとに効果を最適化する製品が用意されています。詳細なステップは、各化粧品メーカーで異なりますが、その目的は共通しています。

はじめは皮膚表面の汚れを洗い流す「洗浄」のステップです。皮膚の表面は、外界に接しているため、様々な物質が付着します。その中には排気ガス等の化学物質や、細菌等の微生物も含まれます。また皮膚から出た、皮脂や汗、それが変性した物質も存在します。このような物質が蓄積することで、皮膚表面の状態は悪化します。また汚れがあると、皮膚に必要な成分を届けることが難しくなります。そのため、汚れを洗い流すために「洗浄料」が使用されます。

洗浄の次は、皮膚に水分や必要な成分を届け、肌を「整える（整肌）」ステップです。ここでは、水分を多く含む「化粧水」が主に使われます。化粧水をコットンで塗布することで、水分をより効率的に届けることができます。

最後のステップは、肌を「保護」するステップです。油分を多く含む製品を塗布することで、与えた水分を閉じ込めて、乾燥を防ぎます。このステップでは、油分を多く含む「乳液」や「クリーム」が使われます。また成分をより多く含み、リッチな使用感等も併せ持つ、付加価値の高い「美容液」も使用されます。乾燥に加え、紫外線から皮膚を守ることも大切です。そのため、紫外線が気になる場合は、一連のステップの最後に、サンスクリーンを塗布し、紫外線によるダメージから皮膚を保護します。

このようにスキンケアには複数のステップがあり、それぞれに対応した製品があります。一方、多くのステップを1つの製品で行えるものもあり、オールインワン化粧品等と呼ばれています。そこでは化粧水、乳液、クリーム、サンスクリーンに加え、化粧下地までが1つになった製品もあります。

要点BOX

- ●スキンケアは、洗浄、整肌、保護のステップで行う
- ●各ステップごとに、最適な製品が作られている

スキンケアのステップ

洗顔

使用する製品

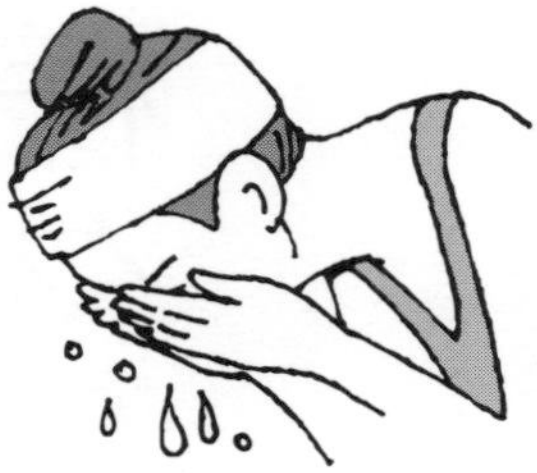

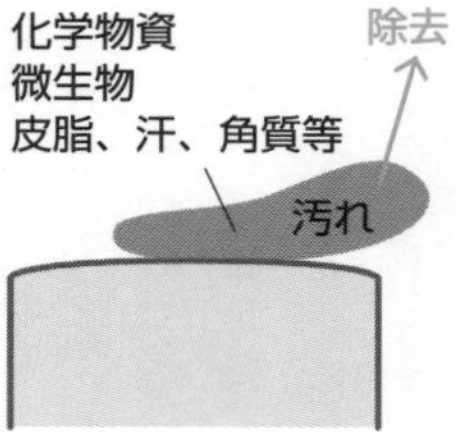

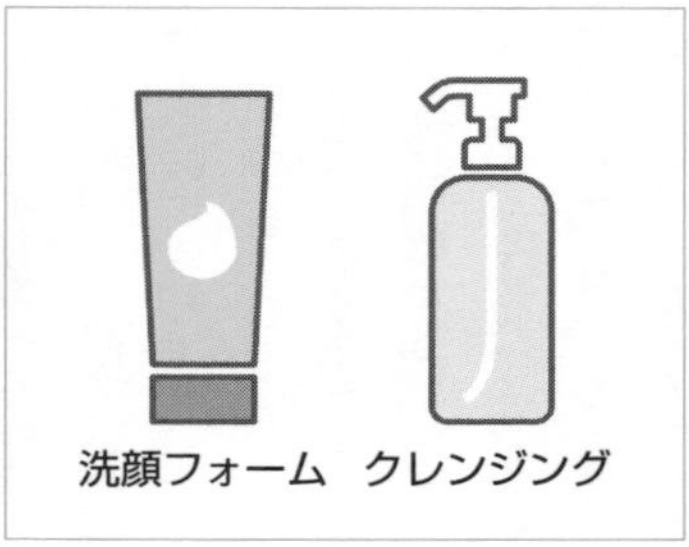

整肌

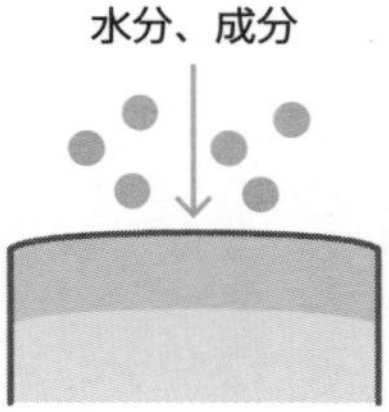

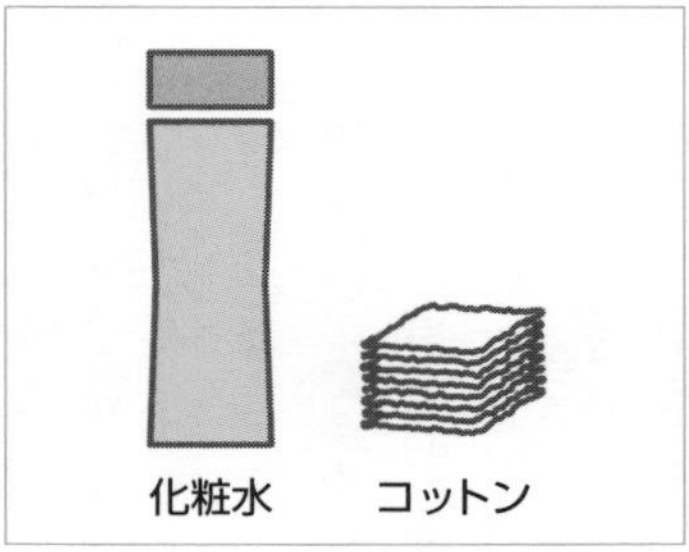

保護

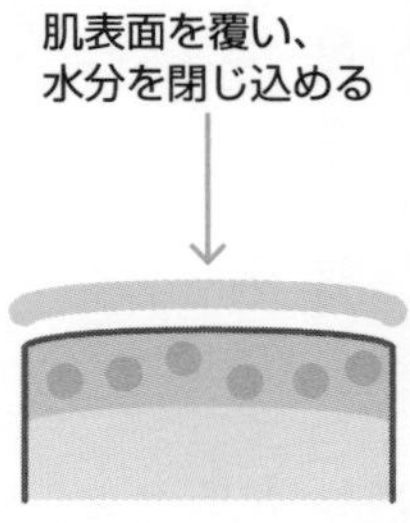

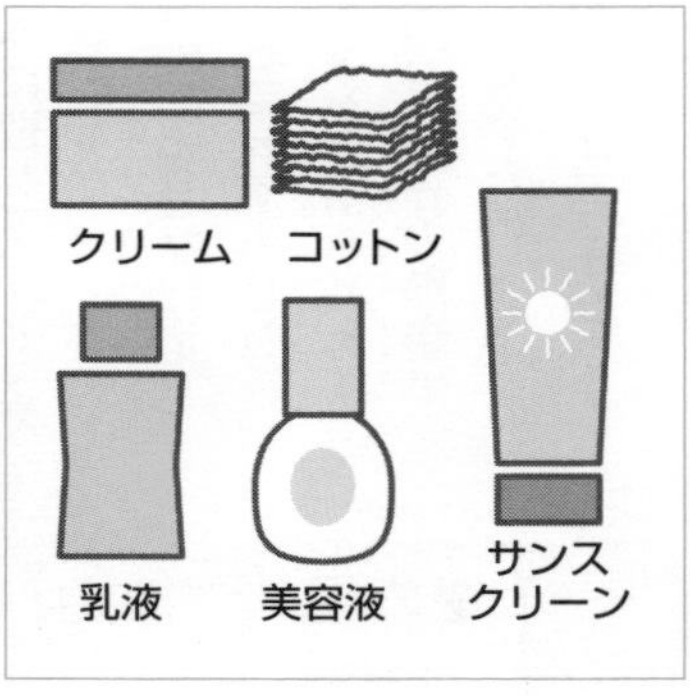

3 様々な肌悩み

肌悩みを知ることが、スキンケアの第一歩

　スキンケア化粧品は、肌を清潔に、健やかに保つために使用されます。何もしなくても良好な状態であれば、スキンケア化粧品は必要ないかもしれません。しかし実際には、年代を問わず肌に関する多様な肌悩みが存在し、この肌悩みに答えることがスキンケア化粧品に求められます。そのためスキンケア化粧品を開発するためには、肌悩みを知ることが大切です。

　肌悩みには様々なものがあります。肌荒れや乾燥のように肌の状態を指すものもあれば、肌のハリといった感触に関係するものや、肌の透明感のような感覚的なものなど、多岐に渡ります。

　年代別で肌悩みの調査を行うと、その傾向がわかります。20代では毛穴が目立つことや、肌が乾燥してかさつくこと、肌の透明感が低いこと、ニキビ、肌荒れ等の「肌状態」の悩みが上位となります。40代では乾燥や毛穴の目立ちに加えて、シミやくすみといった〝肌の色調に関する悩み〟、たるみやほうれい線、シワ等の〝顔の形状〟に関する悩み、若い頃に比べて肌のハリが低下したといった〝肌の質感〟に関する悩みが多くなります。さらに60代では、この傾向がより強まり、〝色調〟や〝顔の形状〟に関する悩みが、より上位となります。

　このような加齢に伴う肌悩みの変化に対応して、スキンケア化粧品も変えていく必要があります。若い方向けのスキンケアでは、ニキビや毛穴などに対するケアが中心となり、年齢が上がるに連れて、シミやシワ、たるみ等のケアへとシフトします。

　肌悩みは、加齢に加えて、環境の影響も受けます。例えば乾燥しがちな地域では、肌荒れや小じわ等、肌の乾燥に関連する肌悩みへのケアが求められます。さらに、遺伝的な要因や、生活習慣等の影響で、肌悩みは一人一人で異なります。そのため、個人の肌悩みに合わせたスキンケア（パーソナライズスキンケア）の開発も進められています。

要点BOX

- ●スキンケア製品は「肌悩み」に答えることが求められる
- ●加齢とともに肌悩みは変化する

肌悩みの加齢変化

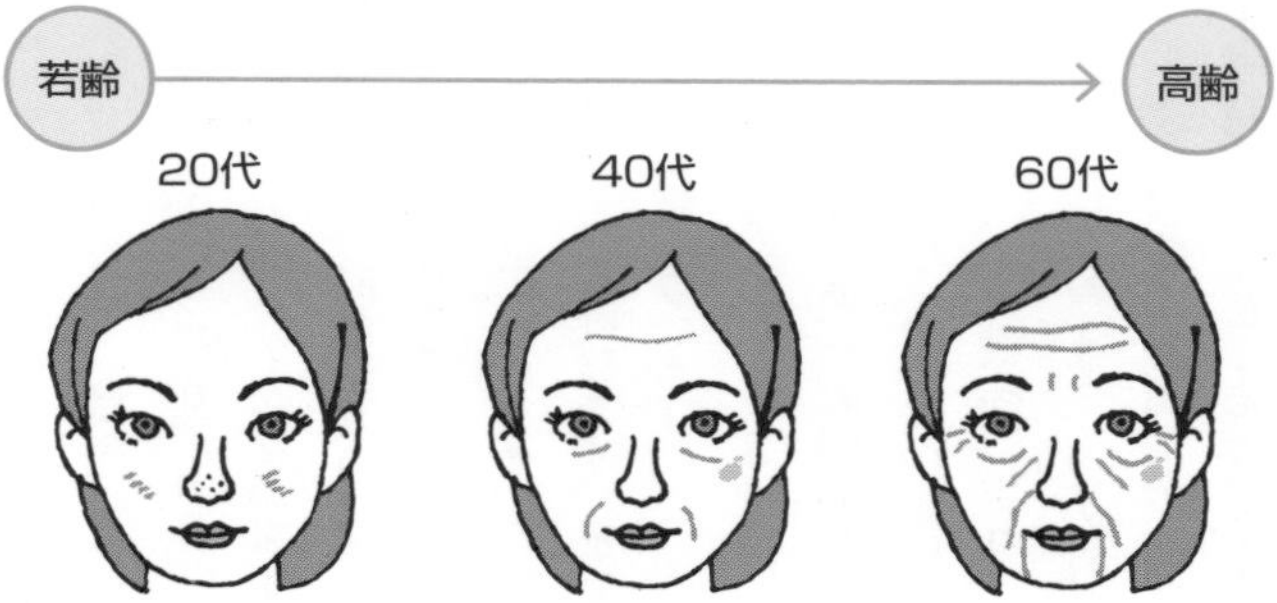

肌の状態の悩み	•毛穴の目立ち •乾燥　•透明感低下 •ニキビ　•肌荒れ	•毛穴の目立ち •乾燥 •透明感低下	ー
肌の色調の悩み	ー	•シミ •くすみ	•シミ •くすみ
肌の質感の悩み	ー	•ハリの低下	•ハリの低下
顔の形状の悩み	ー	•シワ •たるみ	•シワ •たるみ

肌悩みに影響する要素

スキンケアのパーソナライズ

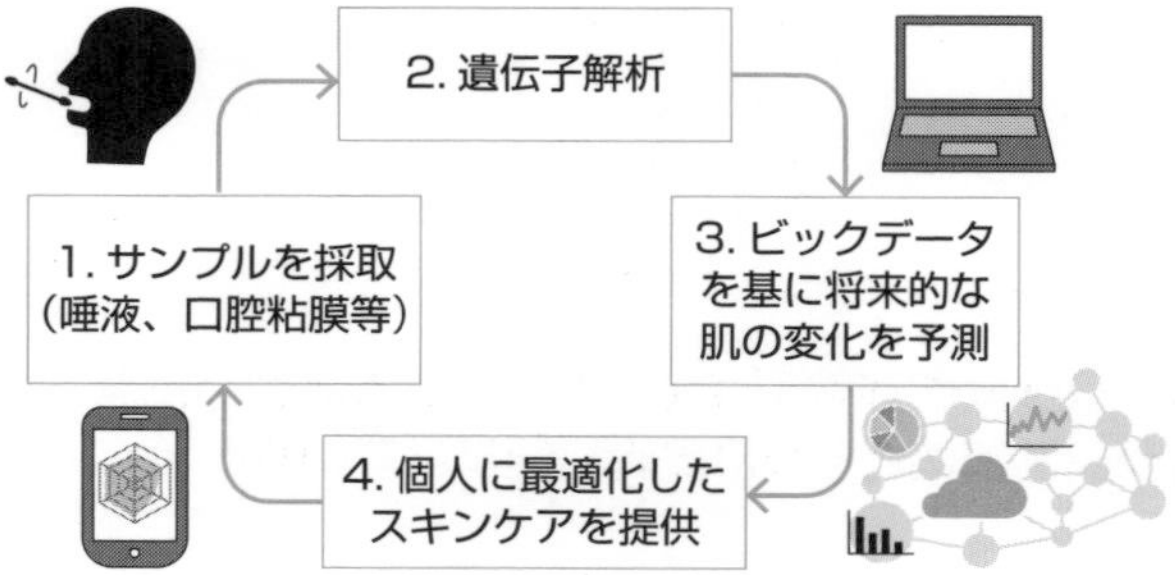

4 シワ

皮膚に刻まれる溝

皮膚が折れ曲がってできた溝状の形状を「シワ」と呼びます。笑った時、目尻にシワが現れます。驚いた時、額には深いシワが現れます。若い頃は、表情を戻すとシワも消えてしまいます。このように表情や体の動きで、一時的に現れるシワを「一過性のシワ」と呼びます。加齢とともに、表情を戻しても一過性のシワは残るようになります。この皮膚に刻まれたシワを「定着シワ」と呼びます。多くの人の悩みとなるのは、この定着シワです。

定着シワはその形から、3種類に分類されます。「線状シワ」は、文字通り直線的なシワで、目尻から放射状にできるシワ（カラスの足跡）や、額に水平に刻まれるシワ等、主に顔面に現れ、紫外線の影響でより目立つようになります。この線状のシワが交差してできる、より複雑な多角形のシワを「図形シワ」と呼びます。顔や首など、紫外線を直接浴びる場所に現れます。このような衣服に覆われていない部位を「露光部」、覆われている部位を「非露光部」と呼びます。一方、紫外線の影響を受けない非露光部、例えば上腕等では、加齢とともに皮膚がゆるみ、細かなヒダ状のシワができます。これを「縮緬シワ」と呼びます。

顔面で目立つシワは、額や目尻に加え、眉をひそめた時にできる眉間の縦シワや、唇をつぼめた時の唇の縦シワ、笑った時に表れる頬の縦シワ等です。

シワは加齢とともに進行します。はじめは表情で皮膚が変形しても、そのエリア全体に細かい溝が多数現れる程度です。しかし、次第にその中にやや目立つシワが現れ、そのエリア全体を横断するように長く伸びるようになります。そして、表情を戻してもこのシワが浅く、短く残るようになります。さらに年齢が進むと表情を創った時に、シワとシワの間が立体的に膨らんで、より一過性のシワが目立つようになります。そしてこのシワが表情を戻しても、深く、長く刻まれたシワとして定着します。

要点BOX

●シワは皮膚が変形することでできる溝状の形状
●シワは加齢とともに皮膚に刻まれていく

シワのでき方

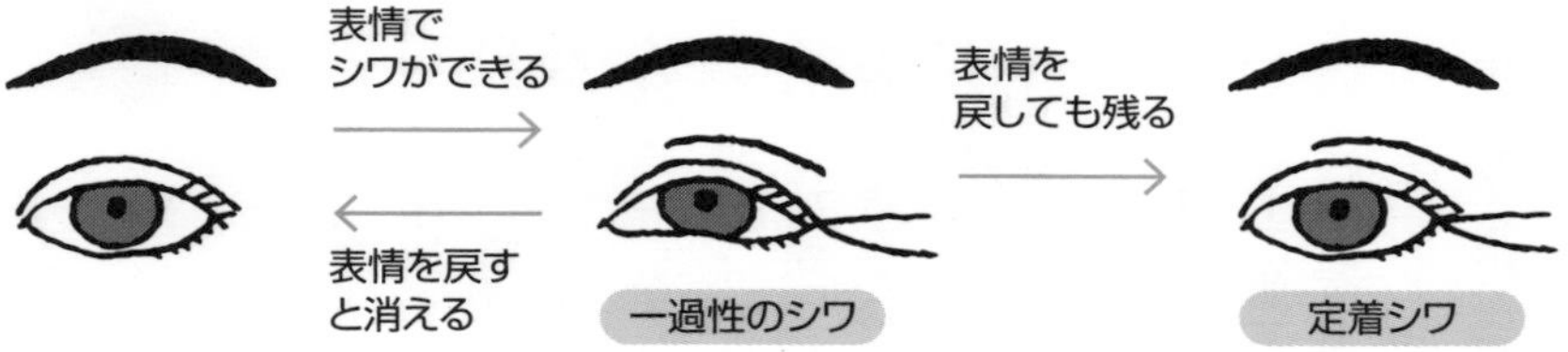

シワの目立つ場所

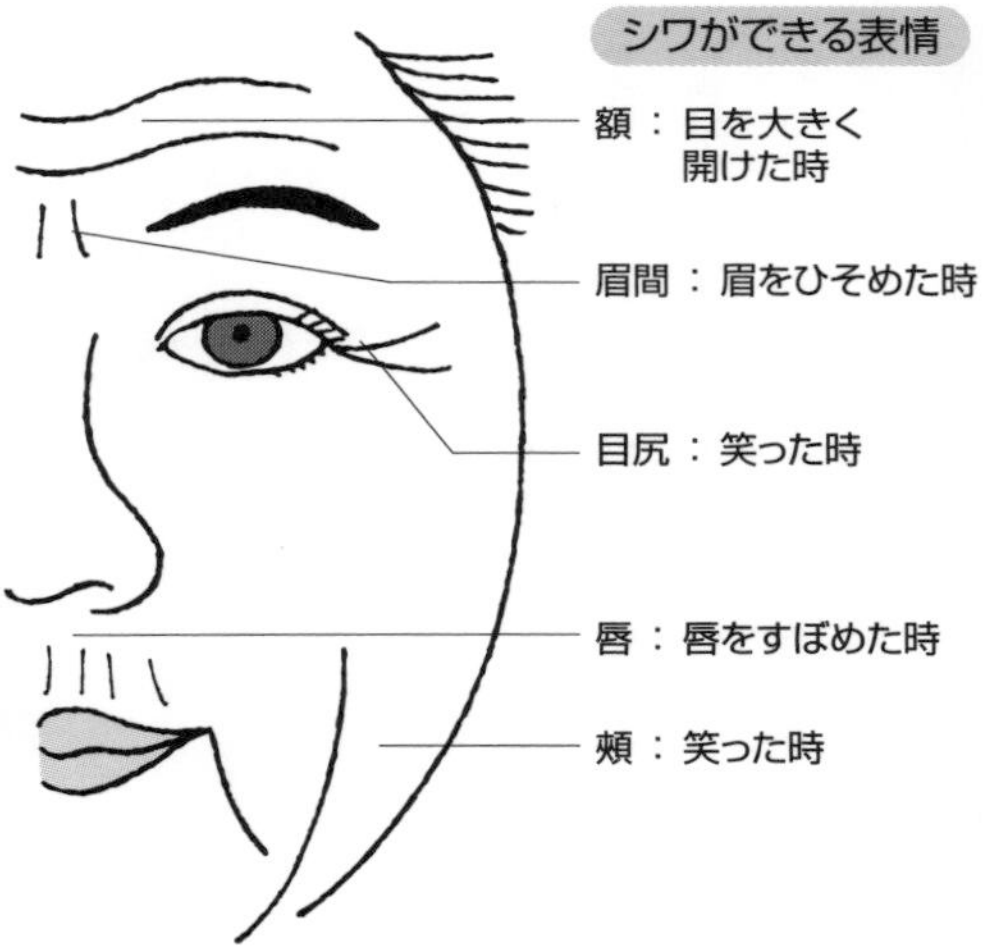

シワの分類

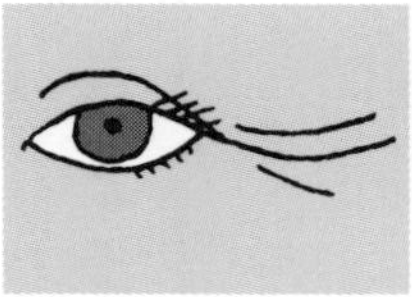

線状シワ

- 直線的なシワ
- 紫外線の影響で深くなる

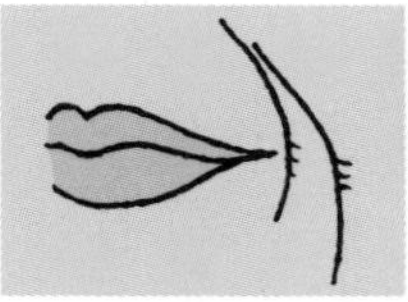

図形シワ

- 多角形のシワ
- 紫外線を浴びる場所

縮緬シワ

- 緩んだ皮膚の細かいヒダ
- 紫外線を浴びない場所

シワの加齢変化

表情による一過性のシワ

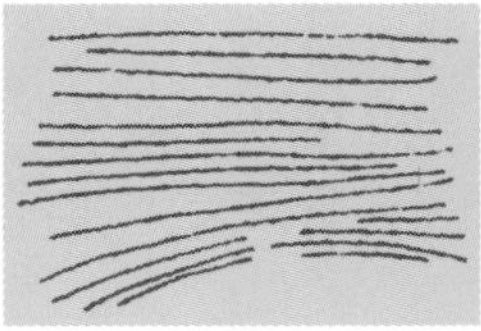

- 表情で細かい溝が全体にできる
- 表情を戻すと消える

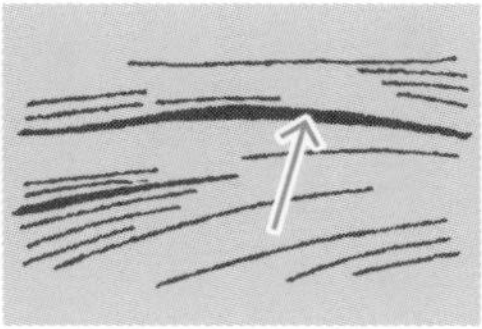

- 表情で長いシワができる
- 表情を戻してもこのシワが浅く残る

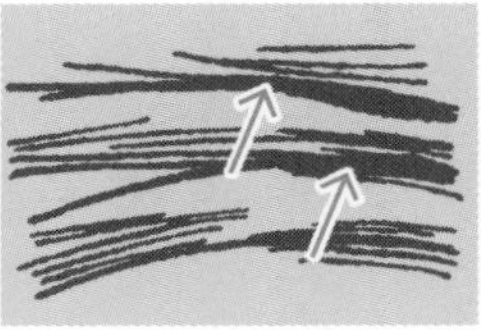

- 表情で立体的なシワができる
- 表情を戻してもシワは残り、深く刻まれる

5 たるみ

重力で垂れ下がる肌

重力で肌が下垂した状態を「たるみ」と言います。たるみは老けた印象を与えることから、中年代以後の肌悩みの上位に挙げられます。たるみは、顔の様々な部位で起きます。特に目立つのは、頬や目の下です。

頬の上部は、若い頃は頬骨付近を中心として、ふっくらとした形をしています。加齢とともに、ふっくら感が失われた印象となります。これはこのエリアが重力で下がり始めるためです。さらにたるみが進むと、頬が平坦になり、また鼻との間に、深い溝が現れます。この溝は「ほうれい線」と呼ばれます。ほうれい線は頬が下がることでできる溝です。さらにたるみが進むと、頬の上部が袋のように垂れ下がった状態となり、ほうれい線も口の横まで拡大します。

これと同様に頬の下部がたるむと、口から顎にかけて溝状の「マリオネットライン」が現れます。これはマリオネット（操り人形）の口元の線に由来する名称です。マリオネットラインやほうれい線は、老けた印象を与えるため、高齢者を表現するイラストで使われます。さらにたるみが進むと、顔の輪郭（フェースライン）が曖昧になり、フェースラインを越えて頬が袋状に垂れ下がります。

目の下は、若い頃は滑らかな形状をしています。たるみが始まると、目と鼻の境界付近にわずかな溝が現れます。これは、ほうれい線等と同様に、たるみによりできる溝で、眼瞼頬溝等と呼ばれます。たるみが進行すると、この溝が頬に向かって拡大し、目の下が膨らんできます。さらにたるみが進行すると、目の下全体が袋状に大きく膨らみます。

たるみはシワとは違い、本人は気づきにくい現象です。これは、たるみのような立体的な形の変化は、捉えることが難しいためです。たとえ鏡等で顔を見て、たるみに気づいても、顔の向きを少し変えるだけで、わからなくなるため、見過ごされてしまいます。

要点BOX

- ●たるみとは重力で肌が垂れ下がった状態
- ●加齢とともに頬や目の下でたるみが進行する

たるみ

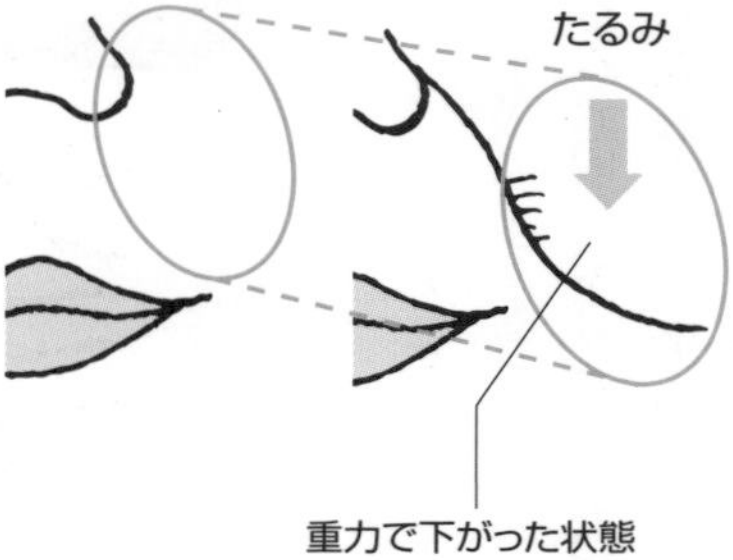

たるみの加齢変化

若齢	高齢
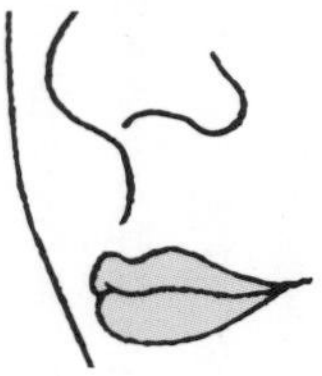	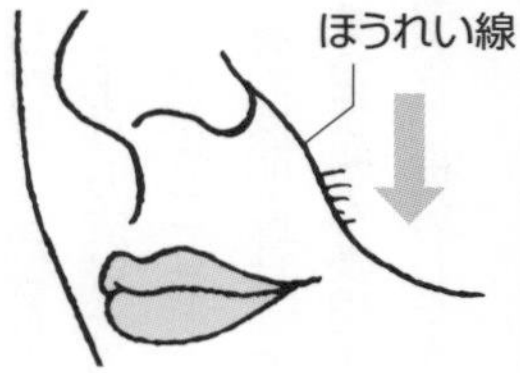 •頬の頂点が下がる •ほうれい線ができる
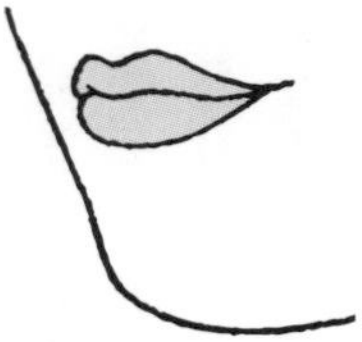	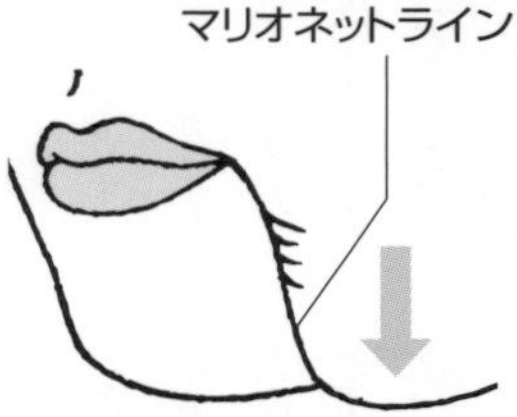 •マリオネットライン ができる •頬が袋状に垂れ下がる
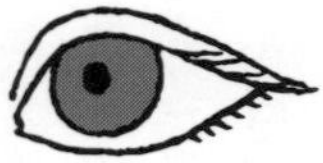	 •溝ができる •袋状に膨らむ

たるみの目立つ場所

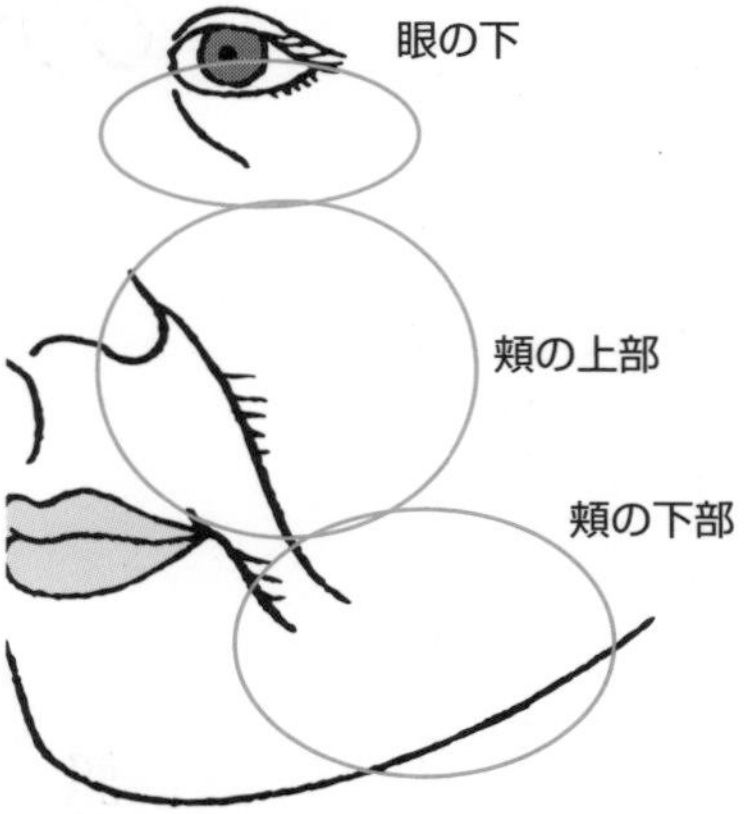

たるみは本人は気づきにくい

斜め

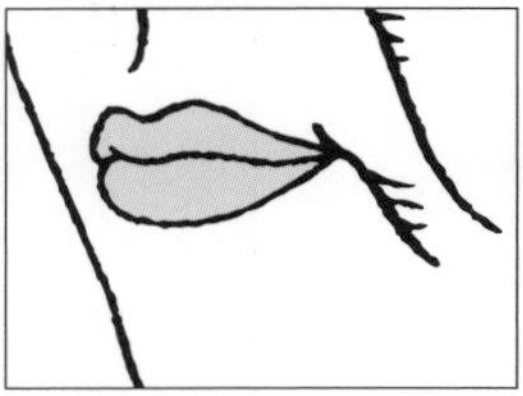

正面

•正面からは形状が捉えにくい
•本人はたるみに気づくのが遅れる

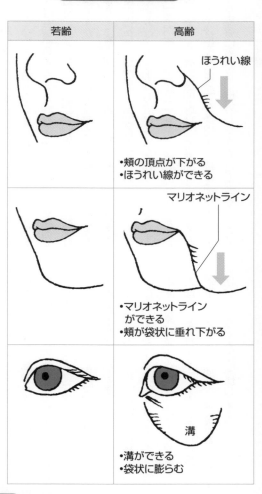

6 シミ、くすみ

肌の色調の変化

加齢とともに、「シミ」や「くすみ」等の「肌の色調の変化」に悩む方が多くなります。

シミは皮膚表面に色素が沈着した状態の総称です。最も多く見られるのが「老人性色素斑（日光性色素斑）」で、紫外線の当たる顔や手の甲、肩や腕などに現れる、円い褐色の色素沈着です。日本人では、頬からこめかみの間に最も多く見られます。本書ではこの老人性色素斑をシミと呼びます。「肝斑」は顔の左右対称に表れる、淡い褐色の色素沈着です。輪郭は明瞭ですが、形は一定ではなく、主に頬に見られます。そばかす（雀卵斑《じゃくらんはん》）は、3歳頃から現れる、直径数ミリ程度の褐色の色素班で、思春期以後に薄くなります。

くすみは、シミよりも広いエリアで起きる現象です。肌の「透明感」が下がることや、「色味の変化」が主な原因です。皮膚の透明感は、感覚的な言葉ですが、多くの人が皮膚の状態を表現する時に使います。人は光が皮膚に当たり、反射した光を目で捉えることで、皮膚の状態を判断します。皮膚に当たった光の一部は、皮膚の表面で反射します（鏡面反射）。それ以外の光は、皮膚の内部に入り込みますが、メラニンやヘモグロビン等の色素で吸収されます。ここで吸収されなかった光は、皮膚の内部で反射して、再び皮膚の外側に出てきます（拡散反射）。この拡散反射が大きいと、皮膚の透明感が高いと感じます。一方で皮膚の色素が多いと光が吸収されてしまい、拡散反射が少なくなります。このような皮膚を、透明感が低いと感じます。そのため、皮膚の状態は透明感に影響します。皮膚の最表面の水分量が多ければ、光が通りやすく、拡散反射が多いため、透明感が高いと感じます。そのため、メラニン等の色素が増えることや、皮膚表面の水分量が減ることで、透明感が低下して、くすんだ印象となります。また、血行が悪くなり肌の赤みが下がることや、加齢で皮膚が黄色くなること（黄色化）も、くすみに関係します。

要点BOX

- ●シミは色素が沈着した状態
- ●くすみは透明感の低下や、色味の変化で起きる現象

しみ

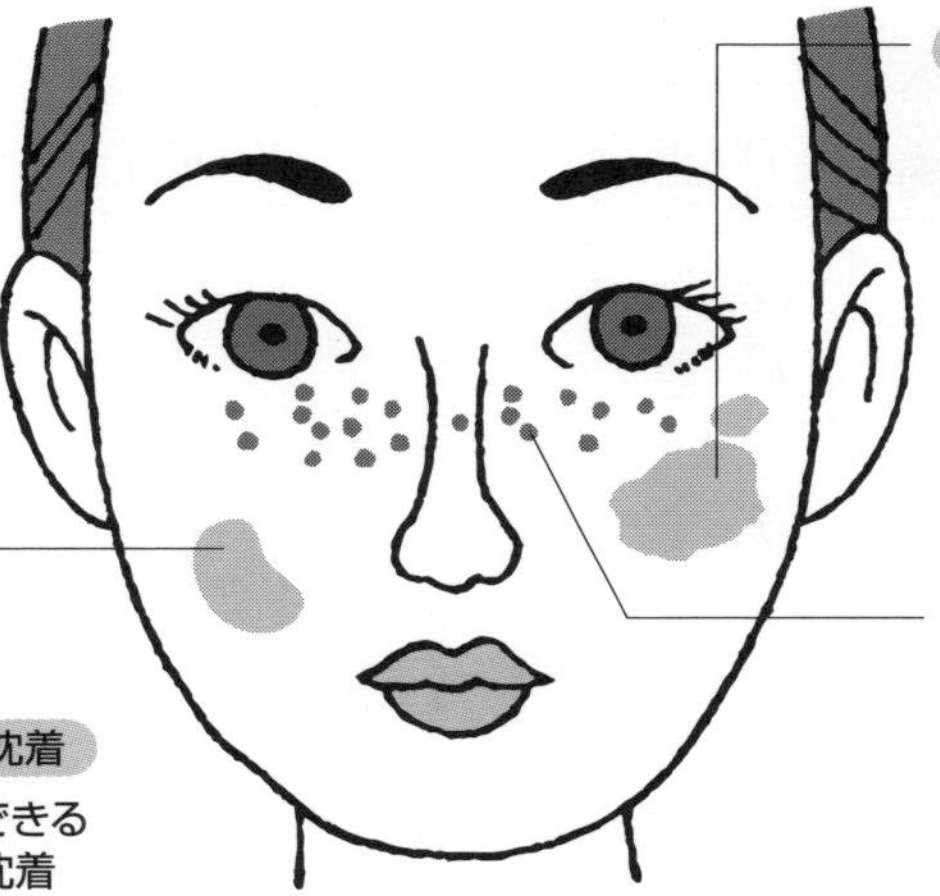

老人性色素斑

- 褐色の色素沈着
- 頬からこめかみの間に多い

雀卵斑(そばかす)

- 直径数ミリ程度、褐色の色素斑
- 3歳頃から現れ、思春期以後に薄くなる

肝斑・褐色の色素沈着

- 顔の左右対称にできる
- 淡い褐色の色素沈着

くすみ

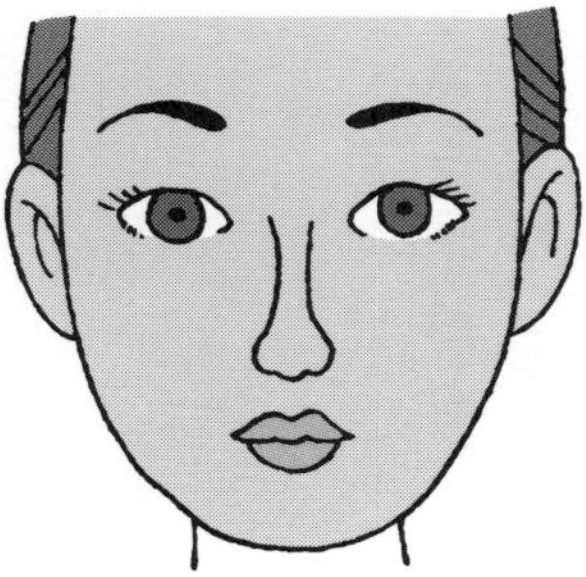

くすみ

シミと異なり、皮膚の広い範囲で起きる

くすみの原因

1) 透明感の低下：皮膚のメラニン等の色素が増える
2) 色味の変化：血流が低下して赤みが下がる、加齢で皮膚が黄色くなる

透明感

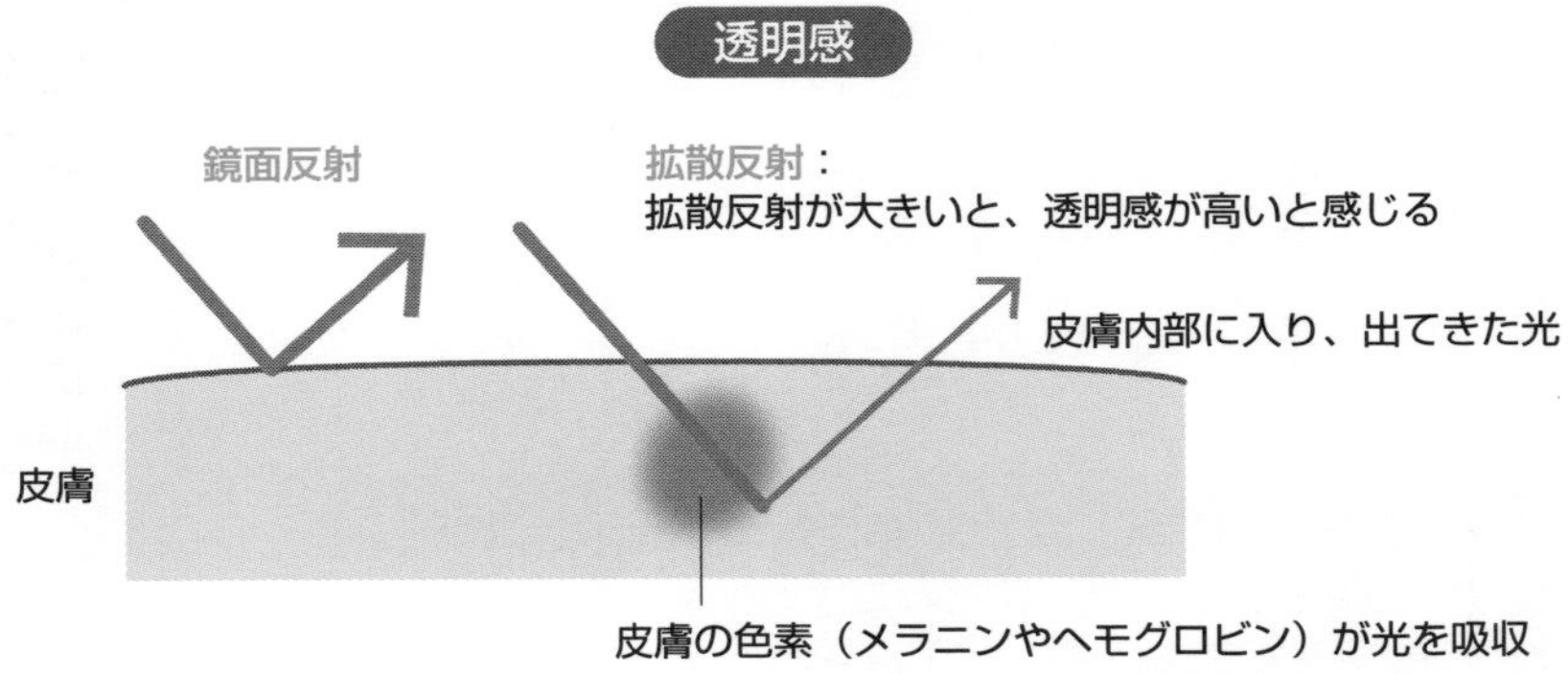
鏡面反射
拡散反射：
拡散反射が大きいと、透明感が高いと感じる
皮膚内部に入り、出てきた光
皮膚
皮膚の色素（メラニンやヘモグロビン）が光を吸収

7 キメの乱れ

見た目を左右する肌表面の微細構造

「キメの細やかな肌」は理想的な肌の状態を表す言葉です。実際、キメは肌の状態を表す指標となります。それでは、キメは何のためにあるのでしょうか。

キメは全身に見られる皮膚表面の凹凸状の構造です。非常に微細な構造ですが、目で見ることもできます。そのためこの状態が悪くなると、キメが乱れたという肌悩みに直結します。

キメは「皮溝」という溝と、皮溝に挟まれた「皮丘」という平らな部分でできています。キメは体の動きに合わせて皮膚が伸縮する際に、緩衝的な役割を担います。皮膚表面は、細胞が密に詰まった状態のため、柔軟に伸縮することができません。そのため、キメのようなデコボコとした形で余裕を確保しておき、実際に皮膚が動く時には、これが蛇腹のように伸縮することで、全体の動きに合わせることが可能となります。また、皮溝が皮膚の表面に張り巡らされることで、汗や皮脂が効率的に皮膚の表面に拡散する、と考えられています。

キメの状態は加齢で変化します。10代では、キメは整っていますが、20代頃から乱れはじめます。皮溝が浅くなり、その間隔が広がることで、皮丘の細やかさが失われます。加齢とともにこの変化が進むことで、キメはさらに乱れていきます。

またキメの状態は、乾燥により悪化します。乾燥しやすい冬季は、キメの状態が悪化します。そのため、キメの悪化を防ぎ、改善するためには、保湿は有用な手段となります。キメの状態の悪化は、皮膚の透明感の低下にも繋がります。これは皮膚表面での光の反射が変化するためです。このように、キメという肌表面の微細な構造の変化が、見た目の印象の変化にまで繋っていきます。

キメの状態を評価するには、ビデオマイクロスコープで、皮膚表面を拡大して撮影します。そして画像処理により、キメの深さや整い方を数値化して評価します。

要点BOX

- ●キメは皮溝と皮丘でできた皮膚表面の微細な構造
- ●キメは加齢や乾燥で乱れる

キメ

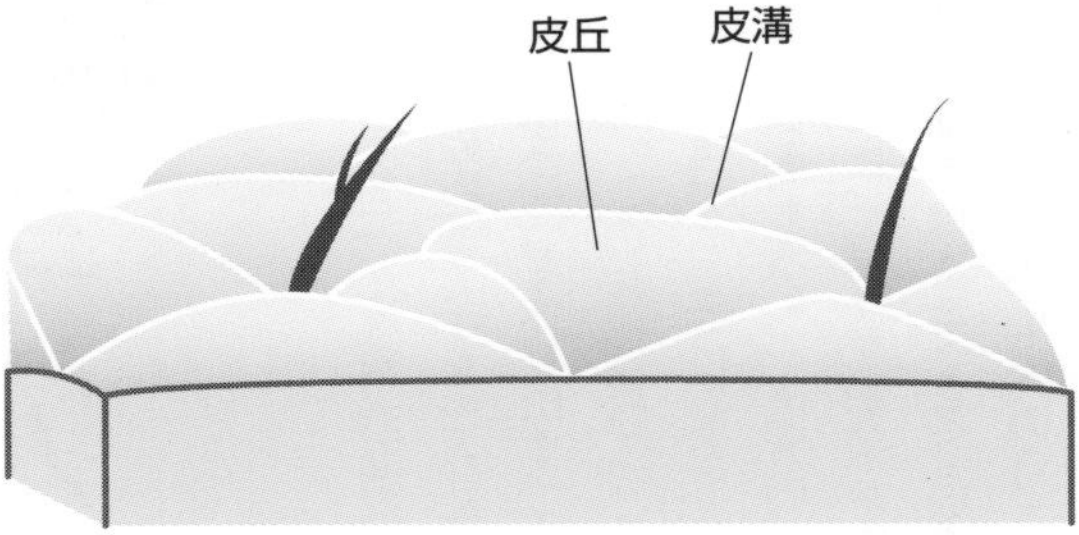

キメ：
皮膚表面のおうとつ構造

キメの働き

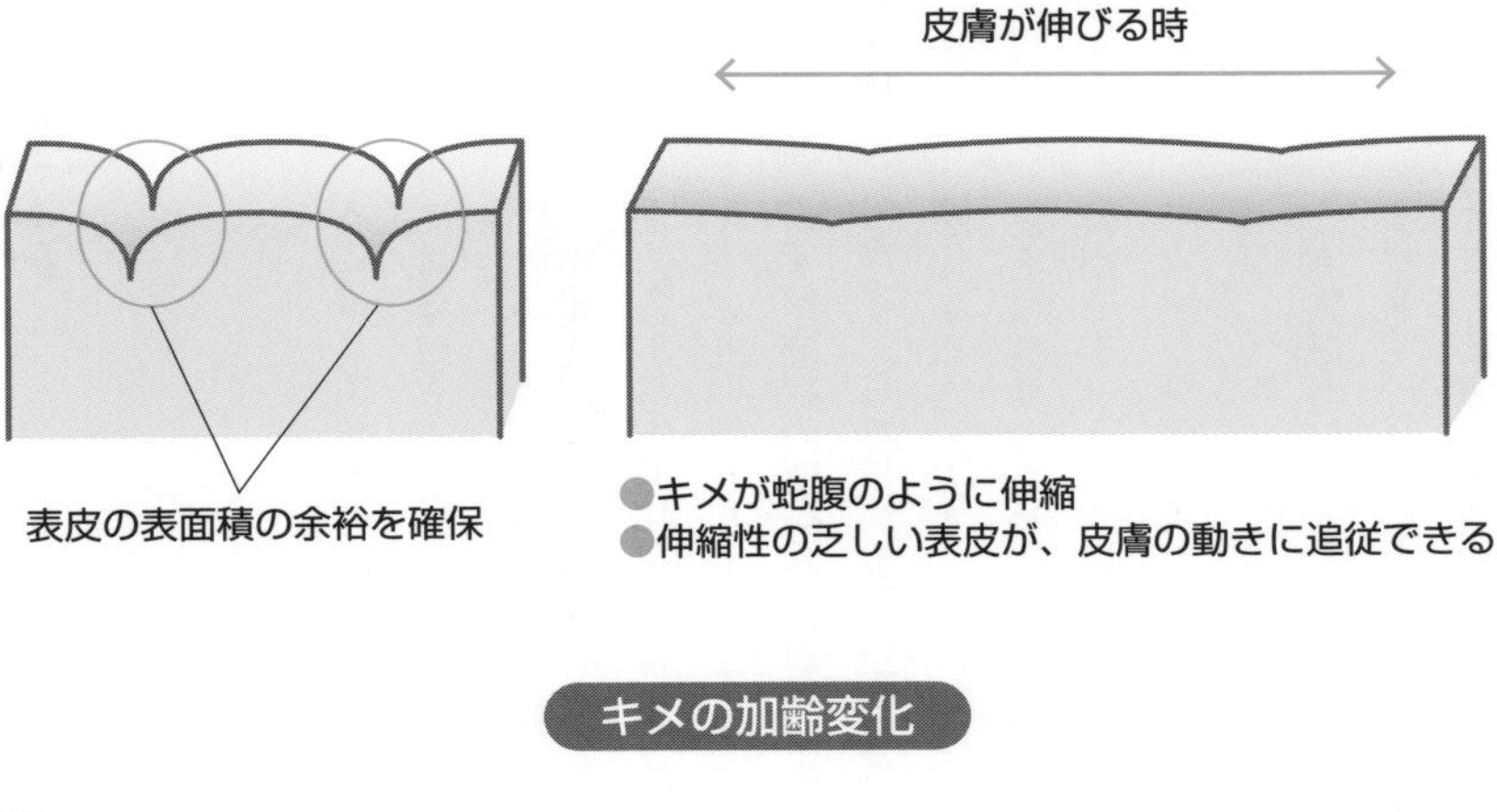

表皮の表面積の余裕を確保

- キメが蛇腹のように伸縮
- 伸縮性の乏しい表皮が、皮膚の動きに追従できる

キメの加齢変化

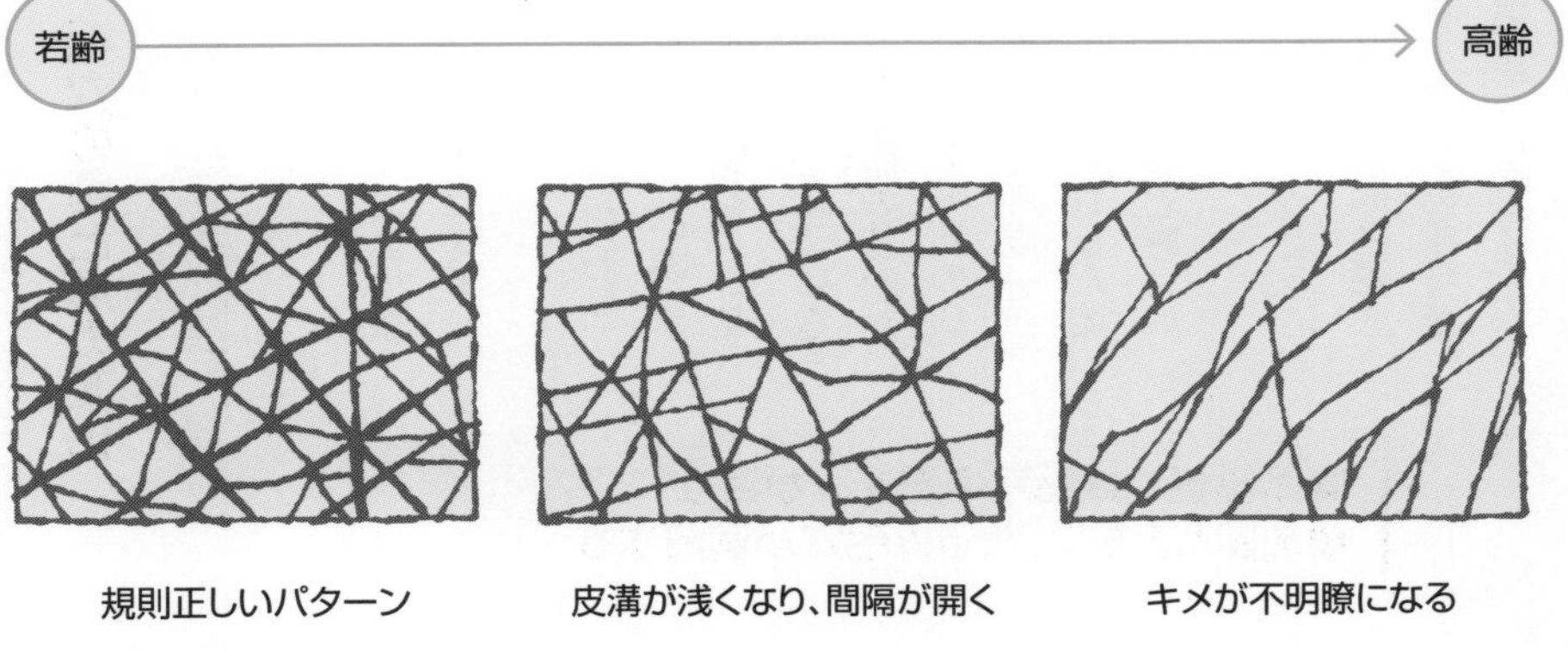

規則正しいパターン　皮溝が浅くなり、間隔が開く　キメが不明瞭になる

8 毛穴の目立ち

毛穴の色と形の変化

毛穴は、「毛包」が皮膚表面に開いた場所です。毛包とは、皮膚の内部で毛を包み込み、支える構造です。毛包には、「皮脂」を作り出す「皮脂腺」という器官が付いています。この皮脂腺で作られた皮脂が、毛包を通って、毛穴から皮膚の表面に分泌されます。皮脂は皮膚の表面を覆い、皮膚の乾燥を防ぎます。また毛穴の中には、様々な細菌が生息しています。皮膚の詳細な構造は次章で見ていきますが、この関係性を把握することで、毛穴の目立ちを理解できます。

顔の中で毛穴が目立つ場所は、鼻と頬の中央付近です。若齢者では「角栓」が詰まった毛穴や、黒ずんだ毛穴が目立ちます。角栓の成分は皮脂腺が分泌する皮脂が大半で、皮脂腺や毛包の細胞の残渣《ざんさ》等も含まれます。またアクネ菌等の細菌も含んでいます。皮脂の分泌が過剰になることや、毛包の細胞の状態が悪化することで、毛穴に角栓が詰まるようになります。そのため、このような毛穴の目立ちを改善するには、角栓の形成を抑えることや、洗浄により除去すること、専用のパック等で物理的に角栓を取り除くこと等が有用です。

中年代以後は、角栓による毛穴の目立ちに代わり、毛穴の形状の変化が目立つようになります。若い頃は、毛穴は丸い形をしていますが、加齢とともに、毛穴のすり鉢状の部分が広がり、毛穴が目立つようになります。これは、皮脂の影響で毛穴の細胞の状態が悪化するためです。そのため、このような毛穴の状態を改善するためには、皮脂の影響を抑える成分が有用です。さらに頬がたるむことで、毛穴もまた流れたような楕円形となり、「たるみ毛穴」等と呼ばれます。

毛穴は、ファンデーションの影響でも目立つようになります。ファンデーションを塗布して長時間経過すると、皮膚の動きに伴い、ファンデーションの成分が毛穴の部分に集積して、白く目立つようになります。

要点BOX

●若齢者では毛穴の黒ずみが目立つ
●加齢とともに、たるみ毛穴が増加する

毛穴

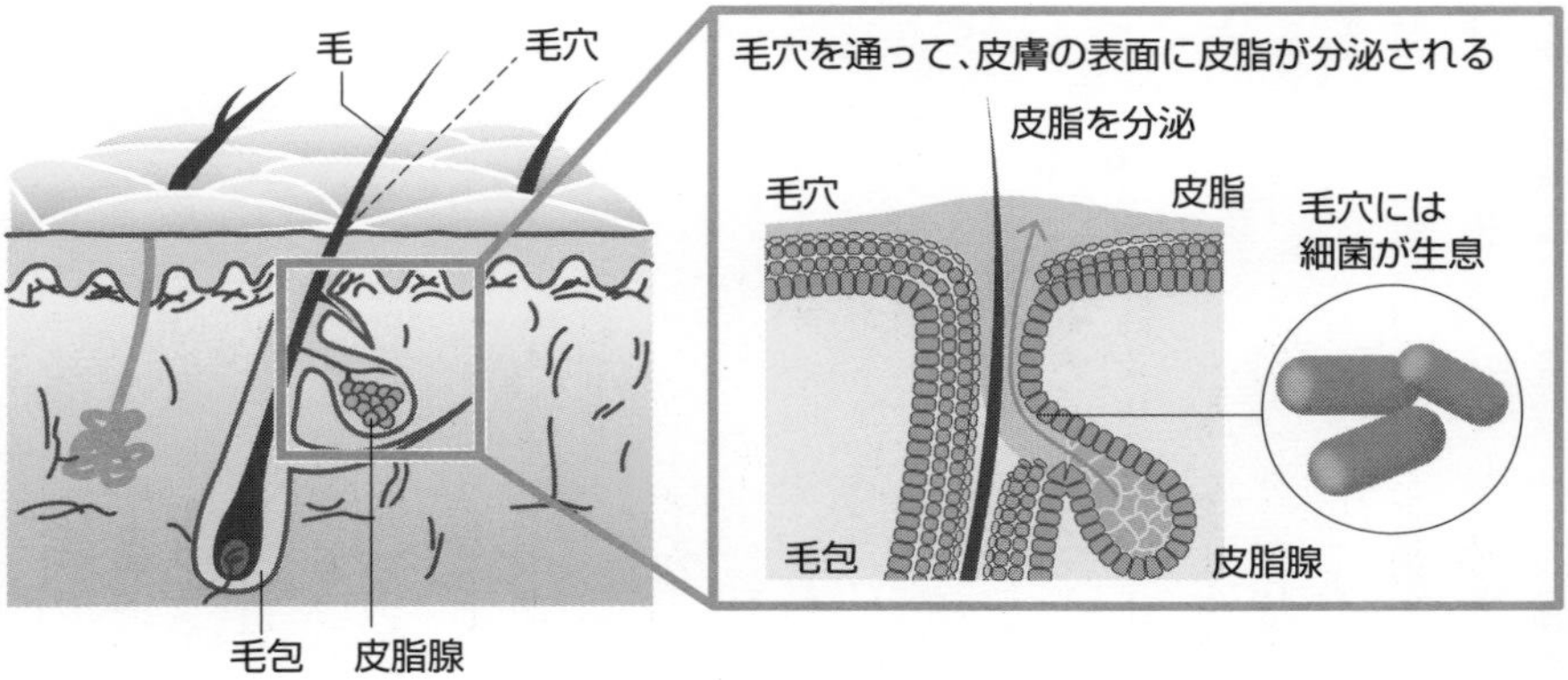

毛穴が目立つ場所

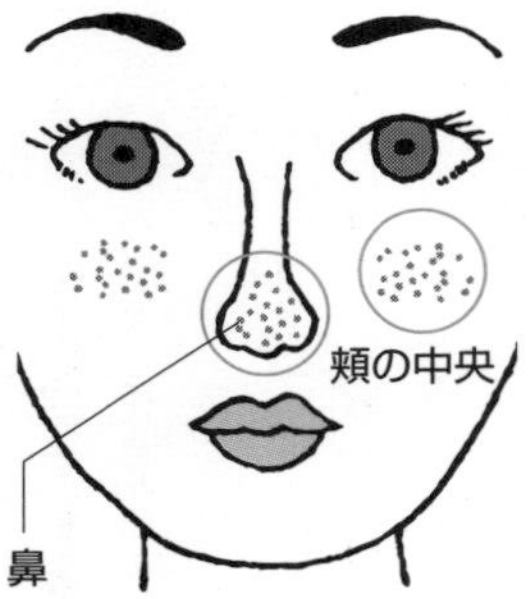

角栓

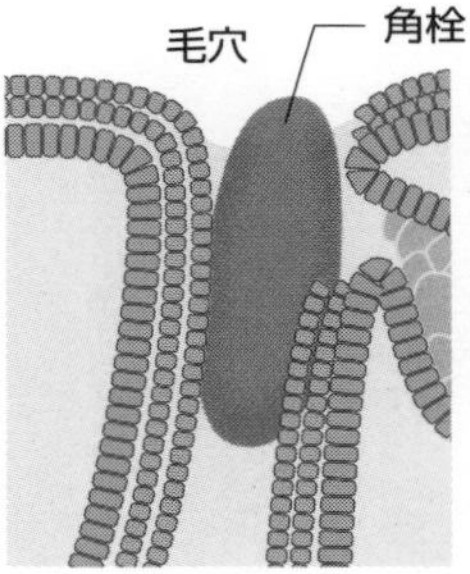

角栓の成分：
- 皮脂
- 毛包の細胞の残渣《ざんさ》
- アクネ菌等の細菌

角栓ができる原因
- 皮脂の分泌過剰
- 毛包の細胞の状態悪化

角栓の除去
- 角栓の形成の抑制
- 洗浄による除去
- パック等による物理的な除去

毛穴の加齢変化

若齢

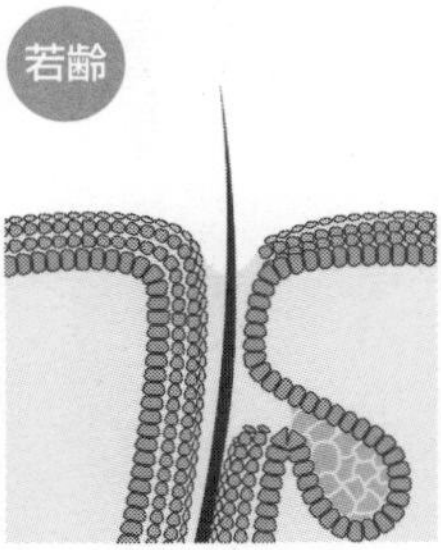

高齢

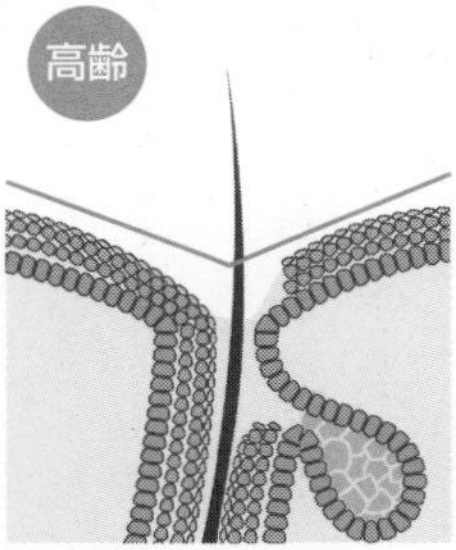

すり鉢状の部分が広がる

高齢

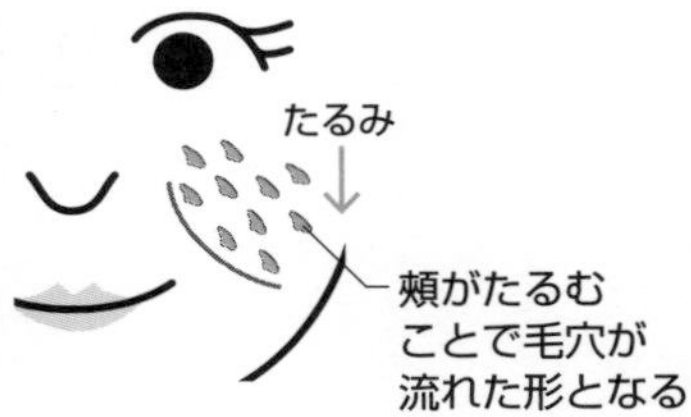

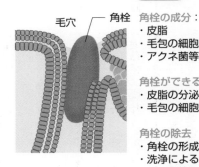

Column

肌悩みに気づく時

多くの人が目尻の「小じわ」を気にします。「このシワが気になる」と指をさして言われても、シワがあるのかわからない場合もあります。本人は鏡でじっくりと近くで観察することができますが、周りの方は他人の顔に近づいて、しっかりと見ることもないため、あまり気づきません。

一方で、驚いて目を大きく開けた時、額にはとても深いシワができます。笑った時、目尻にも、たくさんの深いシワが現れます。それは普段、本人が気にしている目尻の小ジワとは比較にならないほど大きなシワです。パソコンで作業をして考え込んでいる時、眉間に深いシワができます。ふとした表情で、顔には様々なとても大きなシワが表れます。このようなシワは加齢とともに大きくなりますが、本人は気づきにくいシワです。また気づいたとしても、表情を戻すとシワは消えてしまうので、肌悩みにはなりません。しかし周りの人からは、はっきりとわかるため、老けた印象を与えます。他人の見た目年齢を判断する時、人はそのような点までしっかりと見ています。

たるみもまた、本人は気づきにくい現象です。普段、鏡で顔を見る時は正面からの顔を見ますが、そこからは顔の形はわかりにくく、たるみを見逃してしまいます。もし「あれ?」と思っても、ほんの少し表情を変えるだけでたるみはわからなくなるため、「気のせいだったのかな」「疲れていたのかな」と勘違いで済ませてしまいます。

しかし、写真に写った自分の横顔を見た時、無邪気な子どもに指摘された時、実際の状態に気づくことになります。その時はじめて本人の肌悩みとなります。そして「もっと早くからケアを始めていればよかった」と後悔する声を多く聞きます。

実際の状態に気づかずに過ごしているなら、それで十分です。望まない方に、わざわざ状態を伝えることは不要です。しかし、もし「実状に合ったケアを取り入れたい」と願う方がいれば、その時は実際の状態を正確に伝え、適切なケアを提供できる、それが肌に寄り添い、人々の希望の実現に貢献する、スキンケア化粧品のあるべき姿なのかもしれません。

第2章

皮膚を解き明かす

9 皮膚の働き

皮膚は何のためにあるの？

ここまでは、スキンケアが対象とする肌悩みを見てきました。この肌悩みに対応するには、肌悩みが起きる皮膚そのものを理解することが必要です。この章では、皮膚について理解を深めていきます。

皮膚は何のためにあるのでしょうか。皮膚は体の表面を覆う、大きな器官です。その面積は成人では1・6m^2、重さは3㎏と全身で最大の臓器です。そのような大きな器官を維持することは、体にとって負担となりますが、皮膚はそれだけ重要な働きをしています。

皮膚は体の最外層にあります。そのため、皮膚の重要な機能の1つは、体の内側と外側の境界として、外界から体の内側を守ることです。体の内側と外側では、環境は大きく異なります。体の内側は豊富に水分があります。皮膚がなければ、体はすぐに乾燥してしまいます。この「乾燥」を防ぐことは皮膚の重要な機能の1つです。また皮膚は、体の外側から様々な微生物や物質が入り込むことを防ぎます。この乾燥や異物の侵入を防ぐ機能を、皮膚の「バリア機能」と呼びます。

また私たちが外界の物と接触する時、例えば椅子に座る時や、物にぶつかった時に、皮膚はその強度や弾力性で、体の内側を保護します。このような性質を皮膚の「物理的性質(物性)」と呼びます。そしてこの物性により、体の内側の構造を本来の位置に保持します。たとえ体が動いた時でも、それをしっかりと本来の位置に押し留め、体の外形を保持します。

さらに皮膚は、外部環境の変化に対応して、体の内側の環境を維持します。外界の温度が上がると、皮膚から汗が出ることで、体内の温度を一定に維持します。これは汗が蒸発する際に、熱が奪われるためです(気化熱)。一方で、外界の温度が下がった時も、分厚い皮下脂肪層が断熱素材として働き、熱の放出を防ぎます。

要点BOX

- ●皮膚は体の中を保護し、体の外形を維持する
- ●皮膚は環境変化に対応して、体の状態をコントロールする

皮膚の働き

バリア機能

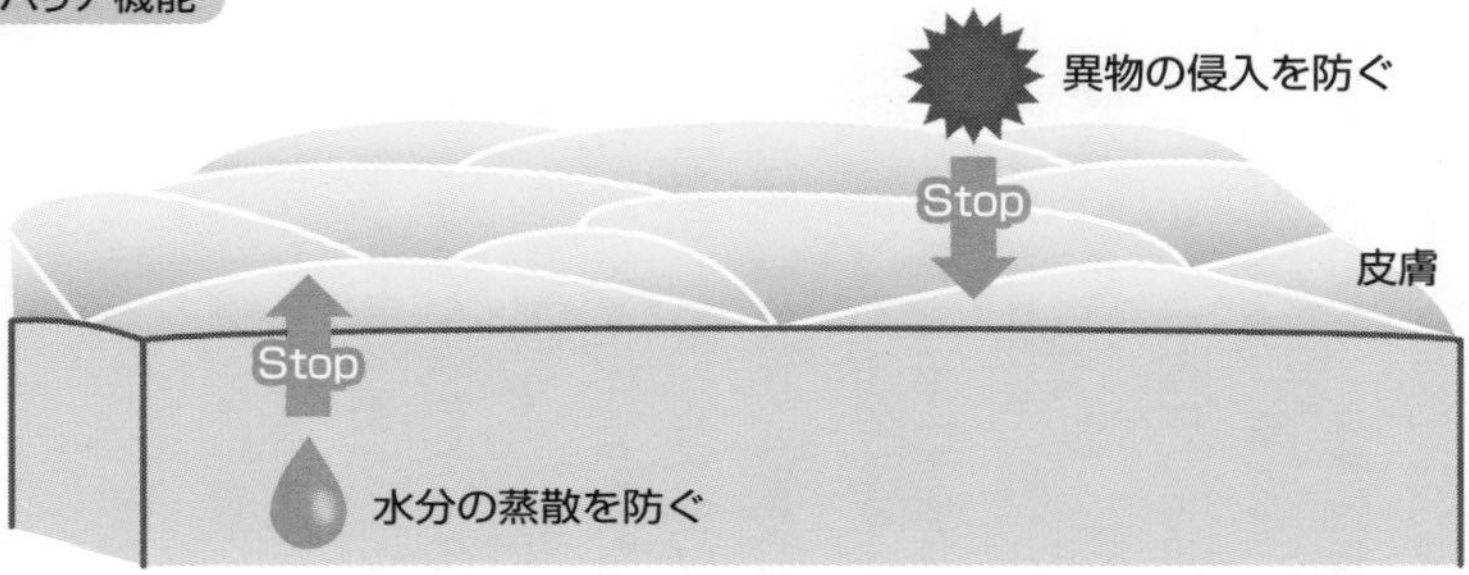

「内部組織の保護」と「体の外形の保持」

体内の環境の維持

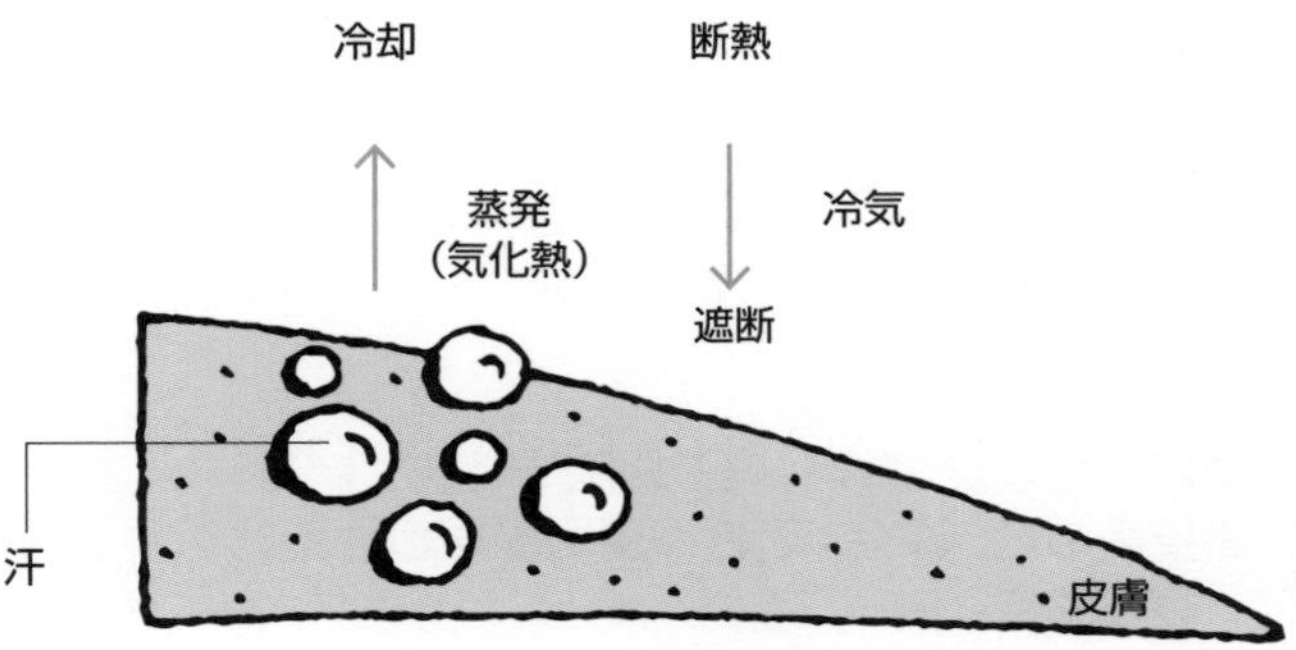

10 皮膚の構造

皮膚の構造はとてもユニークです。性質の異なる複数のパーツが、層状に積み重なってできています。さらにその中には、様々な器官が存在します。そしてそれぞれの層や、内部の器官が、特化した役割を果たすことで、皮膚の多様な機能が生み出されます。

皮膚は体の外側から、「表皮層（表皮）」、「真皮層（真皮）」、「皮下組織」でできています。最も外側の表皮は非常に薄い層です。体の部位により異なりますが、およそ0・2㎜程度の薄さです。この薄い表皮が、体の乾燥を防ぎ、外界からの異物の侵入を防ぐ、皮膚の「バリア機能」を発揮します。表皮の直下には、真皮が存在します。真皮は表皮の10倍程度の厚さがあり、およそ2㎜程度です。真皮は、コラーゲン等の強度のある物質で満たされ、皮膚の物理的な強度や、弾力性を生み出します。真皮の下には、皮下組織が存在します。皮下組織は主に皮下脂肪組織でできています。皮下脂肪は、脂肪を貯めこんでいるため、保温機能を発揮して、外界の温度変化に対して、体内の温度を一定に維持します。また皮下組織は、その厚みでクッション的に働き、衝突などの衝撃から、体の中を保護します。

皮膚の中には汗腺、皮脂腺、毛包等が存在します。これらは「付属器官」と呼ばれます。汗腺は汗を分泌する器官で、体温調節に機能します。皮脂腺は皮脂を分泌し、これが肌表面を覆うことで、皮膚の乾燥を防ぎます。毛包は、毛を生み出す器官です。さらに、皮膚の中には血管やリンパ管、神経が存在します。血管は、皮膚に酸素や栄養分を供給します。血管は、皮下脂肪層と真皮に分布し、表皮には存在しません。そのため、表皮への酸素の供給には、特殊なシステムが働きます。リンパ管は皮膚の中の老廃物の回収に働きます。神経は、皮膚の状態や変化をモニタリングして、脳に伝えます。神経は表皮にまで達しています。

要点BOX

- 皮膚は表皮、真皮、皮下組織でできている
- 皮膚の内部には、毛包や皮脂腺等の付属器官が存在する

皮膚の構造

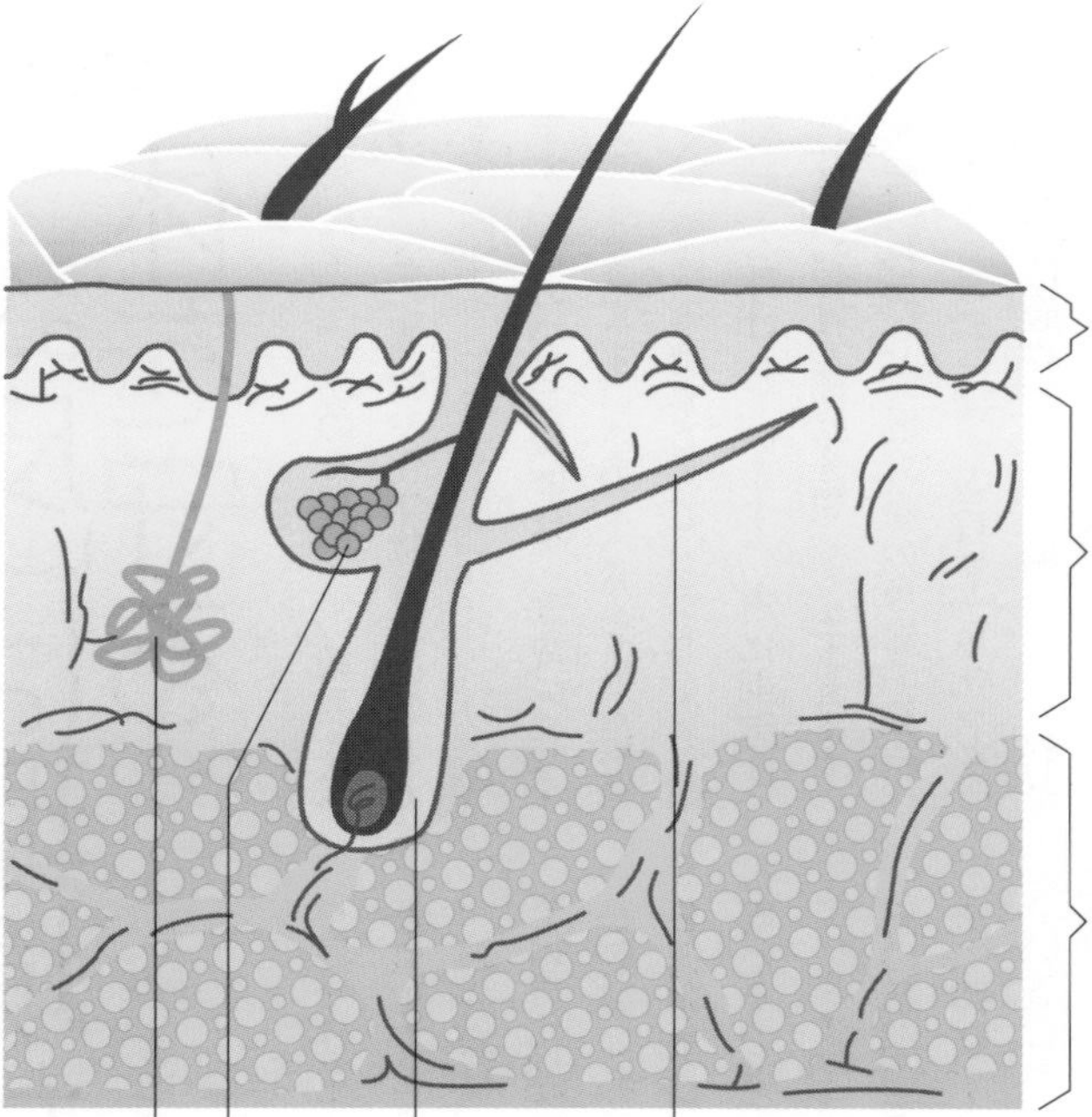

表皮：
体の乾燥を防ぎ、
外界からの異物の侵入
を防ぐ、「バリア機能」
を発揮する。

真皮：
物理的な強度や、
弾力性を生み出す。

皮下組織
（皮下脂肪組織）：
断熱効果による
保温機能や、
クッションとして
保護機能を発揮する。

付属器官

立毛筋：毛を逆立てて、鳥肌を立たせる。

毛包：毛を生み出す。

皮脂腺：皮脂を生み出す。皮脂は肌表面を覆い、皮膚の乾燥を防ぐ。

汗腺：汗を分泌する。体温調整に機能する。

脈管系・神経

血管：皮下脂肪層と真皮層に分布。
皮膚に酸素や栄養分を供給し、二酸化炭素や老廃物を回収する。

神経：皮膚の状態や変化をモニタリングし、脳に伝える。

リンパ管：比較的大きな老廃物を回収する。

11 「表皮」は環境から体を守る

バリア機能を生み出すユニークな仕組み

表皮は体の最外層です。そのため表皮の重要な役割は、体の乾燥を防ぎ、異物や化学物質等の刺激から、体の内部を保護することです。これは「バリア機能」と呼ばれます。このバリア機能は、表皮のユニークなシステムで発揮されます。その1つが表皮の構造です。表皮の大部分は細胞でできています。この細胞は、「角化細胞」と呼ばれています。角化細胞は、はじめ表皮の一番深い部分で細胞分裂して生まれます。これが次第に表層に移行し、最外層の角層の細胞へと変化していきます。この一連の過程を「角化」と呼びます。角層の細胞は最終的には、垢となって剥がれ落ちます（「角層剥離」）。この細胞が生み出されて、剥がれる落ちるまでの過程は、およそ45日間で、「ターンオーバー」と呼ばれます。この間、角化細胞は状態を変え、表皮の4つの層を作ります。その層は、体の内側から、「基底層」、「有棘層」、「顆粒層」、「角層」です。4層の中でも、角層は他の3層とは大きく異なります。ここではターンオーバーの流れに沿って、基底層から顆粒層までの変化を見ていきます。

基底層は、新たな細胞を生み出す部分です。ここでは角化細胞は、「基底膜」という膜に接着しています。基底膜は非常に薄い膜ですが、基底層の細胞の状態を調節する、重要な構造です。また基底膜は、表皮とその下の真皮の間の物質の交換をコントロールしています。そのため、基底層の状態が乱れると、表皮の状態の悪化に繋がります。有棘層は、特殊な方法で観察すると、棘のような突起を持つ細胞でできていることからその名が付きました。顆粒層では、細胞同士が非常に密に結合しています。この結合は、「タイトジャンクション」と呼ばれ、外部からの異物の侵入を物理的に防ぎます。また顆粒層の細胞では、保湿成分の基となる物質が作られます。そして、角層の細胞に変化する時に、保湿成分として細胞の外に放出されます。

要点BOX

- 表皮は乾燥や異物の侵入を防ぐ「バリア機能」を担う
- 表皮は4層でできている

表皮の構造

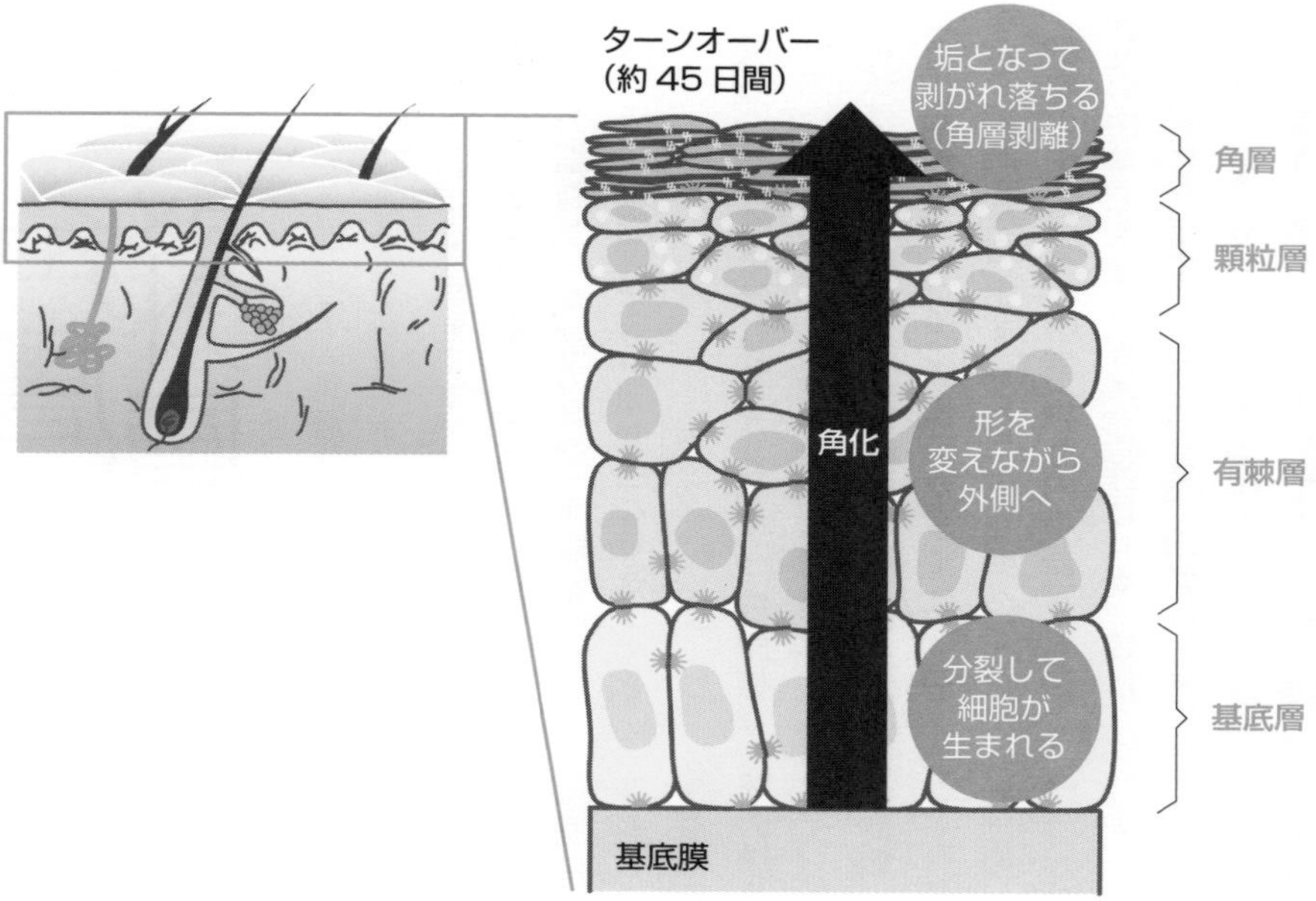
ターンオーバー
（約 45 日間）
垢となって
剥がれ落ちる
（角層剥離）
角層
顆粒層
角化
形を
変えながら
外側へ
有棘層
分裂して
細胞が
生まれる
基底層
基底膜

基底膜

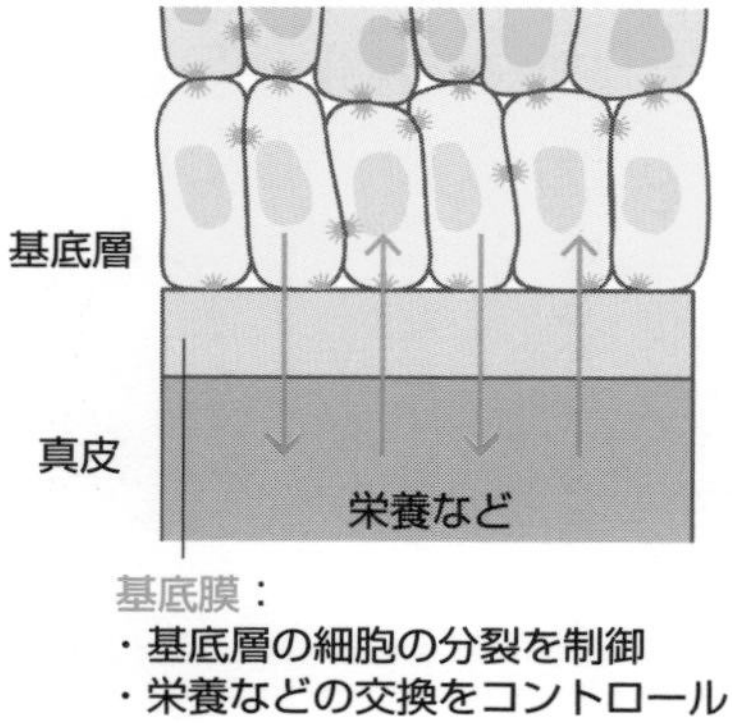
基底層
真皮
栄養など
基底膜：
・基底層の細胞の分裂を制御
・栄養などの交換をコントロール

顆粒層の細胞の結合

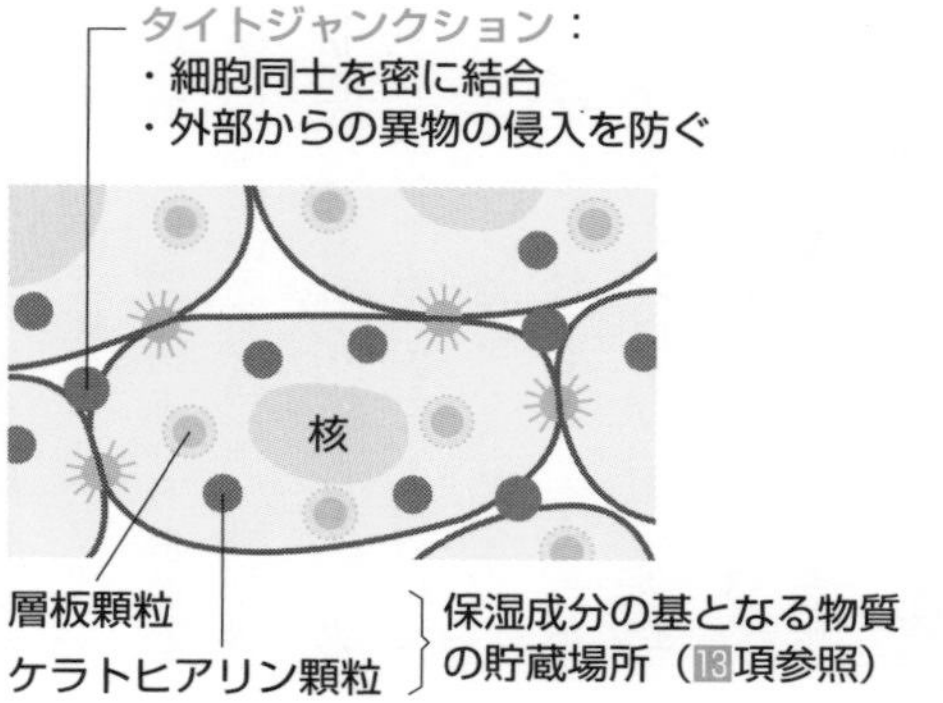
タイトジャンクション：
・細胞同士を密に結合
・外部からの異物の侵入を防ぐ
核
層板顆粒
ケラトヒアリン顆粒
保湿成分の基となる物質
の貯蔵場所（13項参照）

12 「角層」は体の最外層

核を失うことで得られること

表皮の最外層が角層です。角層は外界と直接接するため、物理的な強度が必要です。また化学物質等の刺激に対する耐性も重要です。これらの機能は、どのように生み出されているのでしょうか。前章で見てきた顆粒層の細胞が、角層の細胞「角層細胞」に変化する時、その機能を生み出す劇的な変化が起きます。

その1つが、細胞核が失われることです。細胞核とは、その中に遺伝子を含む細胞の重要な構造です。このように核が失われることを「脱核」と呼びます。脱核した角化細胞は、もはや遺伝子がないため、分裂して新たな細胞を生み出すことはできません。

また、細胞の中の様々な構造（細胞内小器官）も消失し、細胞の中は「ケラチン線維」と呼ばれる、線維状の構造で満たされます。ケラチンは、細胞の形を支える細胞骨格の成分です。角化細胞の状態に応じて、ケラチン線維のタイプが変化します。そして角層細胞になる時、ケラチン線維は凝集することで、強固に細胞を支えるようになります。

角層細胞になる時には、細胞膜も大きく変化します。細胞膜とは、細胞の外周となる構造です。通常、細胞は移動したり、分裂したりするため、細胞膜は変形しやすい、しなやかな構造です。この細胞膜が角層細胞になる時に、非常に強固な構造となります。その準備は、直前の顆粒層の細胞の段階から進められています。そして角層の細胞になる時に、細胞膜の内側に、いくつかの成分（インボルクリンやロリクリンと呼ばれるタンパク質）が結合することで、溶けにくい強固な構造を生み出します。この反応を進めるのは、特殊な酵素（トランスグルタミナーゼ）です。作られた強固な構造は、「コーニファイドエンベロープ（周辺帯）」と呼ばれ、細胞膜に代わって、角層細胞を包み込みます。このような細胞の変化により、角層の物理的な強度と、化学的な刺激に対する耐性が生み出されます。

要点BOX

- 角層細胞になる時、細胞の構造が劇的に変化する
- 角層細胞の構造は、物理的な強度と、化学的な刺激への耐性を生み出す

角層の機能

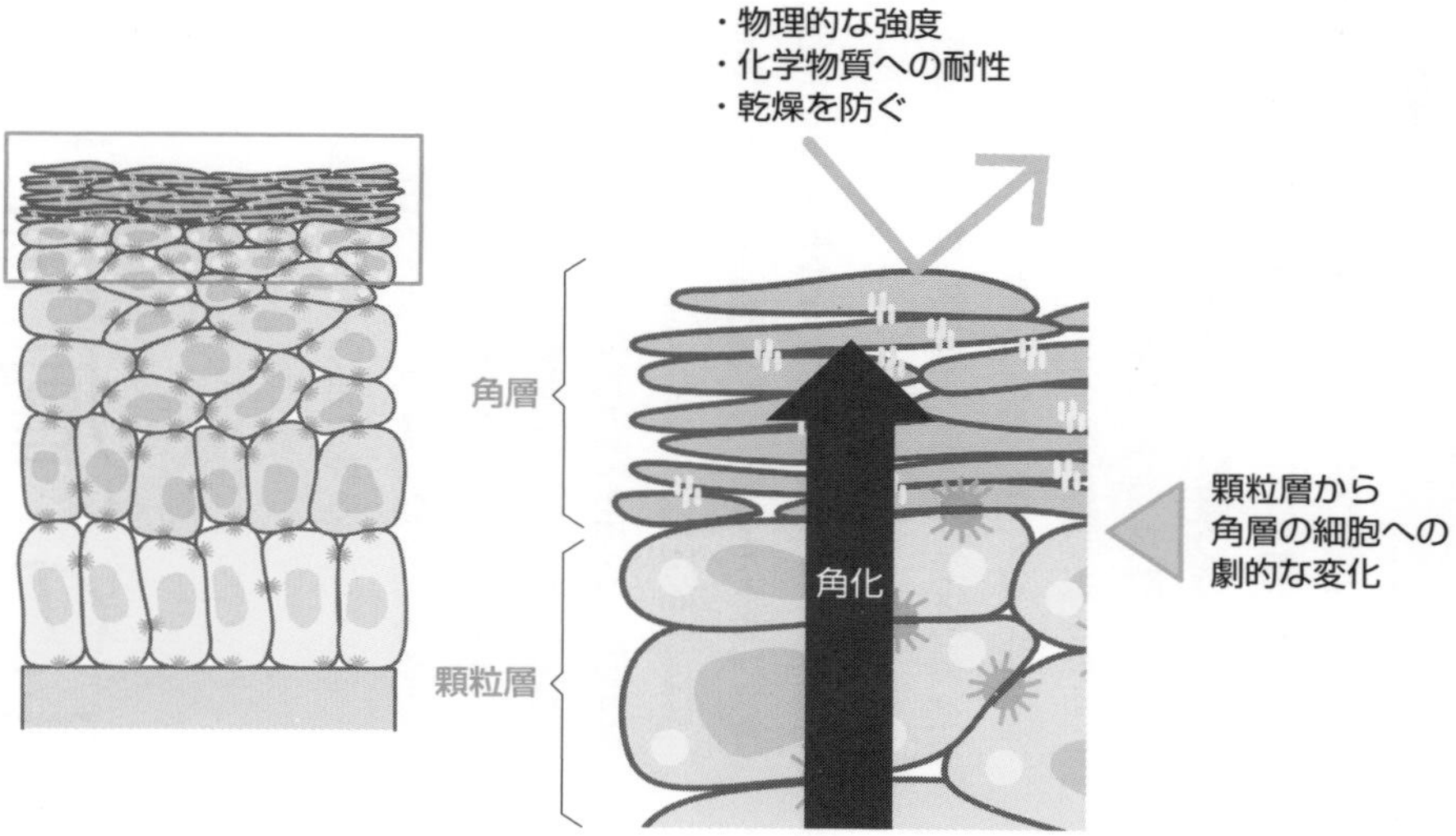

角層細胞への変化

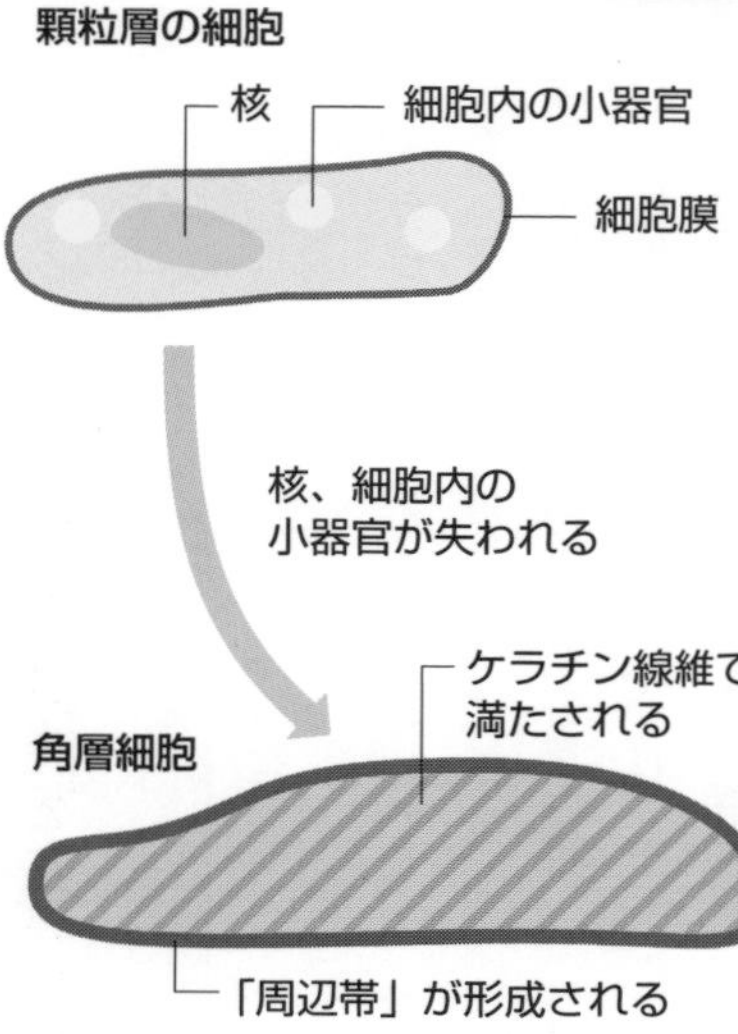

・核：遺伝子を格納した構造
・細胞内の小器官：ミトコンドリア、ゴルジ体等
・細胞膜：しなやかな構造

・核、細胞内の小器官が失われる
・ケラチン線維で満たされる：強固に細胞を支える
・「周辺帯」が形成される：強固な構造により、
角層の強度を生み出す

13 「角層」の成分

バリア機能を生み出す成分

角層は、角層細胞と、その間を埋める成分でできています。この状態がレンガと、その間を埋めるセメント（モルタル）に似ていることから、レンガ・モルタルモデルと呼ばれます。角層細胞は、顔では10層ほど積み重なっています。角層細胞の間を埋める成分は脂質で、「細胞間脂質」と呼ばれます。細胞間脂質は、セラミドを多く含みます（約50％）。セラミドは、スキンケア製品にも多く配合されています。また遊離脂肪酸やコレステロール等も含みます。

細胞間脂質は、層状に何層も並んだ「ラメラ構造」を形成しています。それぞれの層の間には、水分が保持されます。そのため、この層が繰り返されることで、角層は多くの水分を保持して、蒸散を防ぐことができます。細胞間脂質は、顆粒層の時点で、細胞内の構造（層板顆粒と呼ばれます）に貯蔵されます。そして角層細胞になる時に放出されて、ラメラ構造を作り出します。

角層中には、「天然保湿因子（NMF）」と呼ばれる保湿成分も含まれています。これはアミノ酸や、尿素、ミネラル塩類等の小さな分子の総称で、水分を保持することで、バリア機能を担います。その中では、アミノ酸が主要な成分です。天然保湿因子も、顆粒層の時点で作られ始めます。顆粒層の細胞の中では、アミノ酸でできた「プロフィラグリン」という成分が凝集します（凝集してできた顆粒は、ケラトヒアリン顆粒と呼ばれます）。角層細胞になる時に、これが分解されて、「フィラグリン」になります。さらに角層の中でアミノ酸にまで分解が進み、天然保湿因子となります。この途中段階のフィラグリンにも、重要な働きがあります。それは、前章で見てきた、ケラチン線維を凝集し、角層細胞に強度を生み出すことです。

角層の表面は、「皮脂」で覆われています。皮脂は皮膚内部の「皮脂腺」で作られ、表面に分泌されたものです。皮脂もまた、水分の蒸散を防ぎます。

要点BOX

- ●角層の構造は、レンガとその隙間を埋めるセメントに例えられる
- ●細胞間脂質と天然保湿因子はバリア機能を担う

角層の成分

角層の成分
- ・細胞間脂質
- ・天然保湿因子（NMF）
- ・角層細胞

角層の構造：
レンガ・モルタルモデル

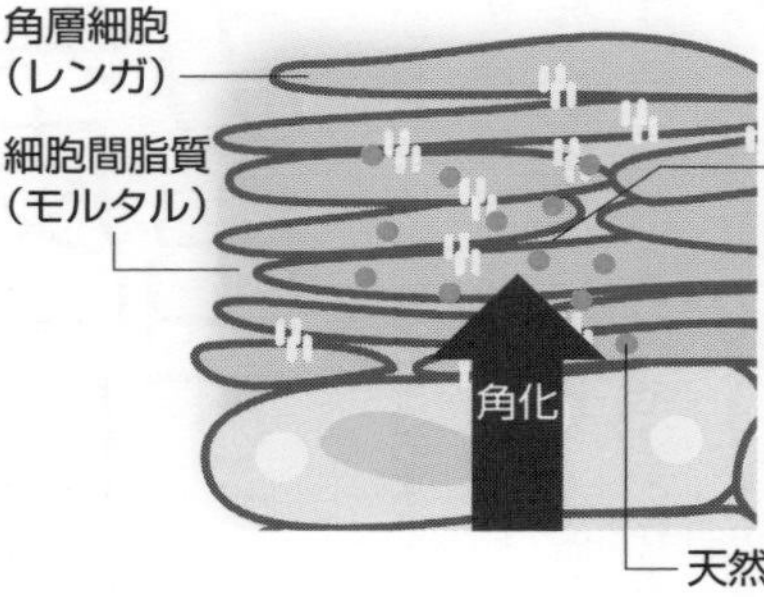

細胞間脂質の「ラメラ構造」：
水分を保持

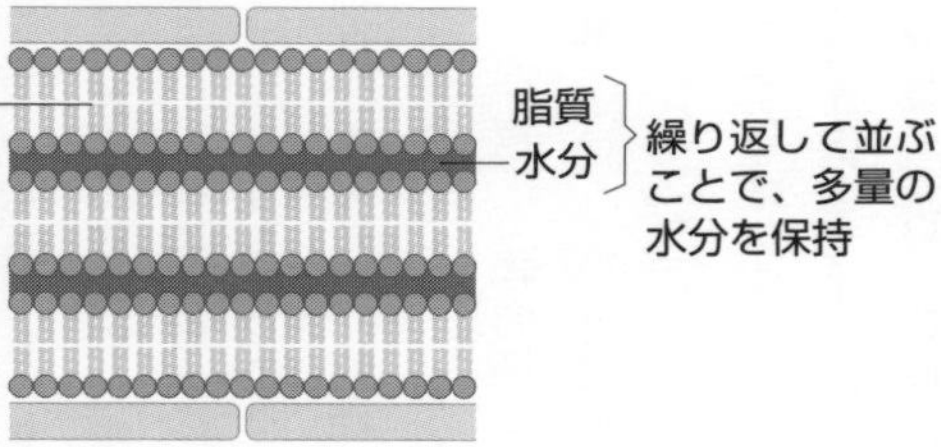

細胞間脂質や、NMFの元となる成分は
顆粒層の細胞の時点で貯蔵される

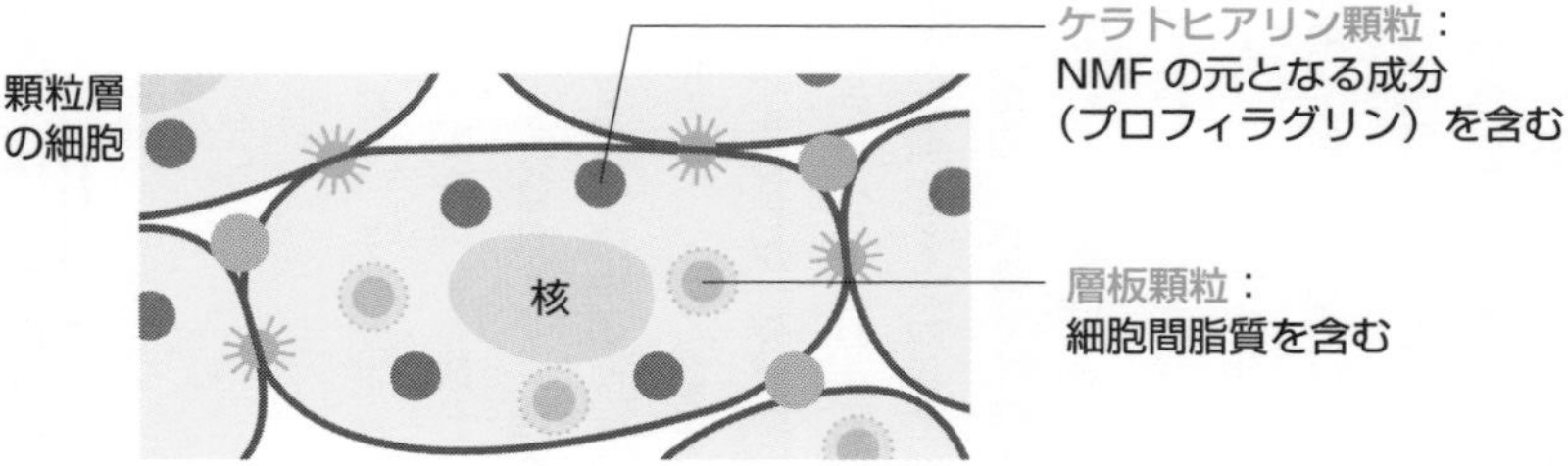

NMFができるまで

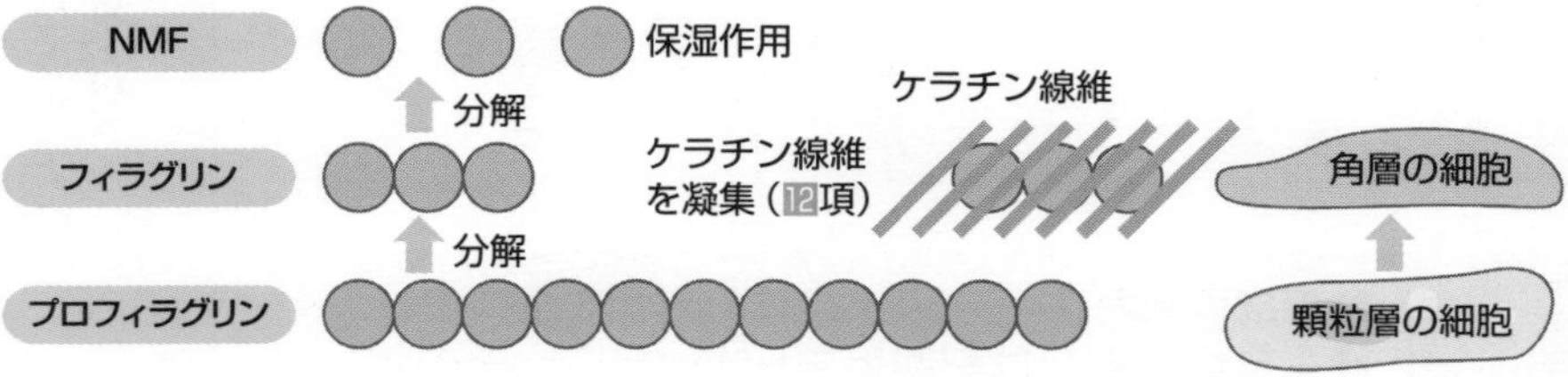

14 「真皮」は弾力性を生み出す

シワやたるみを防ぐ、皮膚の弾力性

　表皮の直下には真皮があります。真皮はおよそ2㎜程度の厚さです。この薄い層が、皮膚に物理的な強度を生み出し、体の外形を維持しています。皮膚には、単に強度があればいい、というわけではありません。皮膚は、体の動きや表情に合わせて柔軟に変形し、変形後は速やかに回復する必要があります。このような、しなやかで弾力がある皮膚の性質は、皮膚の「粘弾性」と呼ばれます。これは、液体のように徐々に変形する「粘性」と、バネのように変形した分だけ反発して回復する「弾性」でできた、物理的な性質のことです。一般的に皮膚関連では、「弾力性」と呼ばれることが多いため、本書でも弾力性と記載します。基剤関連(5、6章)では、この性質は定義通り粘弾性と呼ばれるため、スキンケア全体を通して議論する時には、誤解が生まれやすいポイントです。

　真皮の弾力性は、その特殊な構造で生み出されます。表皮の大半は細胞でした。一方、真皮では細胞は少なく、その大半がコラーゲンやヒアルロン酸等の細胞の間を埋める成分です。これは「細胞外マトリックス」と呼ばれます。様々な種類の細胞外マトリックスが、皮膚の複雑な物理的性質を生み出します。

　細胞外マトリックスを生み出して、その状態をコントロールするのが「線維芽細胞」です。本来は、線維細胞が活性化した状態を線維芽細胞と呼びますが、最近では両者を区別せずに線維芽細胞と呼ぶことが増えたため、本書では線維芽細胞と呼びます。

　真皮もまた層状の構造をしています。真皮の上部では、表皮と真皮が互いに突出した構造をしています。このような構造は、乳頭構造と呼ばれます。そのため、真皮の上部は「乳頭層」と呼ばれ、柔軟な部分です。それより下の部分は「網状層」と呼ばれ、強固で弾力性の高い部分です。両者では、細胞外マトリックスの状態が異なります。この違いが、両者の物理的な性質の違いを生み出しています。

要点BOX

- ●真皮は弾力性を生み出し、体の形状を維持する
- ●真皮の大部分は細胞外マトリックスで、その状態を線維芽細胞が制御する

真皮の構造と成分

真皮の構造

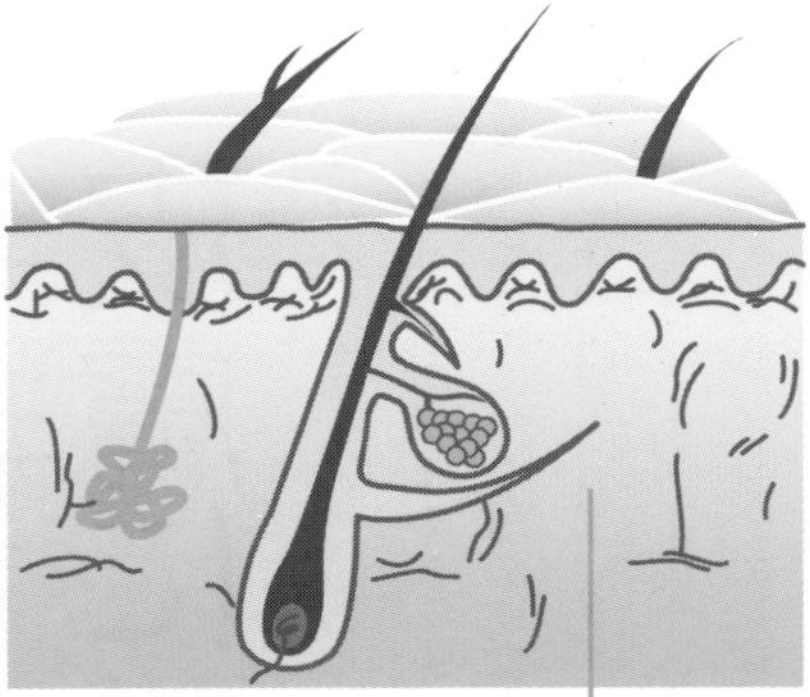

乳頭層：
表皮と互いに凸凹した構造

網状層：
乳頭層の下層

真皮の成分

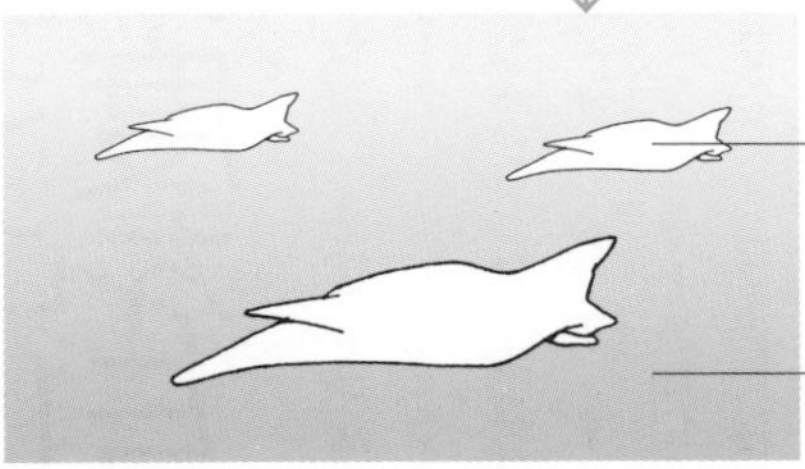

線維芽細胞：
真皮の状態を制御する細胞
細胞外マトリックスを生み出し、
その状態を制御する

細胞外マトリックス：
細胞の間を埋める成分
（コラーゲン、ヒアルロン酸等）

しなやかな動きを生み出す皮膚の弾力性（粘弾性）

昆虫の外皮

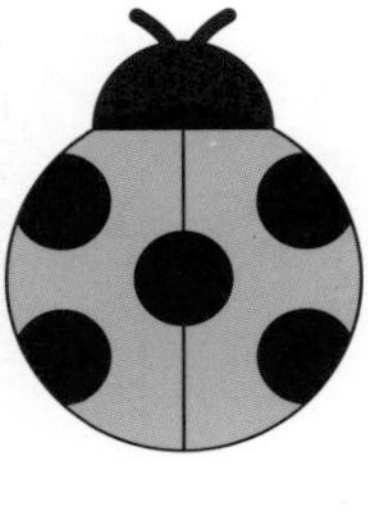

強度はあるが、
動かない

ヒトの皮膚

しなやかな動きが可能
（弾性力）

皮膚の弾力性（粘弾性）：
粘性＋弾性
・粘性 ： 徐々に変形する性質
・弾性 ： 反発して回復する性質

15 「コラーゲン」は皮膚に強度を与える

真皮の70%はコラーゲン

真皮の主な成分は、コラーゲンです。皮膚を乾燥させて測ると、その70%がコラーゲンです。コラーゲンはタンパク質で、ヒトには28種類あります。それぞれⅠ型、Ⅱ型と数字が付けられています。真皮に存在する主なコラーゲンは、Ⅰ型、Ⅲ型、Ⅴ型です（Ⅴは5と読みます）。これらのコラーゲンは、線維状のため、コラーゲン線維と呼ばれます。

Ⅰ型コラーゲン線維は、真皮のコラーゲンの大半を占めています。このコラーゲン線維は、はじめ1本のタンパク質として作られます。これが3本組み合わさり、さらにそれらが集合することで、1つの太いコラーゲン線維となります。さらに、コラーゲン線維が集合することで、より太いコラーゲン線維の束に成熟していきます。コラーゲン線維は真皮の上部、つまり乳頭層では細く、その下の網状層では、より下に行くほど太くなります。このコラーゲン線維は、皮膚に強度を与えます。Ⅲ型コラーゲンとⅤ型コラーゲンは、主に乳頭層に存在します。コラーゲンは、表皮と真皮を隔てる「基底膜」にも存在します。Ⅳ型コラーゲンは、網目状の構造を作り、基底膜を形作る主な成分です。またⅩⅦ型コラーゲンは、基底層の角化細胞を基底膜に繋ぎとめる成分の1つです。一方、Ⅶ型コラーゲンは、基底膜と真皮のコラーゲンを結び付け、基底膜を安定に保ちます。

真皮のコラーゲンを生み出すのは、真皮の細胞、線維芽細胞です。基底膜のコラーゲンの中で、Ⅳ型、Ⅶ型コラーゲンは表皮の角化細胞でも作られます。ⅩⅦ型コラーゲンは表皮の角化細胞が作ります。

皮膚のコラーゲンの量は、合成と分解のバランスで制御されています。コラーゲンは、線維が集まった特殊な構造のため、分解は容易でありません。そのため、分解には特別な酵素が必要です。「コラゲナーゼ」と呼ばれる酵素で、「マトリックスメタロプロテイナーゼ（MMP）」とも呼ばれます。

要点BOX

- ●コラーゲンは、真皮の大半を占める細胞外マトリックス
- ●多様なコラーゲンが皮膚の形と物性を生み出す

コラーゲン線維の作られ方

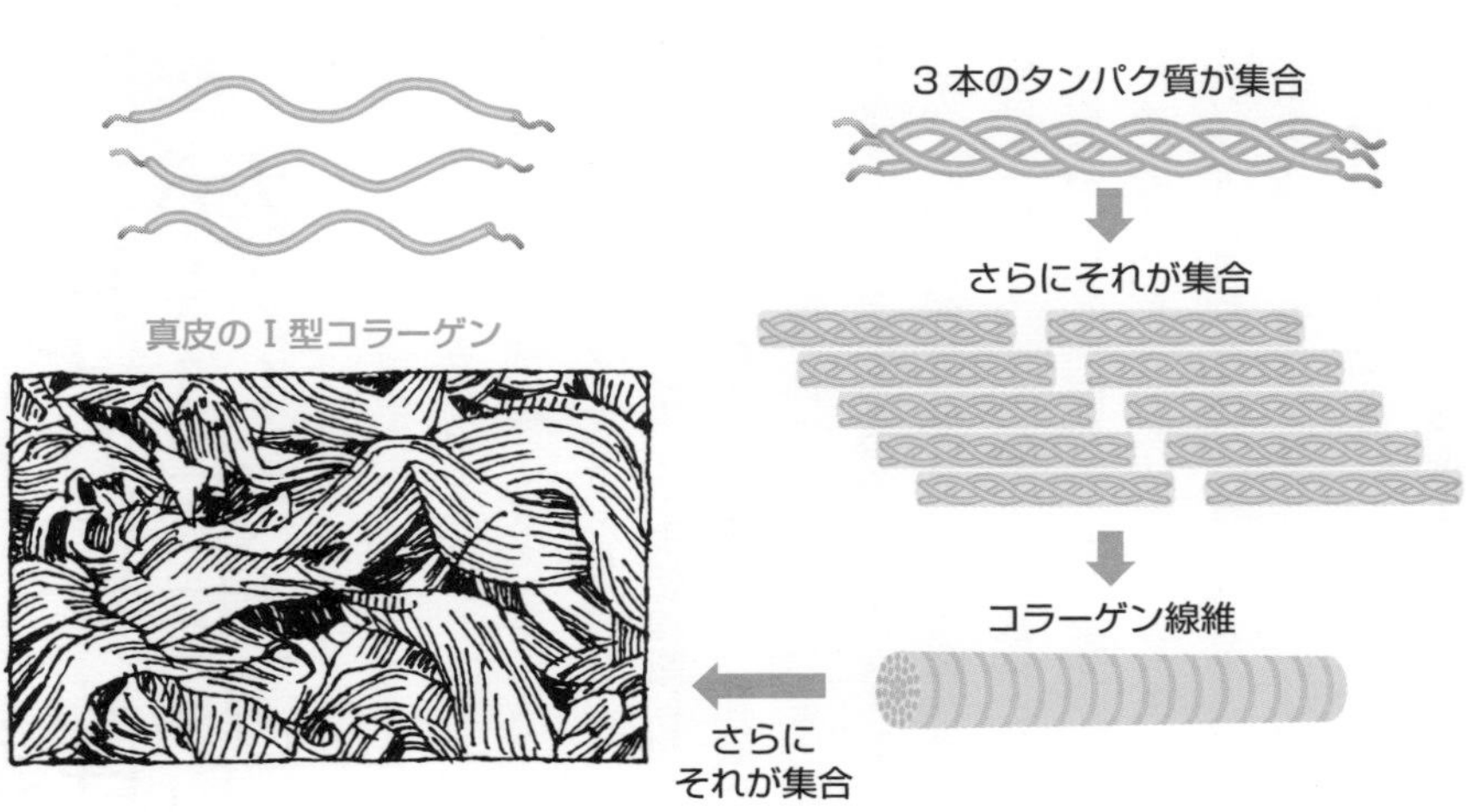

コラーゲンの種類と分布

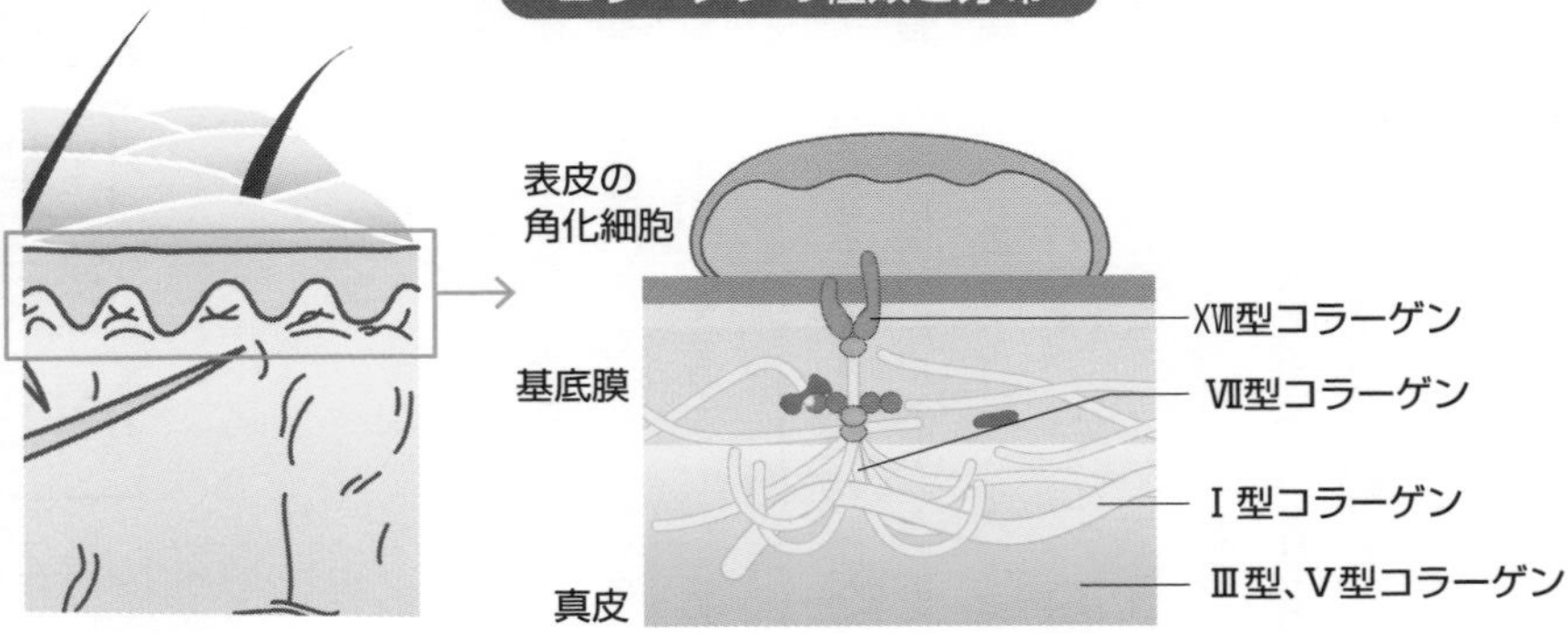

※Ⅳは4、Ⅶは7、ⅩⅦは17と読みます

コラーゲンの分解

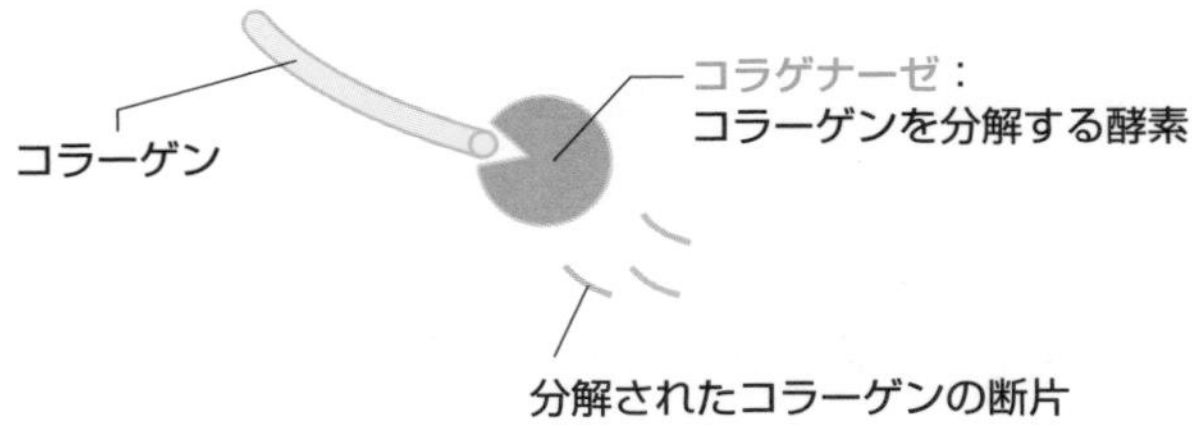

16 「ヒアルロン酸」「弾性線維」がハリを生み出す

しなやかな肌を作る成分

真皮にはコラーゲンに加え、ハリや弾力を生み出す重要な細胞外マトリックスが存在します。

弾性線維は、真皮に弾力性を与える成分です。真皮中での存在量は、数%と少ない成分ですが、これが失われると皮膚がゆるみます。弾性線維は複数の成分が集合した線維状のタンパク質です。乳頭層では線維は細く、網状層では太くなります。また乳頭層では表皮に対して垂直に並び、乳頭構造を下支えしています。一方、網状層では、弾性線維は表皮と並行に配向しています。またコラーゲン線維と同様に、網状層の下の方ほど線維が太くなります。そのため乳頭層は柔軟性が高く、網状層の下の方ほど強度が高くなります。弾性線維は一度作られると、長い間皮膚に留まります。弾性線維を分解するのは、「エラスターゼ」と呼ばれる酵素です。

ヒアルロン酸は、表皮や真皮にボリュームや、柔軟性を与える成分です。ヒアルロン酸は、糖が繰り返し並んだ、非常に大きな分子です。真皮中のヒアルロン酸量は、0・1%（重さで測った場合）とわずかですが、水分を含んで膨らむため、体積として大きな割合を占めています。わずか1gのヒアルロン酸が、6リットルもの水を含むことができます。これがゲル状となり、コラーゲン線維等の間に広がることで、真皮の物性を生み出します。特に真皮の乳頭層に多く、乳頭層の柔軟性を担っています。また、ヒアルロン酸は、皮膚の細胞に働きかけて、その生理的な状態を制御する働きもあります。ヒアルロン酸の量は、その合成と分解のバランスでコントロールされています。真皮では、ヒアルロン酸は線維芽細胞の「ヒアルロン酸合成酵素（HAS）」で作られます。作られたヒアルロン酸は、わずか1日でその半分が分解されてしまいます。ヒアルロン酸を分解するのは、「ヒアルロニダーゼ」と呼ばれる酵素です。

要点BOX

- 弾性線維は、真皮の弾力性を生み出す
- ヒアルロン酸は皮膚にボリュームと柔軟性を与える

真皮の弾性線維とヒアルロン酸の分布

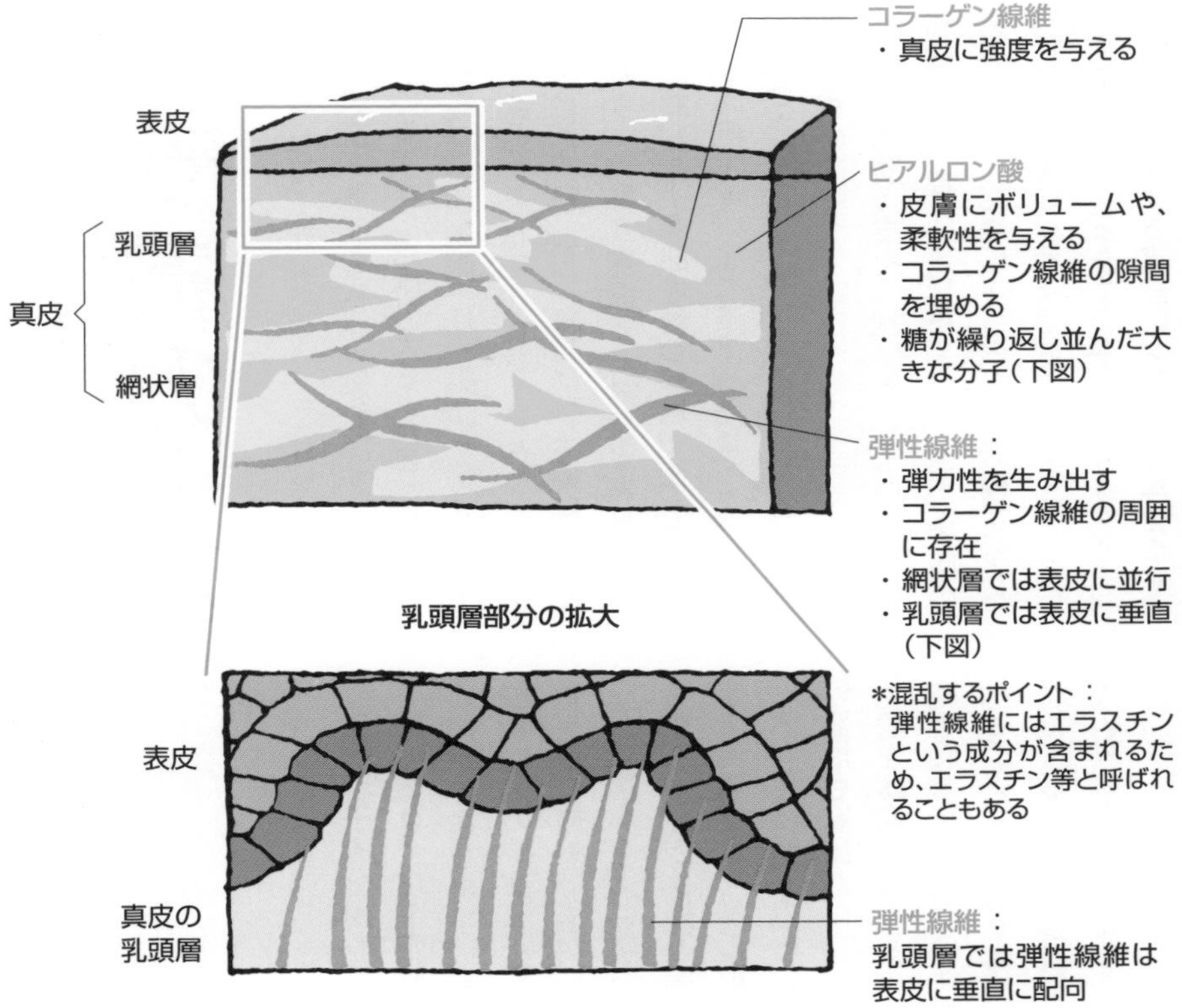
コラーゲン線維
・真皮に強度を与える
表皮
ヒアルロン酸
・皮膚にボリュームや、柔軟性を与える
・コラーゲン線維の隙間を埋める
・糖が繰り返し並んだ大きな分子（下図）
乳頭層
真皮
網状層
弾性線維：
・弾力性を生み出す
・コラーゲン線維の周囲に存在
・網状層では表皮に並行
・乳頭層では表皮に垂直（下図）
乳頭層部分の拡大
*混乱するポイント：
弾性線維にはエラスチンという成分が含まれるため、エラスチン等と呼ばれることもある
表皮
真皮の
乳頭層
弾性線維：
乳頭層では弾性線維は表皮に垂直に配向

ヒアルロン酸

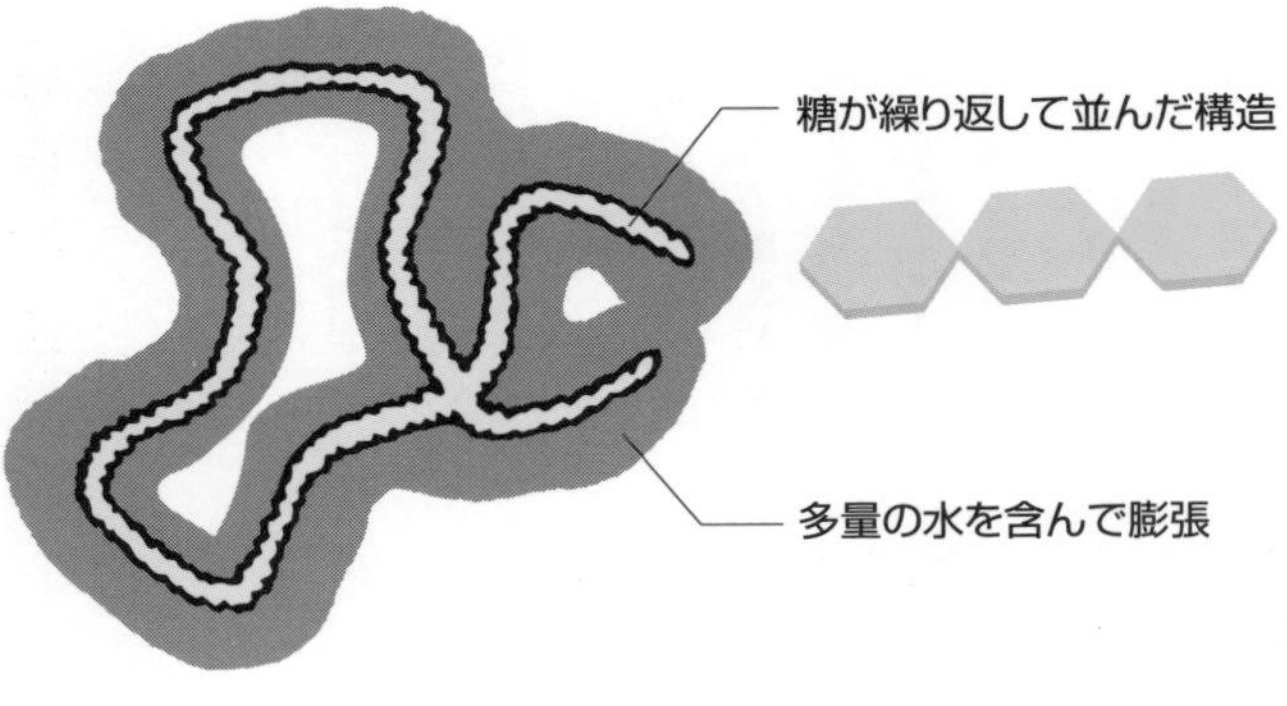
糖が繰り返して並んだ構造
多量の水を含んで膨張

17

「皮下組織」は皮膚の土台

皮膚を支える皮下脂肪の機能

皮膚の最下層は皮下組織です。ここは皮下脂肪でできています。皮下脂肪の大半は細胞です。この点は表皮と似ていますが、細胞の大きさが異なります。皮下脂肪の細胞（脂肪細胞）は、脂肪を蓄えた巨大な細胞です。細胞の核は周辺に押し込められ、その大半が脂肪でできています。脂肪は熱伝導効率が低いため、外部からの熱を遮断する効果があります。そのため、ぶ厚い皮下脂肪を持つ鯨は、低水温にも耐えることが可能です。また皮下脂肪は、クッション性が高く、衝突等の物理的な刺激に対して、内部組織を保護します。

さらに、皮下脂肪は皮膚の状態をコントロールします。脂肪細胞は、様々な物質を放出して、周囲の状態を調節します。肥満により皮下脂肪が増えると、脂肪細胞は過剰な脂肪を蓄えて肥大化します。この肥大化した脂肪細胞は悪玉として、様々なダメージ因子を分泌し、隣接する真皮にダメージを与えます。一方、皮下脂肪が少ない時は、脂肪細胞は小型で、善玉の因子を分泌して、真皮の状態を良好にします。

顔面では、皮下脂肪の下には、表情筋と呼ばれる筋肉が存在します。表情筋は骨格筋の一種で、30種類以上の表情筋が存在します。骨格筋は主に骨と骨を繋ぐ筋肉ですが、表情筋の一部分は皮膚に繋がっています。そのため、表情筋が収縮すると、皮膚も動くことで、微妙な表情を創り出すことが可能です。また表情筋は、顔の形を維持する上でも重要です。一方、表情筋が過度に緊張した状態になると、皮膚の変形も過剰となり、シワの原因となります。この状態を緩和するために、美容医療では、表情筋の緊張を和らげる成分の注射が行われます。これはボツリヌス菌の作り出す毒素「ボツリヌストキシン」で、表情筋を収縮させる神経からの指令を遮断することで、その効果を発揮します。

要点BOX

- ●皮下脂肪には断熱機能や衝撃をやわらげる機能がある
- ●皮下脂肪は皮膚の状態をコントロールする

皮下組織の構造と機能

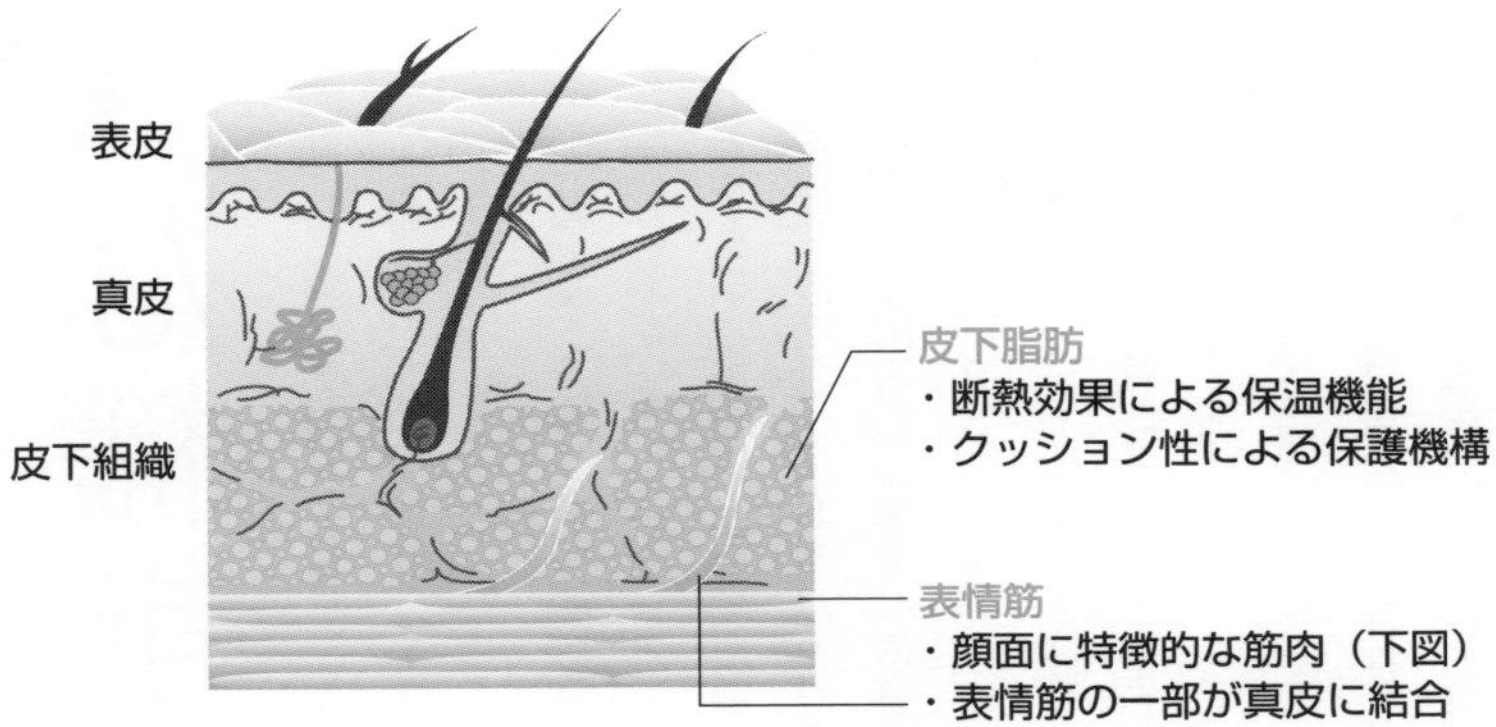

皮下脂肪は真皮の状態をコントロールする

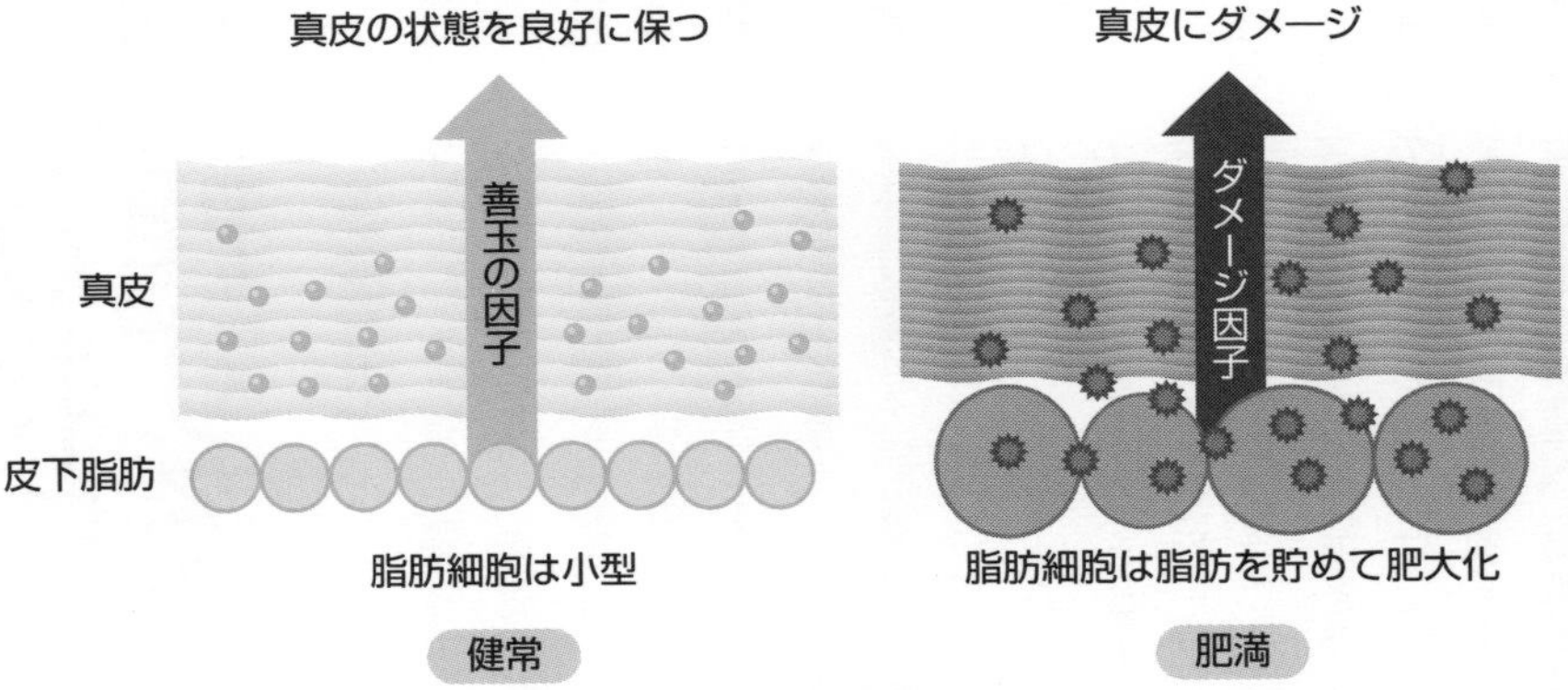

表情筋の特性

- 30種類以上が存在する
- 表情筋の動きで、表情を創り出す
- 顔の形状を維持する

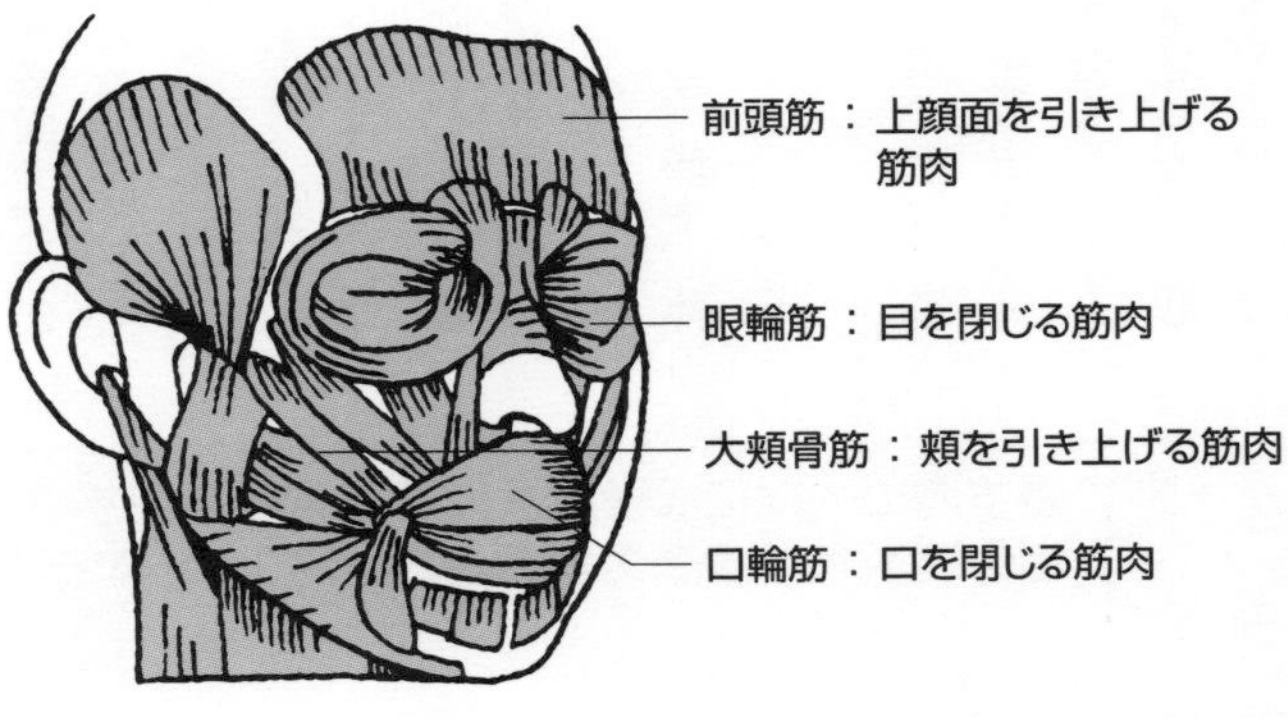

18 「付属器官」が特別な機能を発揮する

脂、汗、毛を生み出す専門器官

皮膚の内部には様々な器官が存在します。これらは「付属器官」と呼ばれ、皮膚の状態をコントロールします。

「皮脂腺」は皮脂を分泌する付属器官です。皮脂腺の一部は毛包に繋がっています。そのため皮脂腺から分泌された皮脂は、毛包を通って皮膚表面に供給されます。皮脂の成分は、トリグリセリド、ワックスエステル、脂肪酸、スクワレン等で、皮膚の表面を覆って、水分の蒸発を防ぎます。また皮脂は、外部からの異物の侵入を防ぐバリア機能も担います。さらに皮脂には、角層を柔軟にする働きもあります。

「汗腺」は汗を分泌する付属器官です。汗は、汗腺の一番深い部分の「分泌部」で作られます。分泌部は、真皮と皮下脂肪の境界付近に存在します。ここで作られた汗は、「導管部」という管を通って、皮膚の表面に分泌されます。その過程でナトリウムやカリウムが再吸収され、水分が主体の汗となります。汗には塩化ナトリウム、アミノ酸、乳酸、金属イオン、尿素等が含まれ、弱酸性です。これが皮膚の表面に分泌されることで、皮膚表面に水分や保湿成分（アミノ酸や乳酸）が供給され、皮膚の乾燥が抑えられます。また汗には、微生物の増殖を抑制する「抗菌ペプチド」が含まれます。ディフェンシンは、汗に含まれる代表的な抗菌ペプチドです。さらに汗には、体温を下げる働きもあります。これは、汗が蒸発する時に、熱を奪うためです。汗腺には「エクリン汗腺」、「アポクリン汗腺」、「アポエクリン汗腺」があり、顔や、体の大部分にはエクリン汗腺が存在します。アポクリン汗腺は、脇の下や陰部に存在します。

「毛包」は毛を包み込む付属器官です。毛包の最下部は球状で、毛球部と呼ばれ、毛を生み出す部分です。毛包の途中には、「立毛筋」が結合しています。この筋肉は表皮付近まで達し、恐怖や寒冷などで収縮して毛を逆立て、鳥肌を立たせます。

要点BOX

- 皮膚の内部には様々な付属器官が存在する
- 付属器官は皮膚の状態をコントロールする

皮脂腺の構造と機能

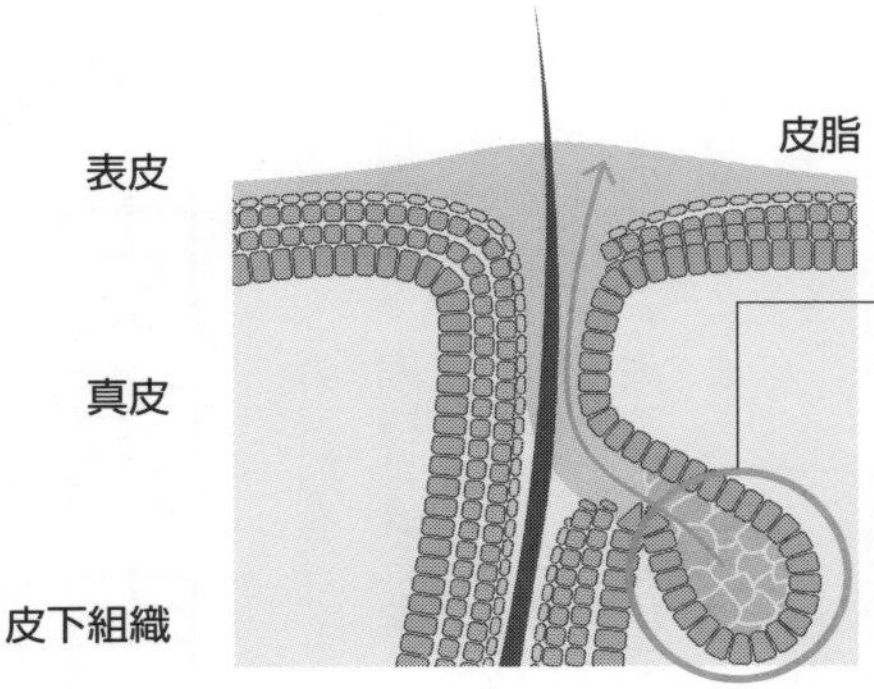

皮脂腺

- 皮脂を分泌
- 皮脂は毛包を通って皮表に供給される
- 皮表を覆い水分の蒸散を防ぐ
- 皮脂の成分：トリグリセリド、ワックスエステル、 脂肪酸、スクワレン等

汗腺の構造と機能

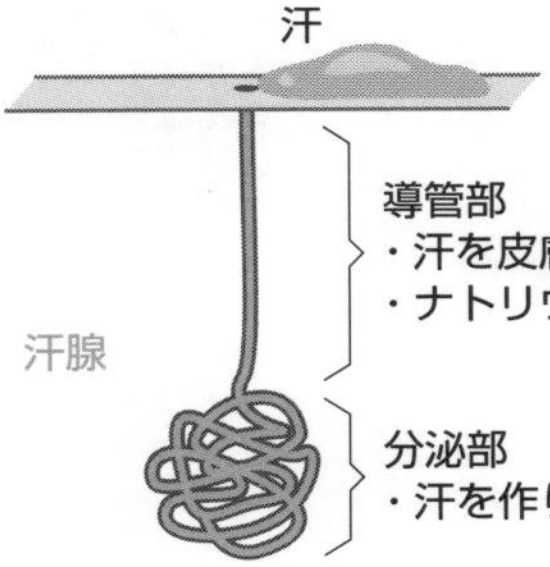

導管部

- 汗を皮膚表面に送り出す
- ナトリウム、カリウムの再吸収

分泌部

- 汗を作り出す

汗

- 弱酸性
- 水分や保湿成分を皮表に供給
- 蒸発する時の気化熱で体温を下げる
- 抗菌ペプチドを含む

毛包と立毛筋、その構造と機能

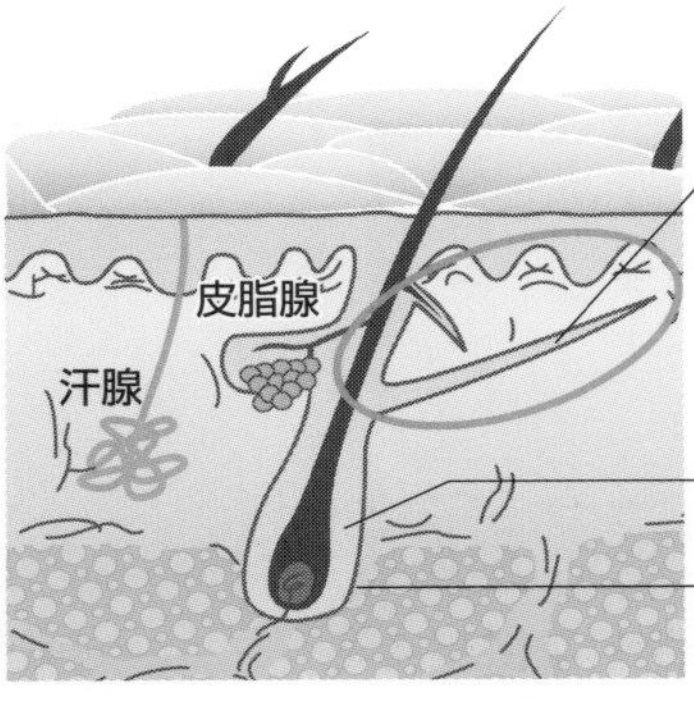

立毛筋

- 毛と皮膚表面付近を繋ぐ
- 恐怖や寒冷などで収縮、鳥肌が立つ

毛包

- 毛の状態を制御する
- 毛を生み出す（毛球部）

19 「幹細胞」は皮膚再生の鍵

新たな細胞を供給する仕組み

皮膚を作り出し、その状態をコントロールしているのが皮膚の細胞です。細胞は適宜新しい細胞に置き換わっています。その根源となる、幹細胞と呼ばれる細胞が皮膚に存在します。

体の中のどのような細胞にも変化できる細胞は、多能性幹細胞と呼ばれます。この特定の細胞に変化することを「分化」と呼びます。幹細胞は「未分化」な状態です。iPS細胞やES細胞は、人工的に作り出した多能性幹細胞です。一方、皮膚のような各組織にも、似たような性質の細胞が存在します。しかし、分化できる細胞の種類がほぼ決まっています。そのため、このような細胞は、多能性幹細胞と区別して「成体幹細胞（または体性幹細胞）」と呼びます。一般的には、皮膚の幹細胞等と呼ばれています。本書では、一般的な例と同様に、「〇〇の幹細胞」と呼びます。

真皮には、複数の種類の真皮の幹細胞が存在します。血管や神経の周囲、または単独で存在しています。通常、この細胞は活発な状態ではなく、組織の修復が必要な時に増殖して、新たな線維芽細胞を生み出し、自身は真皮の幹細胞として残ります。

表皮では、常に新しい細胞が供給され、ターンオーバーを繰り返しています。この細胞は基底層で細胞が分裂して、生み出されるため、基底層に表皮の幹細胞が存在すると考えられます。しかし、ヒトでは表皮の幹細胞はあまりよくわかっていません。

一方、毛包には「毛隆起（バルジ）」と呼ばれる部分に、毛包の幹細胞が存在します。毛隆起は、毛包が少し太くなった部分で、立毛筋が付いています。

皮下脂肪に存在する幹細胞は、「脂肪幹細胞」と呼ばれます。脂肪幹細胞は、再生医療や美容医療等で活用されています。これは脂肪組織からたくさん回収できることや、細胞を増やすことが容易なこと、脂肪幹細胞が多くの組織の細胞に分化できるためです。

要点BOX

- iPSやES細胞は様々な細胞になれる「多能性幹細胞」
- 「皮膚の幹細胞」は、「皮膚の細胞」を供給する

幹細胞

●多能性幹細胞

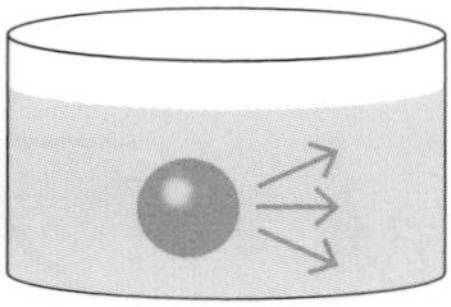

・人工的に作られた細胞
・体の中のどのような細胞にも変化（分化）できる

●成体幹細胞

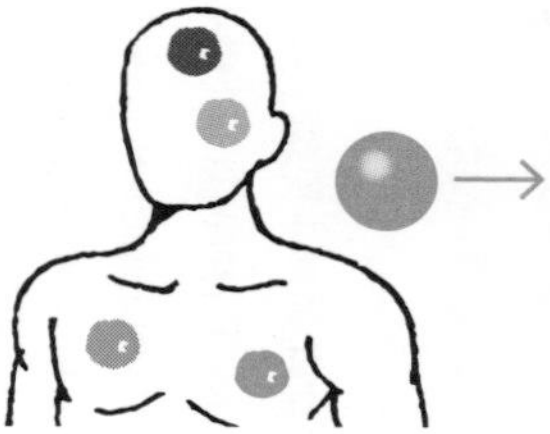

・体の組織に存在する
・分化できる細胞が限られている
・「〇〇（組織名）の幹細胞」等と呼ばれる

皮膚に存在する幹細胞

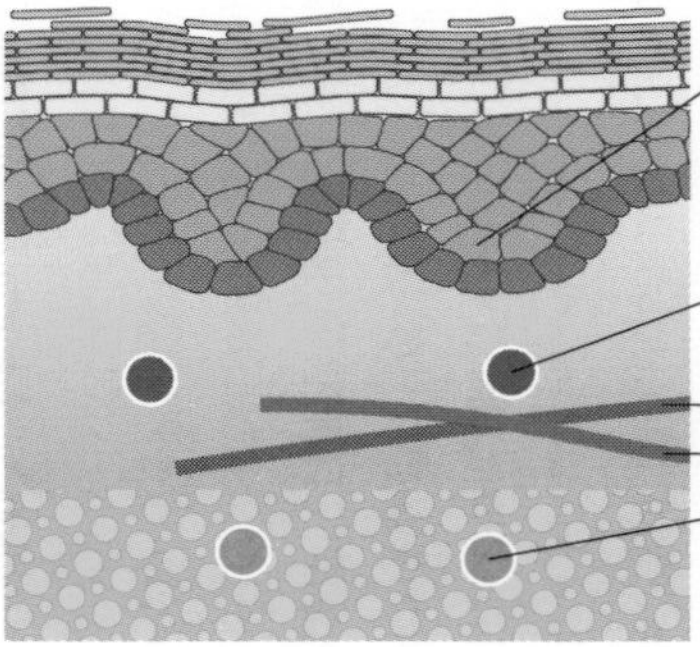

表皮層の幹細胞：
・基底層に存在する
・あまりわかっていない

真皮層の幹細胞：
・単独、または血管や神経の周囲に存在
・複数の種類が存在する

皮下脂肪組織の幹細胞：
・脂肪幹細胞と呼ばれる
・再生医療などで活用

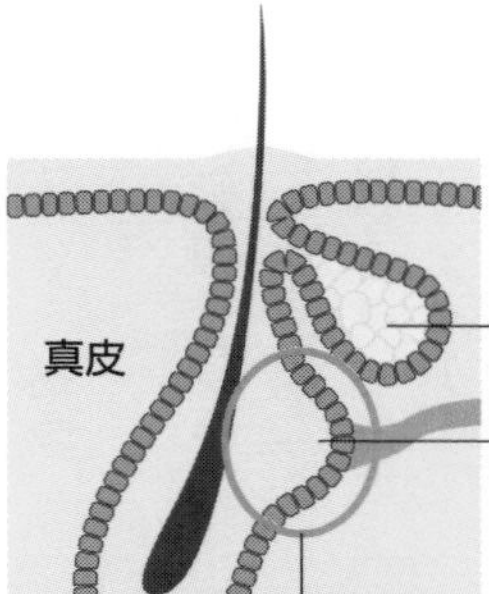

毛包の幹細胞：
毛包に立毛筋が付着する領域（バジル領域）に存在する

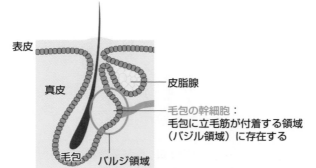

20 「遺伝子」が皮膚をコントロールする

マイクロRNA？エピゲノム？

体の中には多様な細胞が存在します。しかし、全ての細胞は同じ遺伝子を持っています。この細胞の違いを生み出すのは、遺伝子の状態の違いです。遺伝子は、DNAに書き込まれた情報です。この遺伝子が必要に応じてコピーされてメッセンジャーRNA（mRNA）が作られます。その過程を「転写」と呼びます。そして、mRNAの情報を基に、タンパク質が作られます。この過程は「翻訳」と呼ばれます。例えば、コラーゲンの遺伝子から、コラーゲンのmRNAが作られ（転写）、それを基にコラーゲン（タンパク質）が合成（翻訳）されます。直接DNAから、コラーゲンを作らずに、mRNAにコピーされるのは、大量に遺伝情報のコピーを作ることで、素早く必要な量のタンパク質を合成し、不要になったmRNAを分解することで、すぐに合成を止めることができる等の利点があります。この一連の反応、つまり遺伝子が読み込まれて、タンパク質が作られる工程を、一般的には「遺伝子発現（または発現）」と呼びます。この遺伝子発現の違いが、細胞の違いを生み出しています。

遺伝子の発現は、細胞の中で厳密に制御されています。遺伝子が転写される時には、「転写調節因子」というタンパク質がDNAに結合して、転写をコントロールします。またコピーされたmRNAから、タンパク質が合成される過程（翻訳）を制御する機構もあります。miRNA（マイクロRNA）は、そのシステムの1つで、非常に短いRNAです。DNAから作られますが、タンパク質に翻訳されることはなく、mRNAに結合して、その翻訳等をコントロールします。

さらにDNAの読み込まれやすさを制御する機構もあります。DNAを束ねる「ヒストン」というタンパク質が、化学的に修飾（アセチル化、メチル化）される機構で、「エピゲノム」と呼ばれます。これらのシステムをターゲットにすることで、細胞の状態を制御する成分の開発が進められています。

要点BOX
- ●体の中の細胞は、すべて同じ遺伝子を持つ
- ●遺伝子の発現状態で、皮膚の状態が変わる

遺伝子の状態の差が生み出す違い

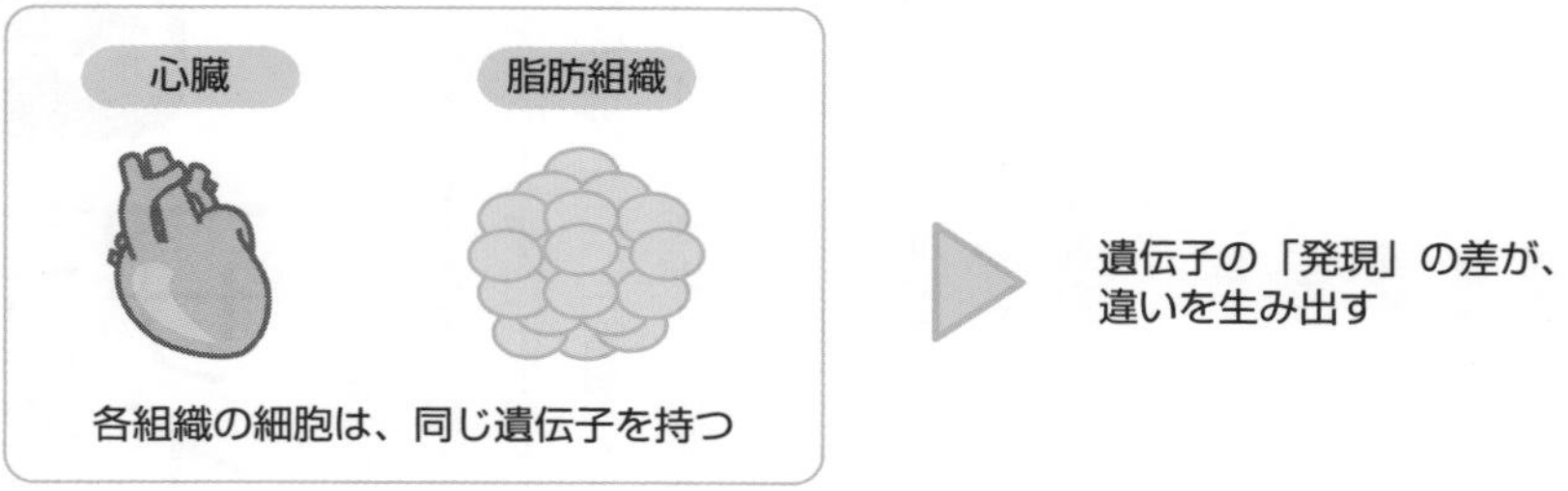

心臓
脂肪組織
各組織の細胞は、同じ遺伝子を持つ
遺伝子の「発現」の差が、
違いを生み出す

遺伝子を基に組織が作られる流れ

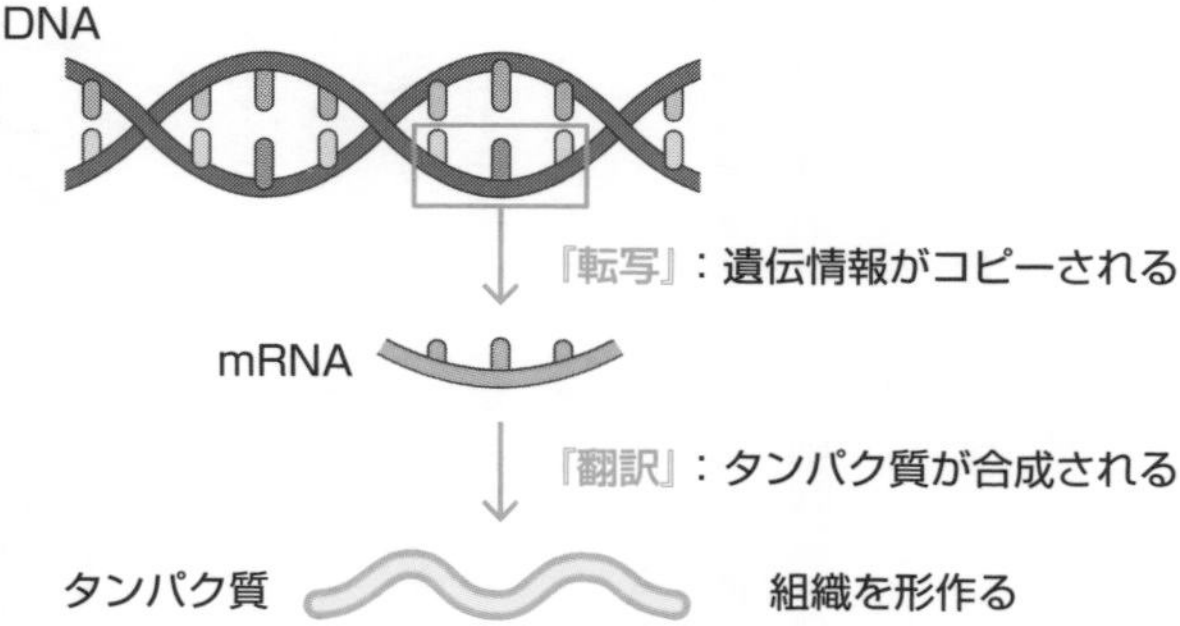

DNA
『転写』：遺伝情報がコピーされる
mRNA
『翻訳』：タンパク質が合成される
タンパク質
組織を形作る

遺伝子の発現状態の差を生み出す仕組み

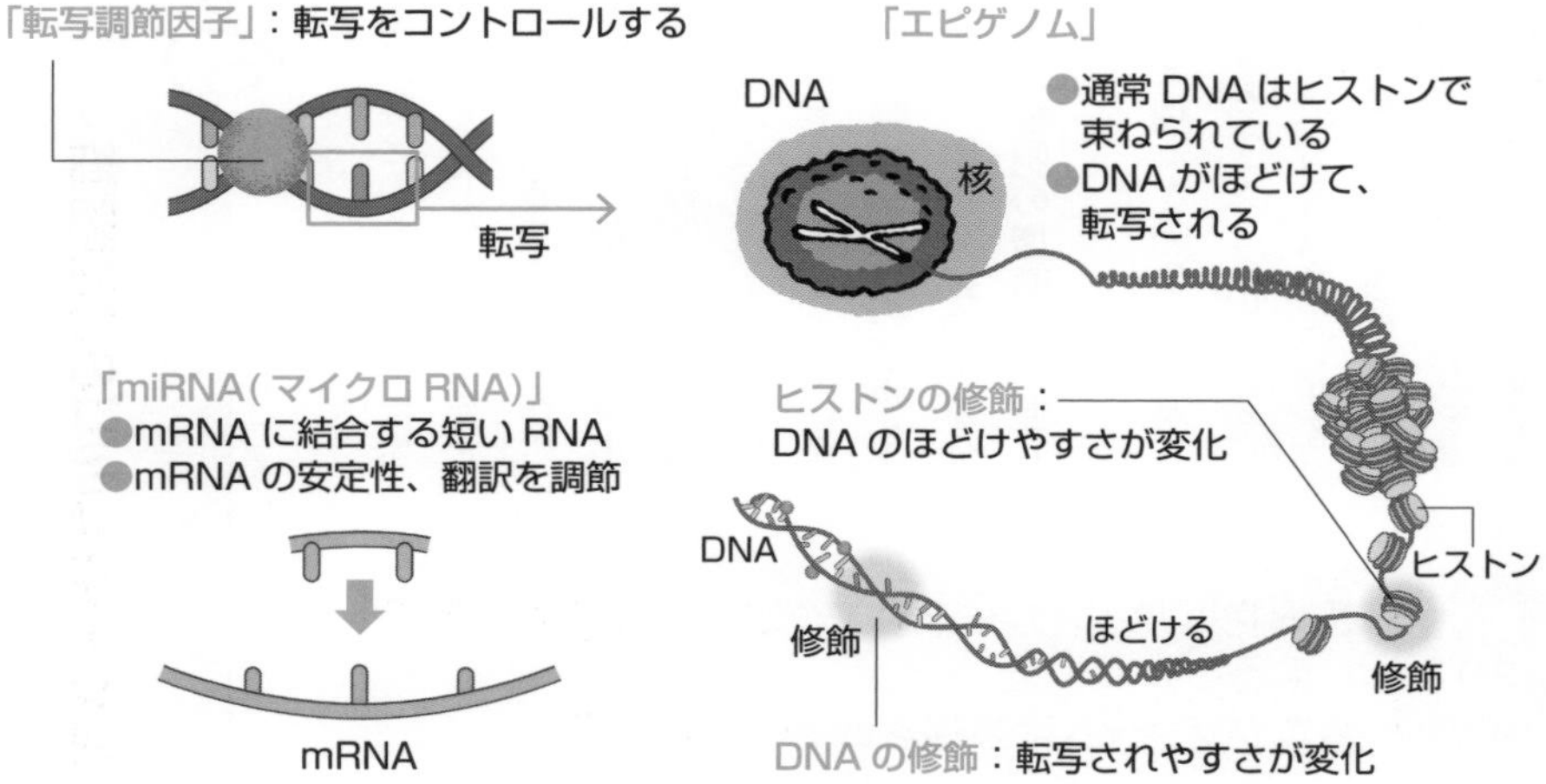

「転写調節因子」：転写をコントロールする
転写
「miRNA（マイクロ RNA）」
●mRNA に結合する短い RNA
●mRNA の安定性、翻訳を調節
mRNA
「エピゲノム」
DNA
●通常 DNA はヒストンで束ねられている
●DNA がほどけて、転写される
核
ヒストンの修飾：
DNA のほどけやすさが変化
ヒストン
DNA
修飾
ほどける
修飾
DNA の修飾：転写されやすさが変化

21 「エクソソーム」「サイトカイン」で伝える

細胞同士のコミュニケーション

　細胞が増殖する時、細胞の中では様々なシステムが働きます。そのため、細胞を増やしたい時に、そのシステムの1つずつに指令を出すのは大変です。そこで体には細胞に、「増殖」という指令を出す仕組みがあります。わずか1つの指令で済むので、とても効率的です。

　それは「サイトカイン」と呼ばれる細胞から分泌されるタンパク質です。これが細胞に働きかけ、増殖や分化等、細胞の様々な反応を引き起こし、組織の炎症、修復、老化等が誘導されます。ホルモンと似たような働きですが、ホルモンは主に脳下垂体や副腎皮質等、特定の器官から分泌されて、血液に乗って様々な器官に運ばれ、そこで作用する因子のことです。サイトカインは、比較的近い範囲で作用する因子ですが、明確な違いはありません。サイトカインは、ターゲットの細胞に到達すると、その表面にある受容体に結合します。受容体は、サイトカインの種類毎にあります。サイトカインの受容体のない細胞には、働きかけることができません。サイトカインが結合すると、細胞の中では、様々な反応が起きます。例えば、酵素等のタンパク質が作られ、それが細胞内で反応することで、細胞全体の反応を引き起こします。遺伝子の発現を伴うこともあります。サイトカインには様々な種類があります。真皮では、炎症の際に免疫細胞等が分泌するＴＧＦβが、線維芽細胞の増殖や、コラーゲンの産生を促進します。線維芽細胞等が分泌するＦＧＦ7は、表皮の角化細胞の増殖を促進します。

　サイトカインに加え、細胞は様々な因子を分泌します。「エクソソーム」は小さな粒子で、その中に短いＲＮＡ（ｍｉＲＮＡ）や酵素等の成分を含んでいます。これが周囲の細胞に結合することで、多様な反応を引き起こします。このサイトカインやエクソソームをターゲットとした、有用な成分の開発が進められています。

要点BOX

- ●細胞はサイトカインやエクソソームで情報を伝える
- ●エクソソームは多様な成分を含む粒子

サイトカインとホルモン

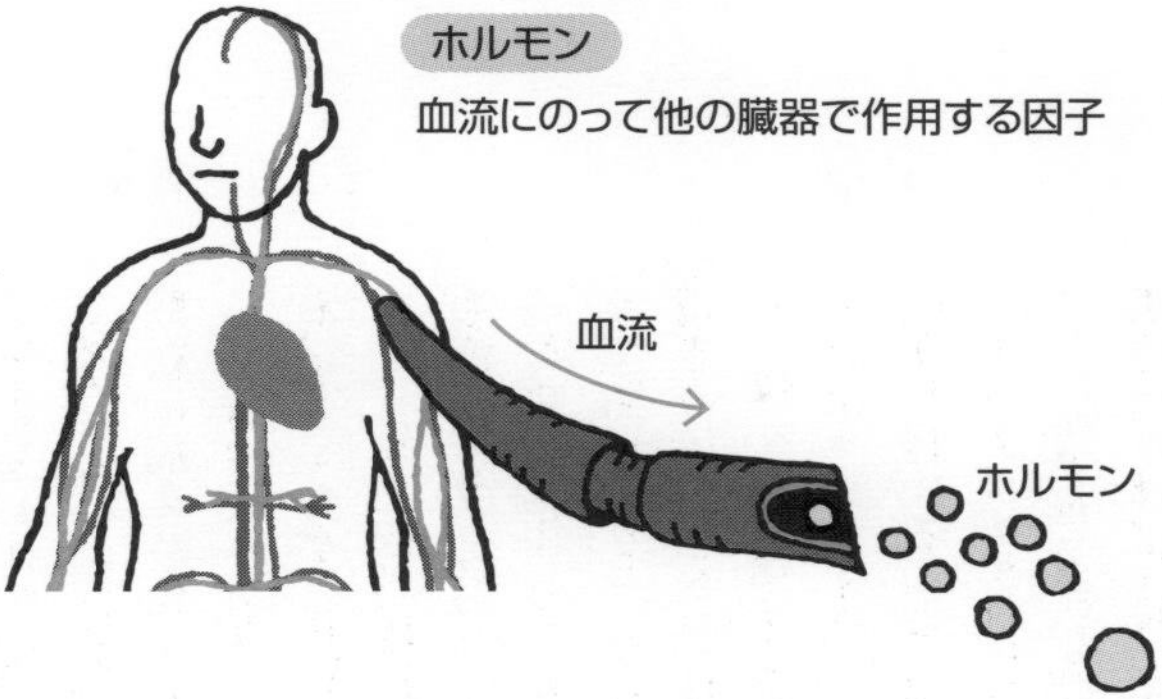

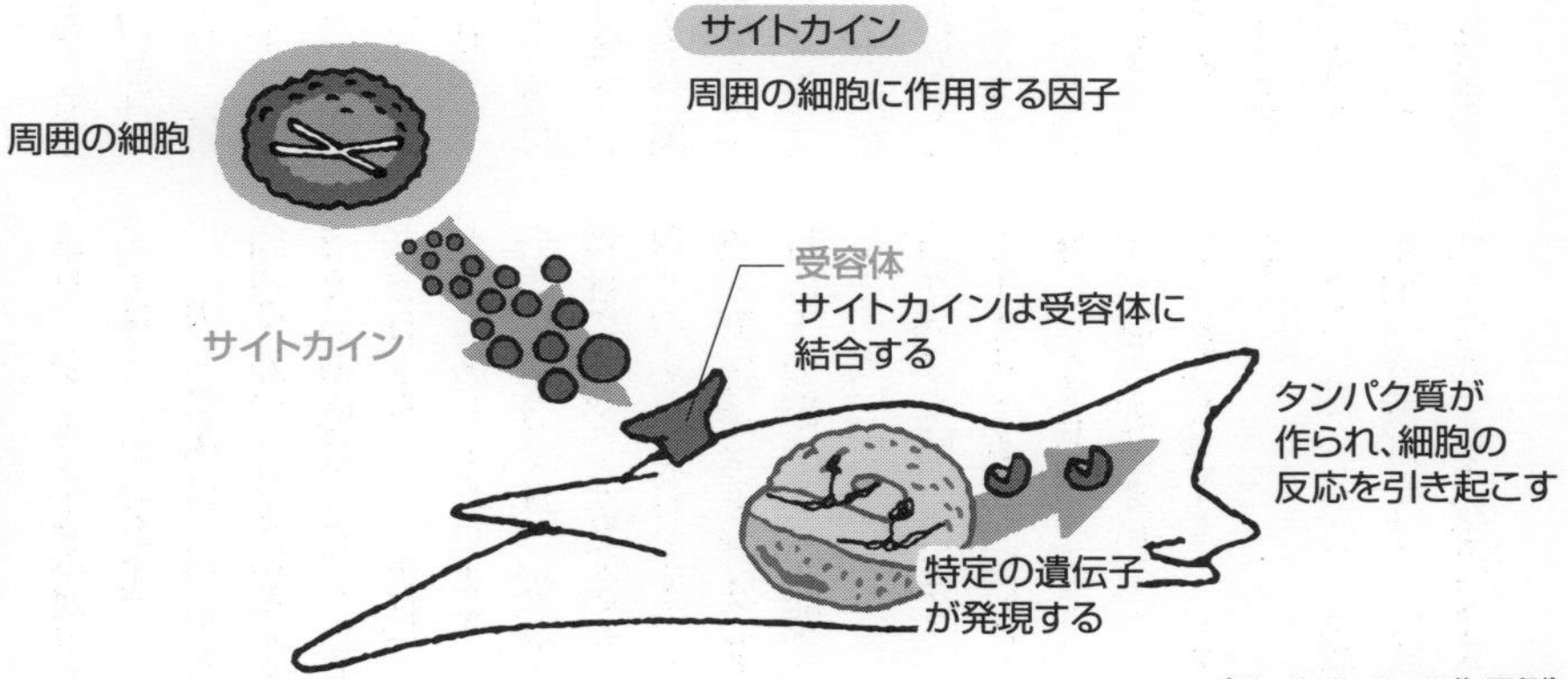

（サイトカインの作用例）

エクソソーム

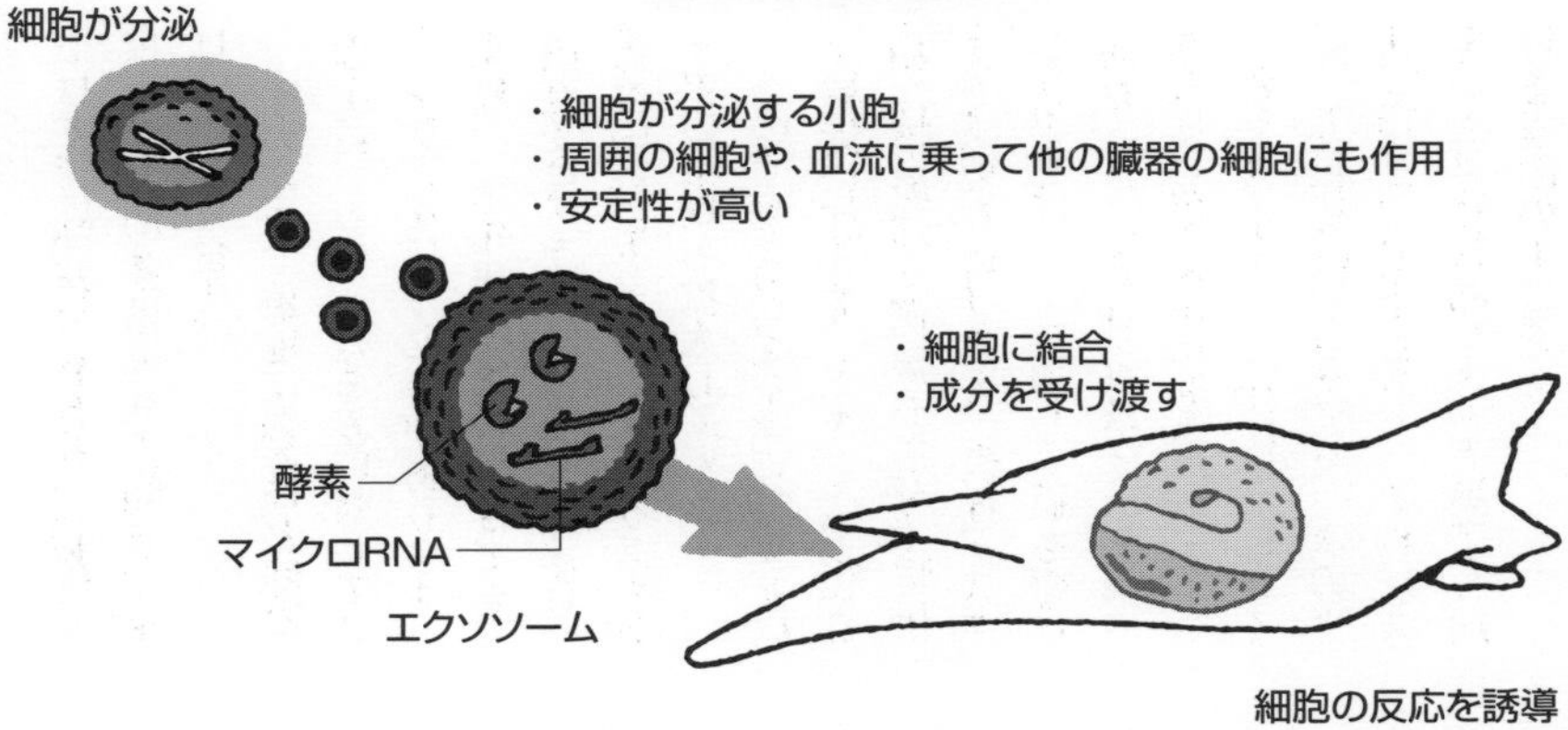

Column

男性のスキンケア

男性もスキンケア化粧品を楽しむ時代になりました。以前は、男性用のスキンケアといえば、洗顔、シェービング、アフターシェーブローションが中心でした。しかし現在では、特に若い世代が、洗顔料に加え、化粧水、乳液と、しっかりとスキンケアのステップに沿ってスキンケア化粧品を使っています。また紫外線に対する意識も高く、サンスクリーン剤を使うことが一般化しています。このように若い頃から、スキンケアの習慣を身に付けることは、加齢とともに徐々に蓄積する長期的なダメージから肌を守り、良好な肌状態を維持することに繋がります。

それでは、男性にはどのようなスキンケアが必要なのでしょうか。男性は女性に比べて皮膚が厚く、血流量も多いことが知られています。そのため「男性の肌は強度があり、シワやたるみができにくいのでは?」と思われます。

しかし実際は、男性も女性と同様に頬のたるみが進みます。たるみ方も同様なため、高齢者の頬だけを見ると、男性と女性の判断も難しくなります。また目の下の部分では、加齢とともに男性の方がたるみが進み、目袋が目立つようになります。これは骨格が関係すると考えられます。目の下の部分は、眼窩と呼ばれる骨の無い部分で、そこは男性の方が大きく開いています。顔の形を下支えする骨が無いことで、皮膚にかかる負担も大きく、わずかな皮膚の加齢変化でも、形の変化として表れやすい、と考えられます。

さらに額のシワは、男性の方が早期から表れます。女性では40代から見られる程度ですが、男性ではすでに20代で見られ、40代では女性との差は大きく開き、より深くなります。

そのため、男性は女性と同等以上に、シワ、たるみに対してスキンケアを行う必要があります。実際、中年代以後の男性でも、最近ではスキンケア意識が高まり、男性向けのアンチエイジングスキンケアの市場も拡大しています。

このようなアンチエイジングという機能に加えて、スキンケア化粧品は情緒的な価値も併せて提供する必要があります。男性がスキンケアを通して実現したいものは何か、それを読み解くことで、期待を超える価値を提供することができます。時代に先行して新たな世界観を発信し、次の生活文化を創造すること、それはスキンケア化粧品が人々を魅了し続ける理由の1つです。

第3章

肌悩みの原因を探る

22 皮膚の老化

加齢に伴い皮膚の状態は悪化します。これは「自然老化」と呼ばれます。さらに、様々な環境によるストレスが、老化を加速します。その代表的な環境要因が紫外線です。この紫外線による皮膚の老化は、「光老化」と呼ばれます。光老化は、服装で覆われていない、顔や手、首等の「露光部」で見られ、深いシワが発生します。また露光部の皮膚には、褐色の色素が沈着した「シミ」が発生します。

表皮は、加齢に伴い薄くなりますが、角層は反対に厚くなります。また表皮の角化細胞のターンオーバーは遅くなります。そのため、角層の細胞は大きくなります。バリア機能を担う表皮の構造や保湿成分が、加齢でどのように変化するかは、十分にわかっていません。表皮と真皮は互いに突出して、デコボコとした構造をしています（乳頭構造）。この構造は加齢とともに減少して、境界部は平坦になります。皮膚の表面では、加齢とともにキメが曖昧になり、毛穴が目立つようになります。

真皮は加齢とともに薄くなります。これは真皮の主成分となるコラーゲン量が減少するためです。その要因はコラーゲンを生み出す細胞（線維芽細胞）の機能が加齢で衰え、コラーゲンの産生が低下することです。ヒアルロン酸は真皮の重要な成分ですが、加齢で減少します。紫外線を浴びた皮膚では、異常な弾性線維が増加します。これは「日光弾性線維症」と呼ばれます。このような真皮の変化により、皮膚の弾力性が低下し、シワやたるみに繋がります。

皮下脂肪は加齢とともに増える傾向にあります。これは、加齢により代謝が低下し、また女性ではホルモンバランスが変化することで、体重が増加するためです。付属器官の状態も加齢で変化します。皮脂腺は、加齢とともに縮小します。そのため、皮脂の分泌量も低下し、皮膚表面の皮脂量が減少します。汗腺は加齢とともに萎縮し、発汗機能も低下します。

要点BOX

- ●皮膚の老化には自然老化と光老化がある
- ●加齢とともに真皮のコラーゲンが失われ、皮膚の弾力性が低下する

光老化と自然老化

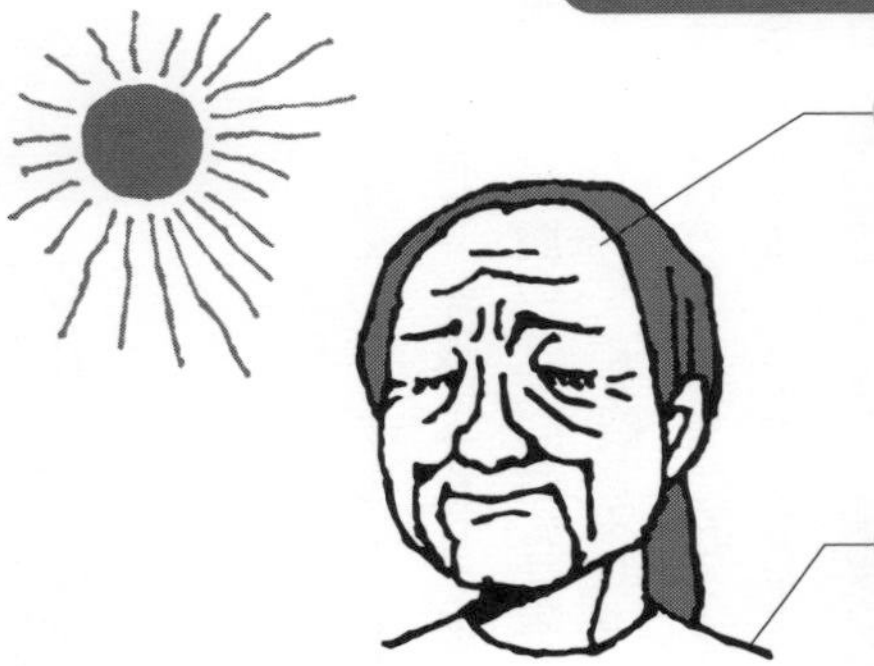

露光部

紫外線が当たる皮膚
→光老化：・自然老化を加速する
・シミや深いシワが発生する

非露光部

衣服に覆われた皮膚
→自然老化

皮膚の加齢変化

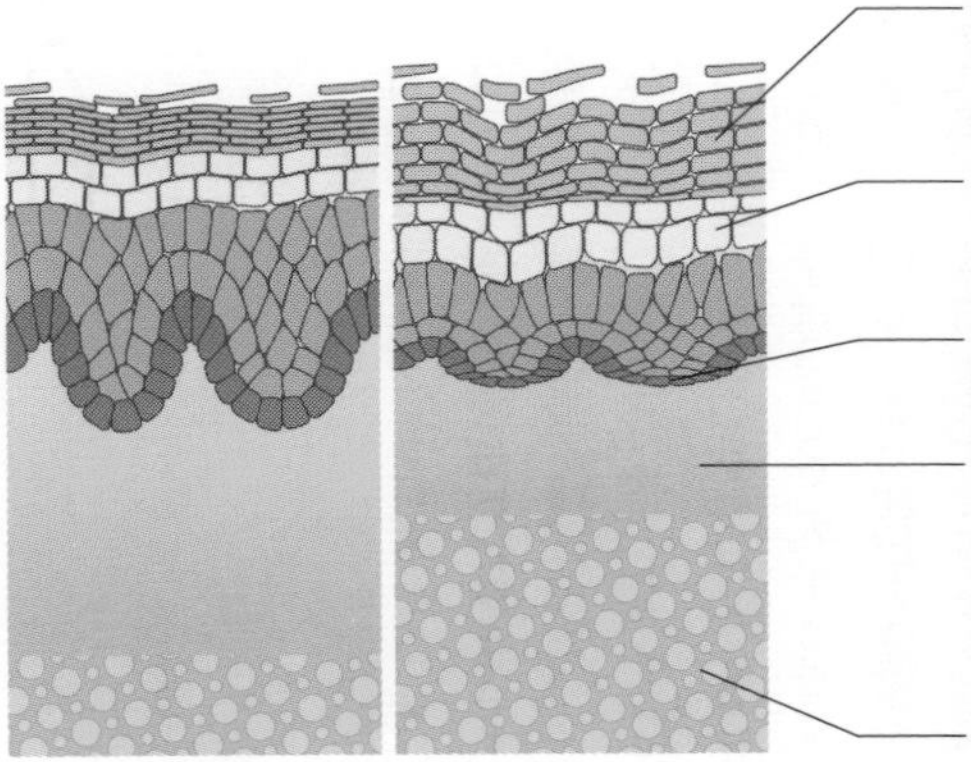

角層：
・加齢で厚くなる
・細胞が大きくなる

表皮：
・加齢で薄くなる
・ターンオーバーが遅くなる

乳頭構造：
・加齢で平坦になる

真皮：
・加齢で薄くなる
・コラーゲンが減少
・露光部で、異常な弾性線維が増加
（日光弾性線維症）

皮下脂肪：
・加齢で増加する傾向

付属器官の加齢変化

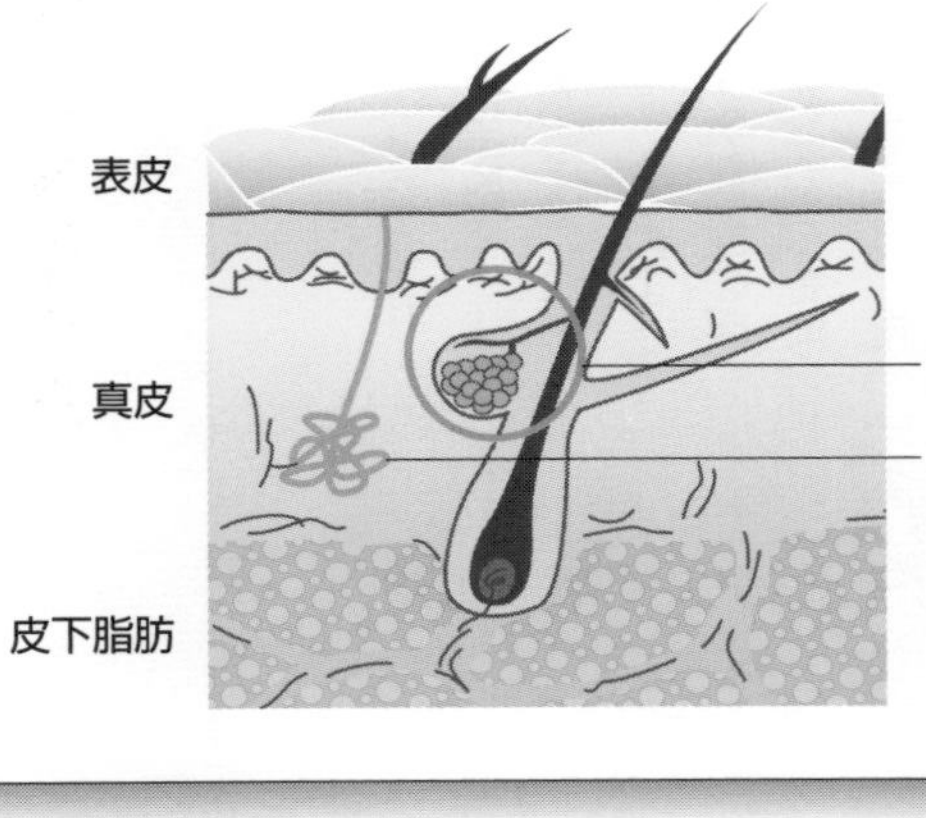

皮脂線：加齢で縮小、皮脂の分泌が低下

汗腺：加齢で萎縮、発汗機能が低下

23 細胞の老化

細胞は、加齢により老化し、皮膚の老化が進行します。細胞は、無限に分裂して増え続けることはできません。細胞の分裂回数には限界があり、分裂回数をカウントして、分裂をストップするシステムがあります。DNAの末端にはテロメアという領域があり、細胞が分裂するごとにテロメアが短くなります。これにより分裂の限界までカウントダウンする仕組みです。分裂の限界に達した細胞は、「老化細胞」と呼ばれます。がん細胞は、無限に増殖できますが、これは分裂してもテロメアが短くならないためです。また紫外線や活性酸素もDNAに障害を与えることで、細胞の老化を引き起こします。本来、障害を受けた細胞は、DNAを修復しますが、障害が大きい場合は、自ら死んでいくシステム「アポトーシス」が働きます。アポトーシスする細胞は、「私を食べてください」というシグナル（〝eat me〟シグナル）を出すことで、免疫細胞（マクロファージ等）が、この細胞を処理（貪食）します。これに対して、老化細胞はアポトーシスを免れ、また免疫細胞に除去されることも逃れた細胞で、組織中に長く残ります。そして組織の中で悪性の因子（炎症性のサイトカイン等）を分泌します。このような細胞の状態は「SASP」と呼ばれ、この悪性の因子はSASP因子と呼ばれます。SASPはがんを抑制し、また組織の修復を助ける働きがある一方、慢性的な炎症を起こすことで組織の状態を悪化させます。このように老化細胞は、老化をさらに進行させる、悪循環を起こします。

表皮の角化細胞の老化については、十分にわかっていません。一方、真皮の線維芽細胞は、老化細胞となり、真皮の老化を誘導します。この老化細胞に対する対応手段には、いくつかのアプローチがあります。1つは、老化細胞を取り除く薬剤で、セノリティック薬と呼ばれます。また老化細胞のSASPの特性を抑制する薬剤は、セノモルフィック薬と呼ばれます。

要点BOX

- 細胞は分裂の限界に達すると、老化細胞となる
- 老化細胞は、悪性の因子を分泌し、組織の状態を悪化させる

細胞の老化

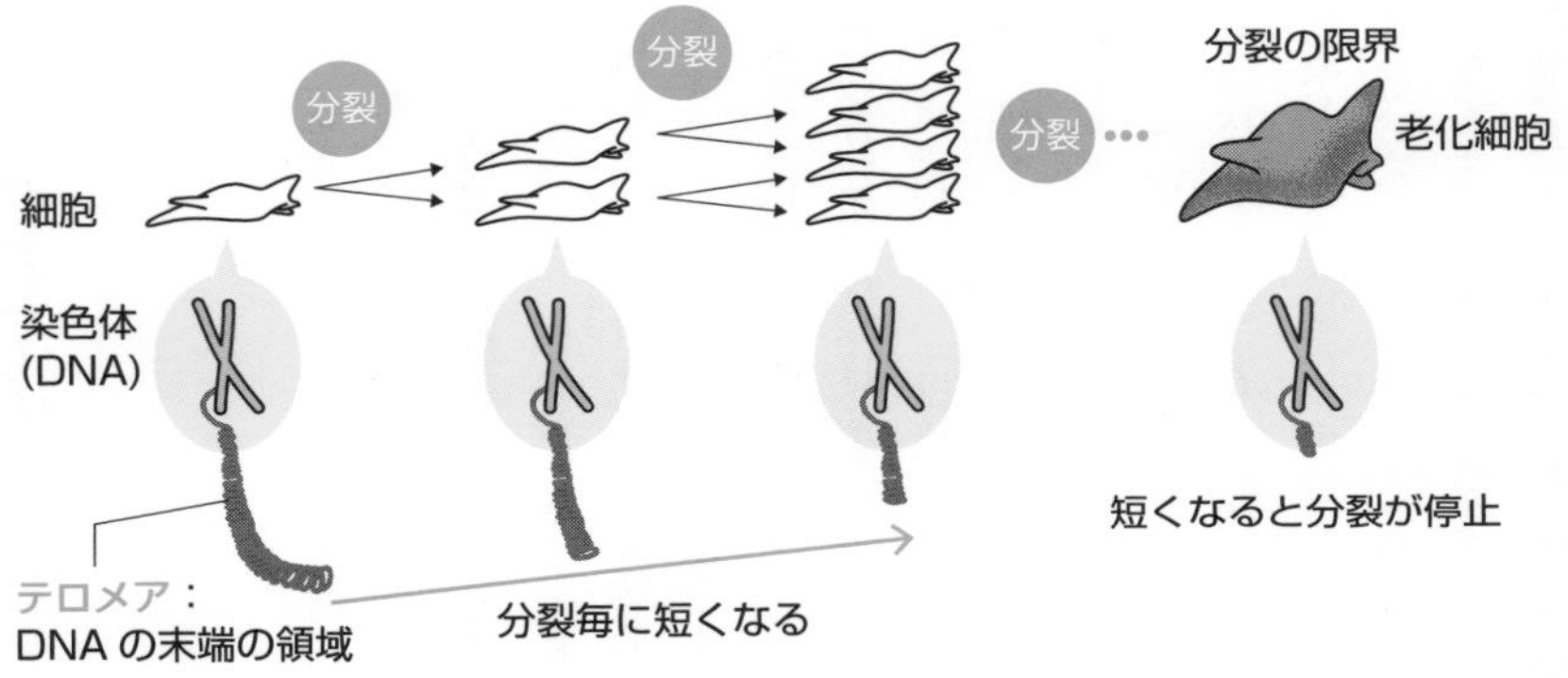

細胞障害による老化細胞の形成

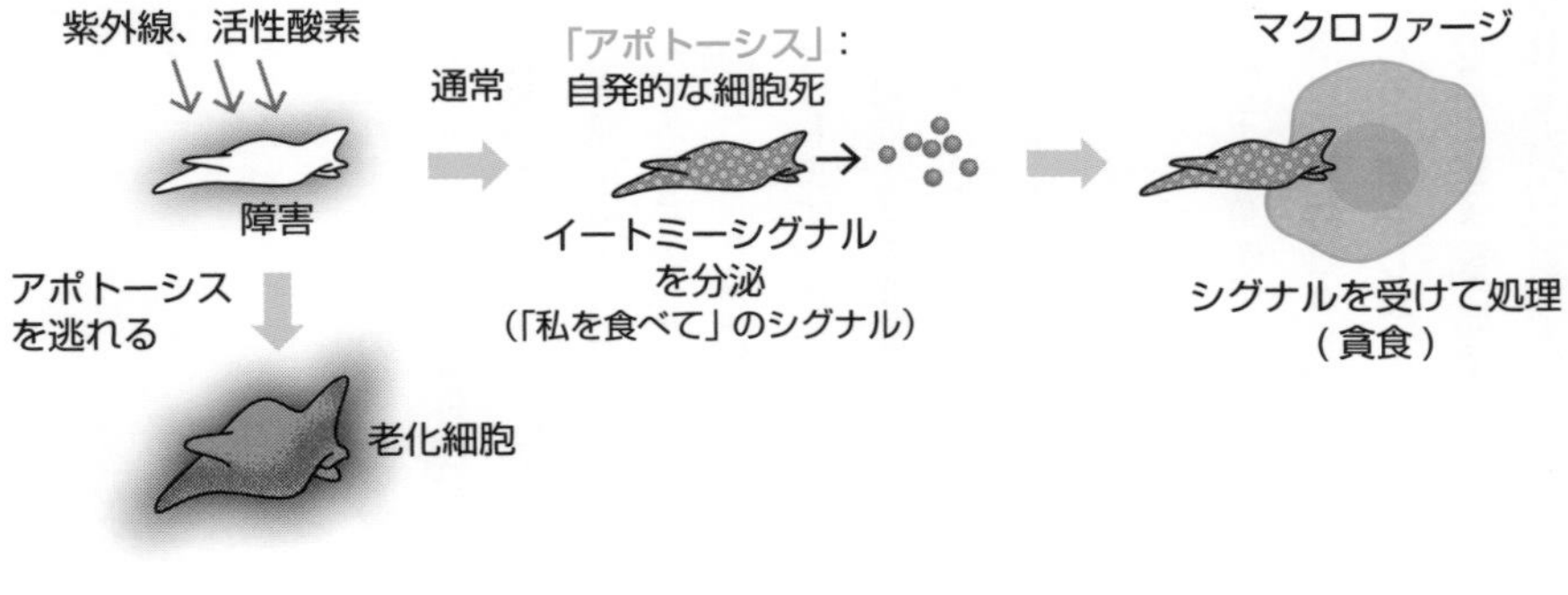

老化細胞の悪影響と対応成分

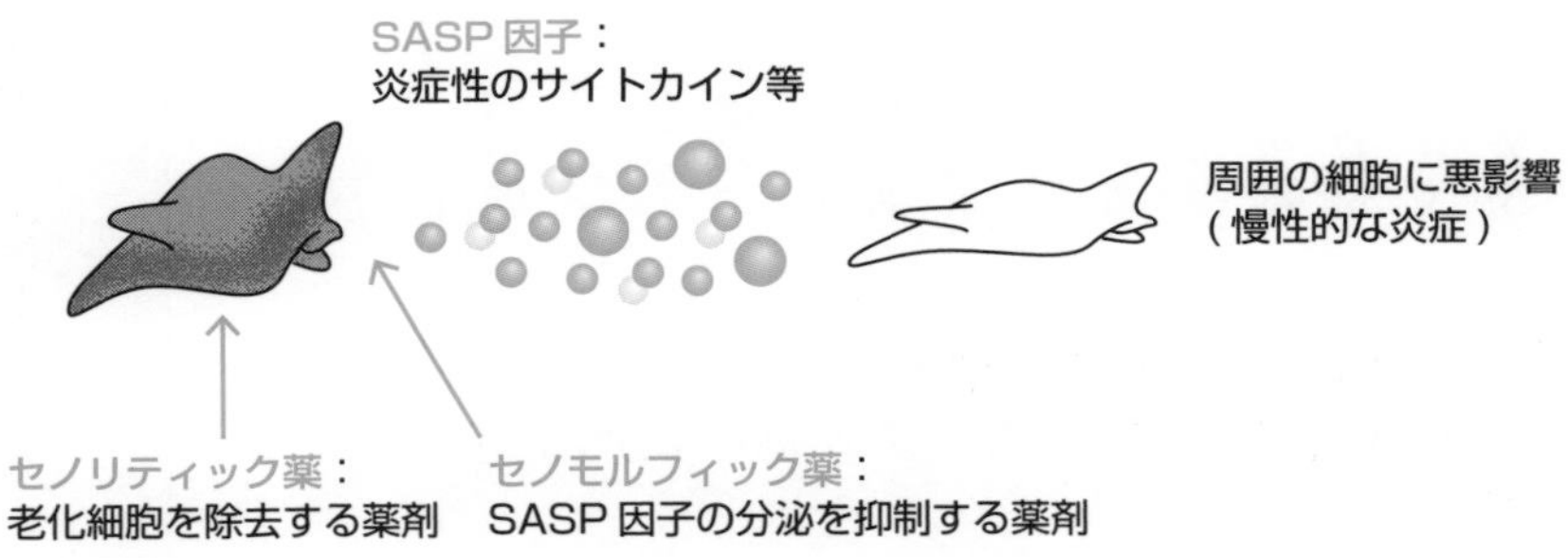

24 日焼け

サンタンとサンバーン

太陽光には紫外線（UV）、可視光線、赤外線が含まれています。これは波長で分類したもので、波長の長い光は、皮膚の内部にまで到達します。紫外線は波長の短い光です。紫外線の中で波長の最も短いUVC（200-280nm）はオゾン層で吸収されるため、地上までは届きません。次に波長の短い「UVB」（280-320nm）は表皮で散乱し、ダメージを起こします。波長の長い紫外線「UVA」（320-400nm）は真皮の上部にまで到達し、日焼けやシミ、皮膚のハリの低下等、様々な障害を起こします。

日焼けには、2つの種類があります。皮膚が黒くなることを「サンタン」、皮膚が赤くなることを「サンバーン」と呼びます。UVAを浴びるとすぐに皮膚は灰褐色になります。これは「即時黒化」と呼ばれ、皮膚中のメラニン色素の変化によるものです。数時間で消失しますが、過度のUVAを浴びると、茶褐色の色素沈着が長く続きます。これは「持続型即時黒化」と呼ばれます。その後、皮膚には赤みを伴う炎症が起きます。これは「紫外線紅斑」と呼ばれます。主にUVBにより起きる反応で、紫外線を浴びた24時間後に最大となり、その後消失していきます。サンバーンが消失する頃、皮膚は黒く見えるようになります。これは一般に日焼けと呼ばれる状態で、「遅延型黒化」と呼ばれます。この原因は、色素（メラニン）を作り出す細胞「色素細胞（メラノサイト）」が、紫外線で活性化することです。つまり、活性化した色素細胞がメラニンを多く産生し、また周囲の細胞（角化細胞）にメラニンを供給することで、この色素沈着が起きます。メラニンは紫外線を吸収するため、細胞を紫外線から守る働きがあります。遅延型黒化は、紫外線を浴びて、数日から10日頃で最大となり、時間経過とともに消失します。なお、サンタンは皮膚が黒くなること全て（即時黒化、持続型即時黒化、遅延型黒化）を含む総称です。

要点BOX

- 紫外線は皮膚の障害を起こす
- 皮膚が黒くなるサンタン、赤くなるサンバーン

紫外線の種類と到達深度

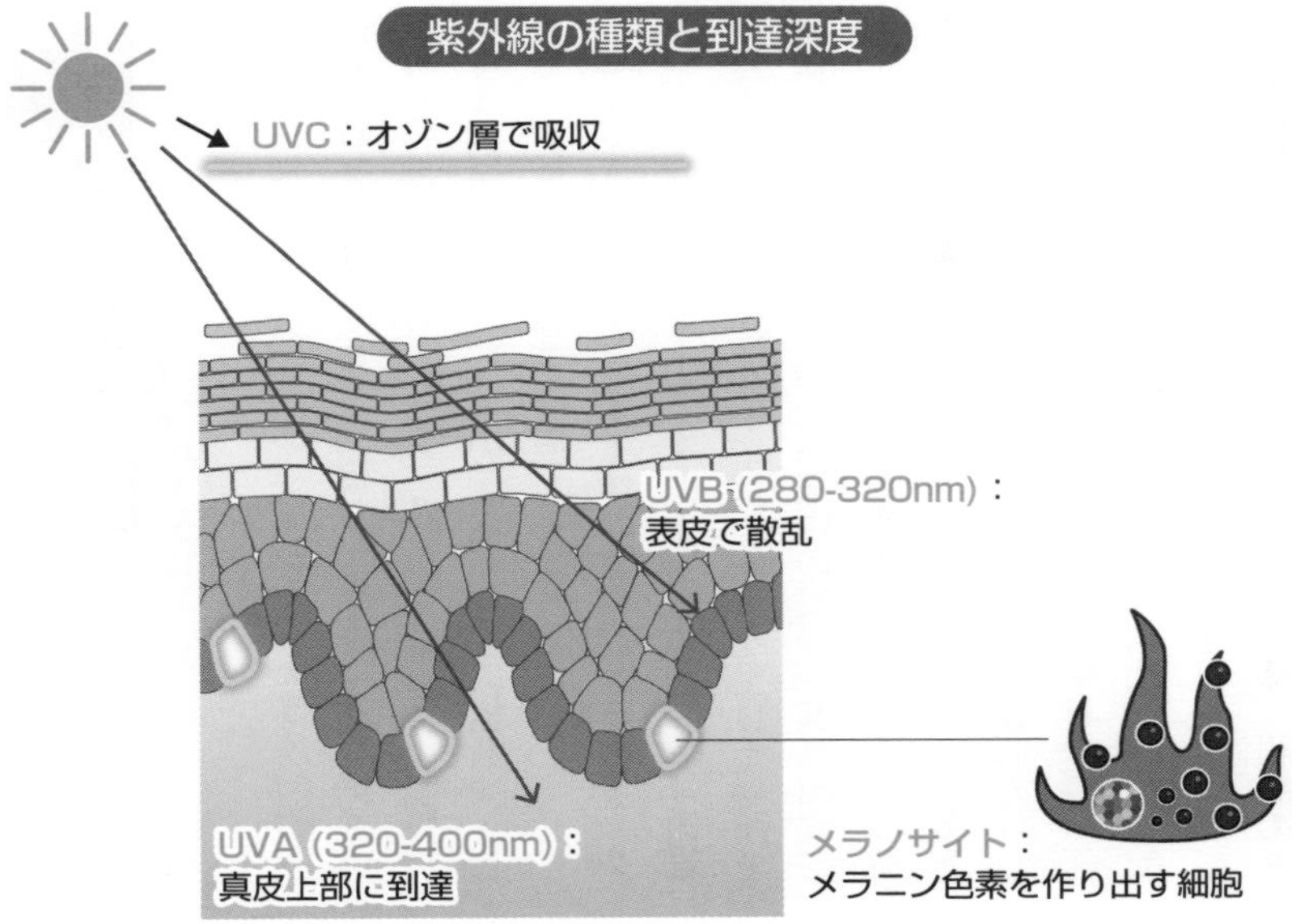

UVC：オゾン層で吸収
UVB (280-320nm)：
表皮で散乱
UVA (320-400nm)：
真皮上部に到達
メラノサイト：
メラニン色素を作り出す細胞

サンタンとサンバーン

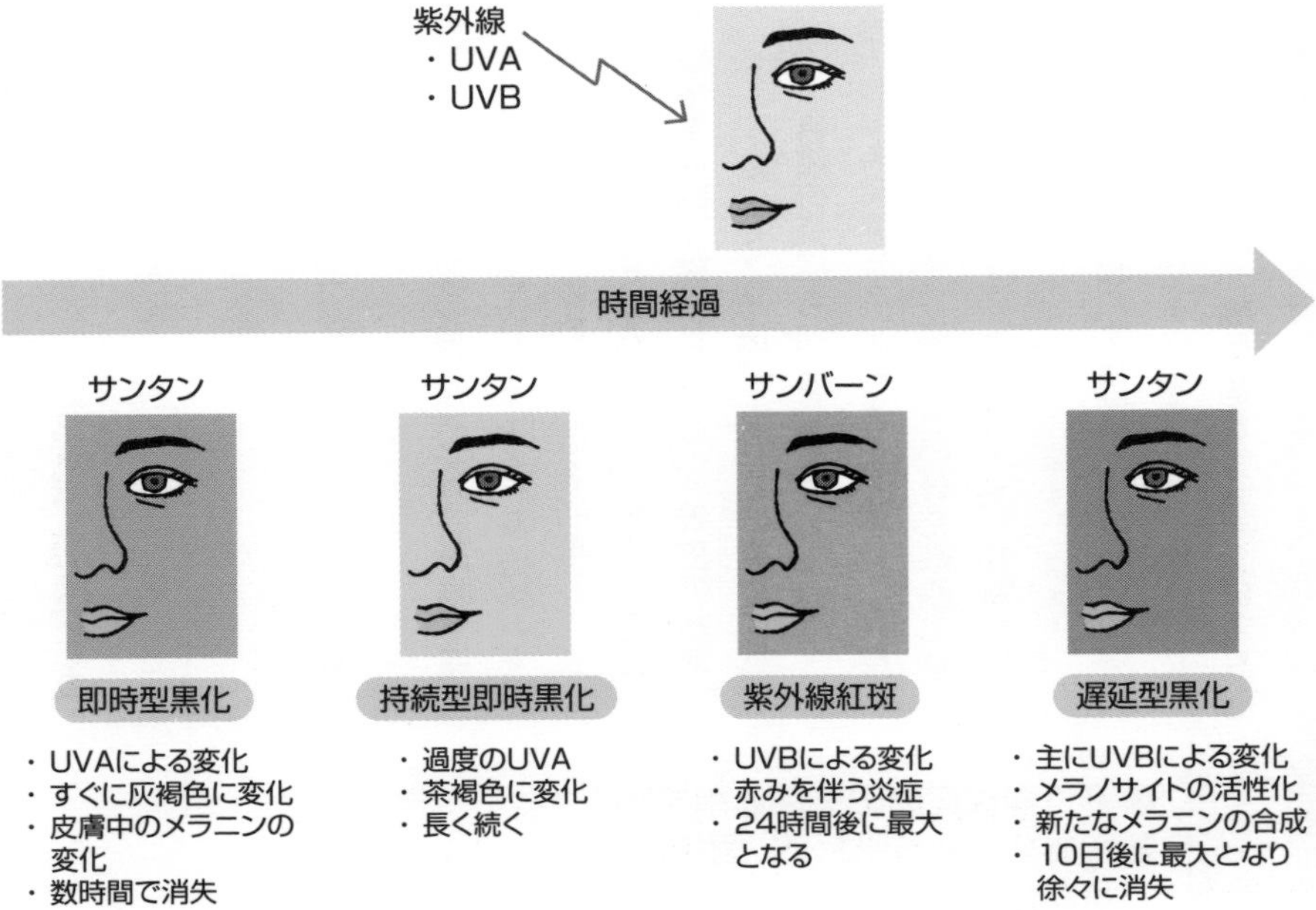

紫外線
・UVA
・UVB
時間経過
サンタン
即時型黒化
・UVAによる変化
・すぐに灰褐色に変化
・皮膚中のメラニンの変化
・数時間で消失
サンタン
持続型即時黒化
・過度のUVA
・茶褐色に変化
・長く続く
サンバーン
紫外線紅斑
・UVBによる変化
・赤みを伴う炎症
・24時間後に最大となる
サンタン
遅延型黒化
・主にUVBによる変化
・メラノサイトの活性化
・新たなメラニンの合成
・10日後に最大となり徐々に消失

25 「紫外線」による老化

老化が加速する

紫外線は皮膚の細胞にダメージを与えます。波長の短いUVBは表皮まで到達し、表皮の角化細胞のDNAに変異を起こします。これにより角化細胞は、様々な因子を分泌し、その因子が真皮に拡散することで、真皮の「炎症」を誘導します。

炎症とは、刺激に対する体の防御的な反応で、スキンケアの重要なターゲットの1つです。炎症は複雑な反応です。代表的な例では、刺激を受けた場所で血流が増加し、血管から血液中の成分が漏れ出すことで、その場所に免疫細胞が集まり、刺激を取り除くための免疫反応が起きます。その過程で、刺激を受けた場所が赤くなったり、腫れたり、発熱したりします。炎症が正常に収まると、障害を受けた場所を修復するための反応が進み、正常な状態に回復していきます。しかし、この一連の反応がうまく機能しない場合や、刺激が慢性的に続く場合は、組織のダメージが広がります。このような一時的な炎症が繰り返されることや、慢性的な炎症が続くことで、皮膚の老化が進行します。

また紫外線を受けた表皮の細胞は、分解酵素を産生します。この酵素が、表皮を支える「基底膜」を分解します。基底膜は、表皮の状態を制御し、表皮と真皮の間の物質の流れを制御しています。そのため、紫外線で基底膜が障害されると、表皮の状態が悪化し、また炎症を起こす因子も容易に真皮に拡散することで、真皮の炎症も加速します。

波長の長いUVAは真皮の上部まで到達し、真皮の線維芽細胞を障害します。障害を受けた細胞では「フリーラジカル」と呼ばれる、反応性の高い物質が作られ、細胞のDNAにダメージを与えます。ダメージを受けた細胞は、炎症を起こす物質や、周囲を分解する酵素を産生し、真皮や基底膜の状態を悪化させます。このような直接的、間接的なダメージにより皮膚の老化が進みます。

要点BOX

- ●紫外線は皮膚の炎症を引き起こす
- ●紫外線により直接的、間接的に皮膚のダメージが進行する

紫外線による皮膚の障害

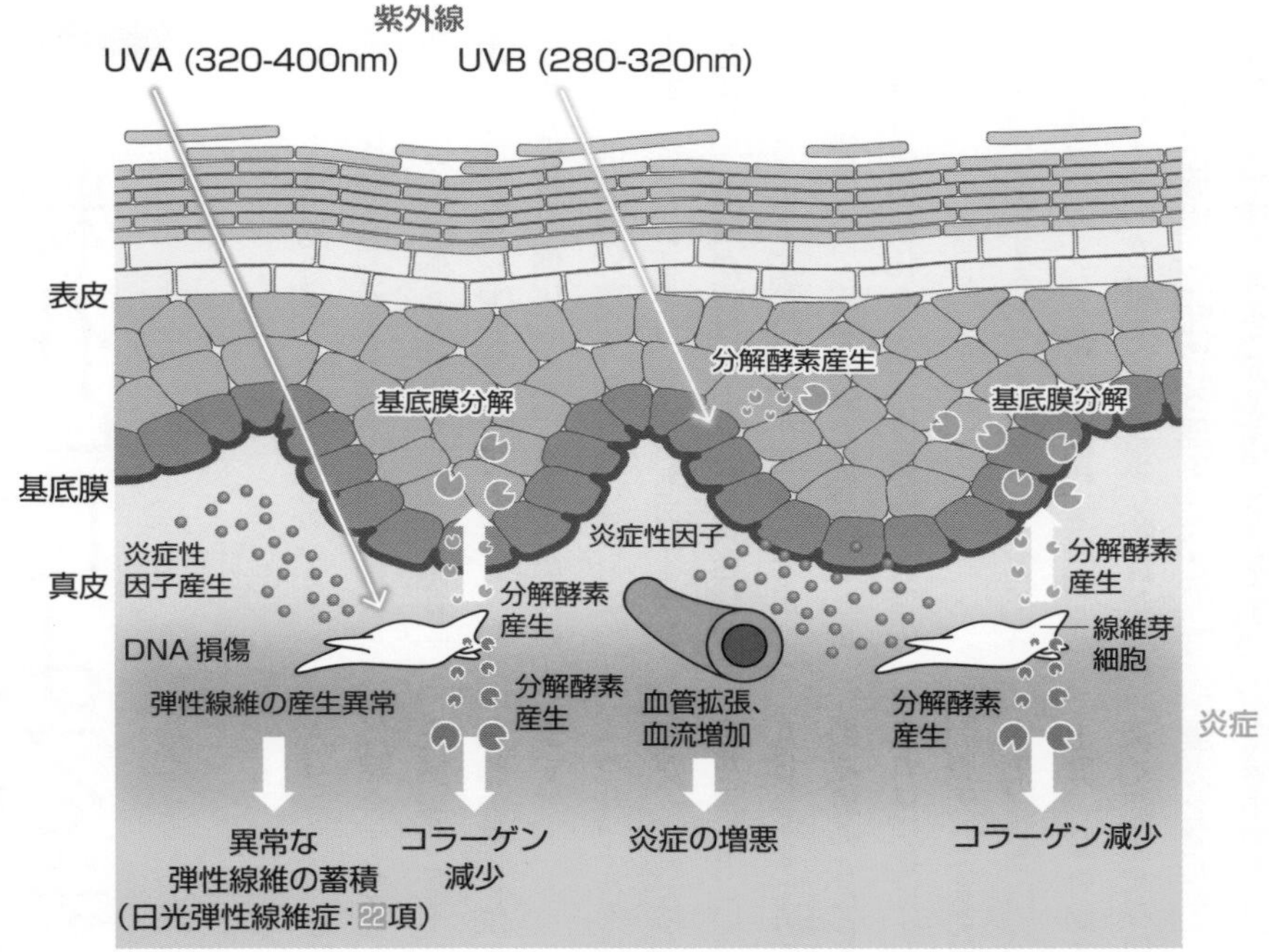

炎症

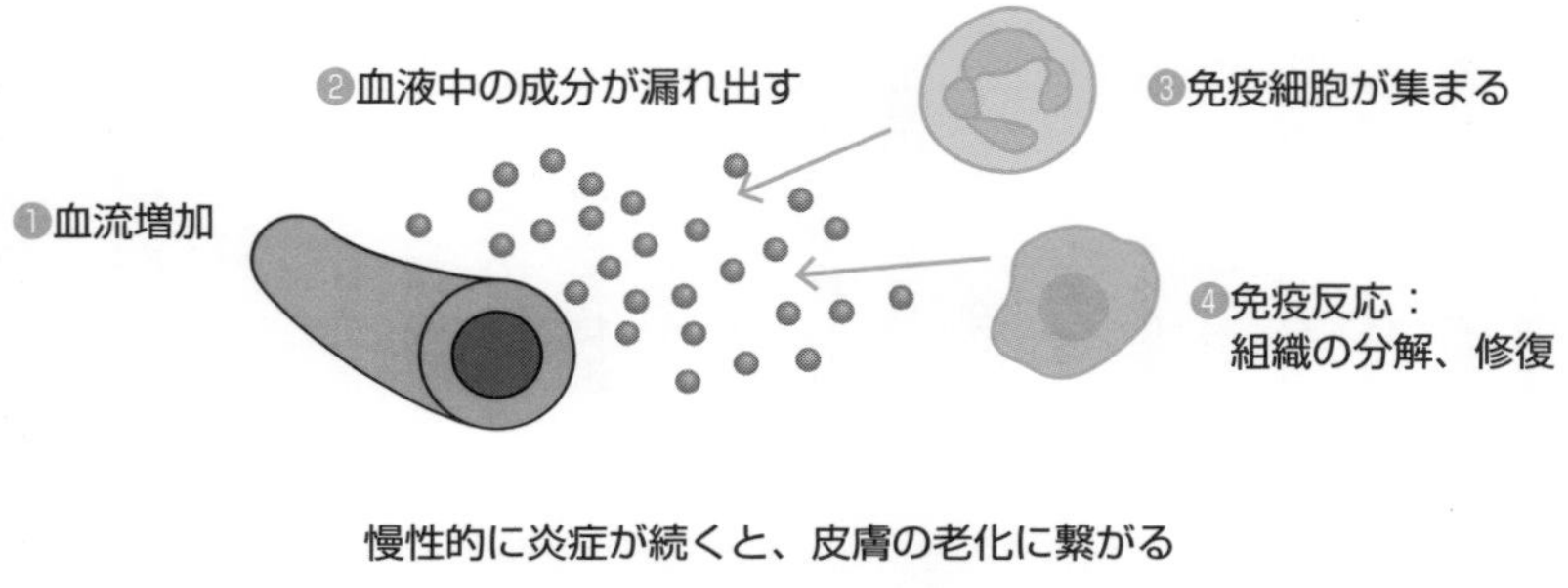

慢性的に炎症が続くと、皮膚の老化に繋がる

26 「糖化」による老化

生活習慣と肌悩みの関係性

血糖値の高いヒトは、見た目の老化が進んでいます。これは、糖がストレス要因となるためです。糖はタンパク質に結合して、その状態を変化させます。「糖化」と呼ばれる反応で、皮膚にも影響を及ぼします。角層では、ケラチン線維の糖化により、透明感が失われます。また細胞間脂質の減少を引き起こすことが、バリア機能の低下に繋がります。真皮でもコラーゲン線維の糖化により、皮膚が黄ばんで見える黄色化が進みます。またコラーゲン線維同士が凝集したような状態となり（架橋反応）、皮膚の弾力性が低下します。さらに弾性線維の糖化もまた、皮膚の弾力性の低下に繋がります。

タンパク質に糖が結合すると、そのタンパク質では連鎖的に反応が進み、「タンパク質最終糖化生成物（AGEs）」が作られます。AGEsには多様な物質があります。一般的に「糖化」と呼ばれる現象は、この一連の反応でAGEsが作られることを指しています。

AGEsは、細胞の表面のAGEs受容体（RAGE）に結合することで、炎症性のサイトカイン類の産生を誘導します。そのためAGEsは、真皮の線維芽細胞の老化や、メラノサイトのメラニン産生を促進します。

アルコールを多量に摂取すると、二日酔いになりますが、これはアルコールが分解される過程で作られるアルデヒドという物質が原因です。このアルデヒドも、AGEsを生み出す原因となります。また、喫煙者の皮膚のAGEsは、非喫煙者よりも高くなります。これは喫煙により摂取するニコチンが、AGEsの蓄積の原因となるためです。このように、糖化は、アルコールの過剰摂取や喫煙、食事に伴う血糖値の急激な上昇、紫外線を多く浴びる生活等の、生活習慣が深く関係する現象です。皮膚に蓄積したAGEsは蛍光を発します。そのため、蛍光を検出する機器で皮膚中のAGEsを計測することができます。

要点BOX

- 糖化は、タンパク質に糖が結合して、悪玉のAGEsが作られる現象
- 糖化は生活習慣と関係し、皮膚の老化を起こす

糖化反応

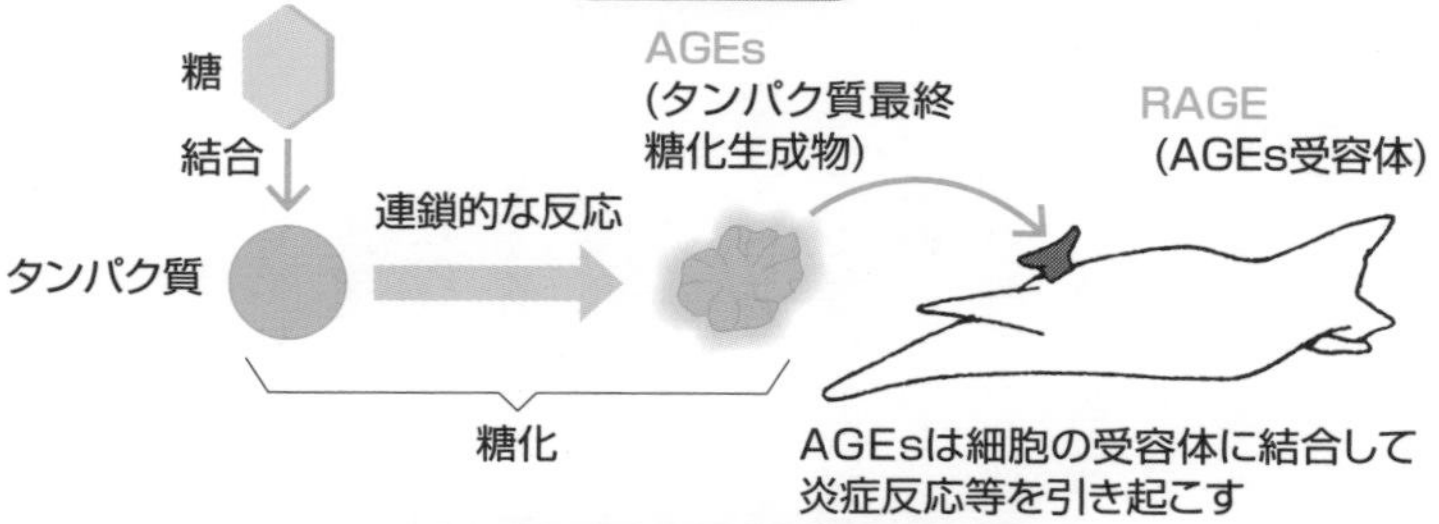

糖化による皮膚状態の悪化

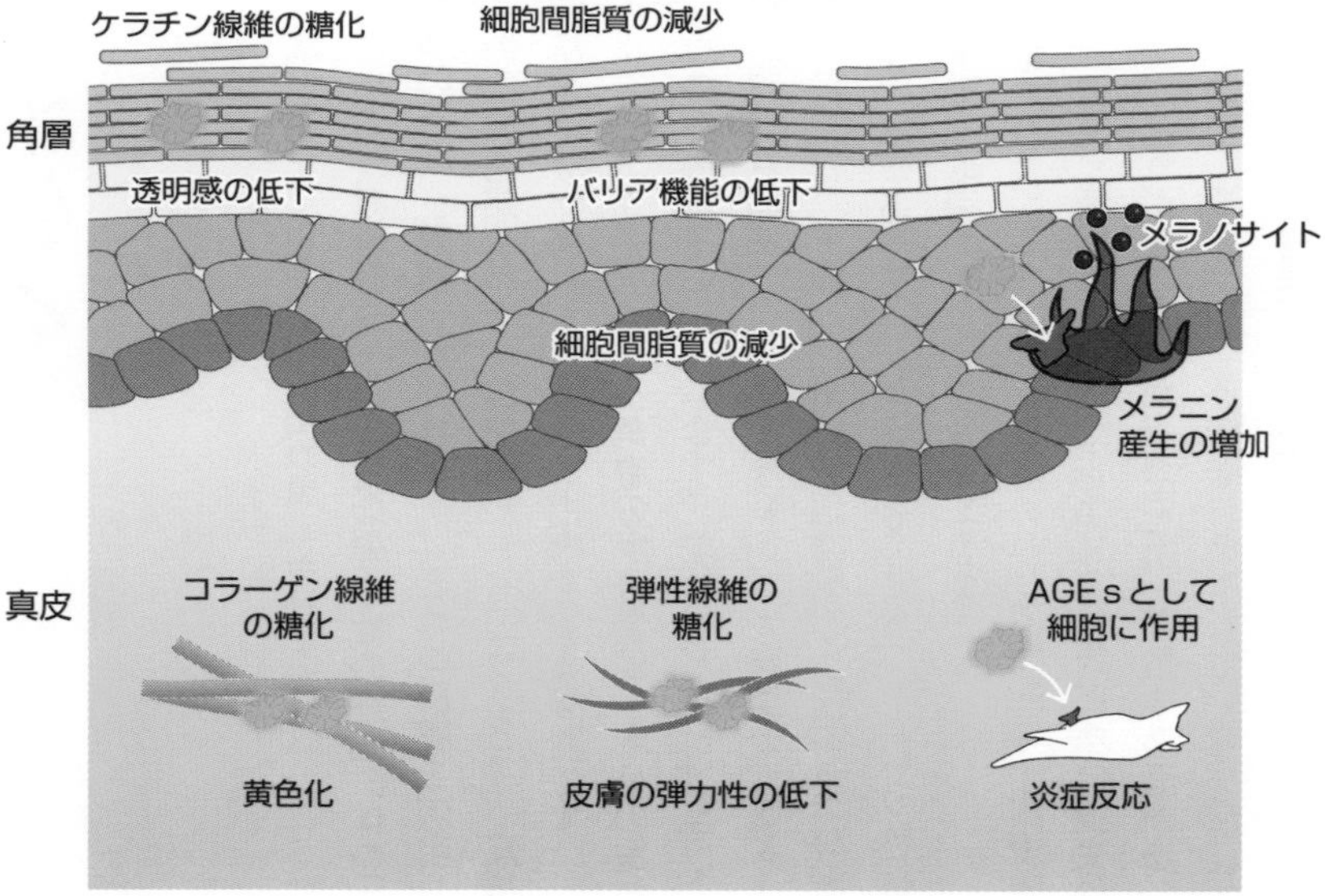

AGEsが増加する原因

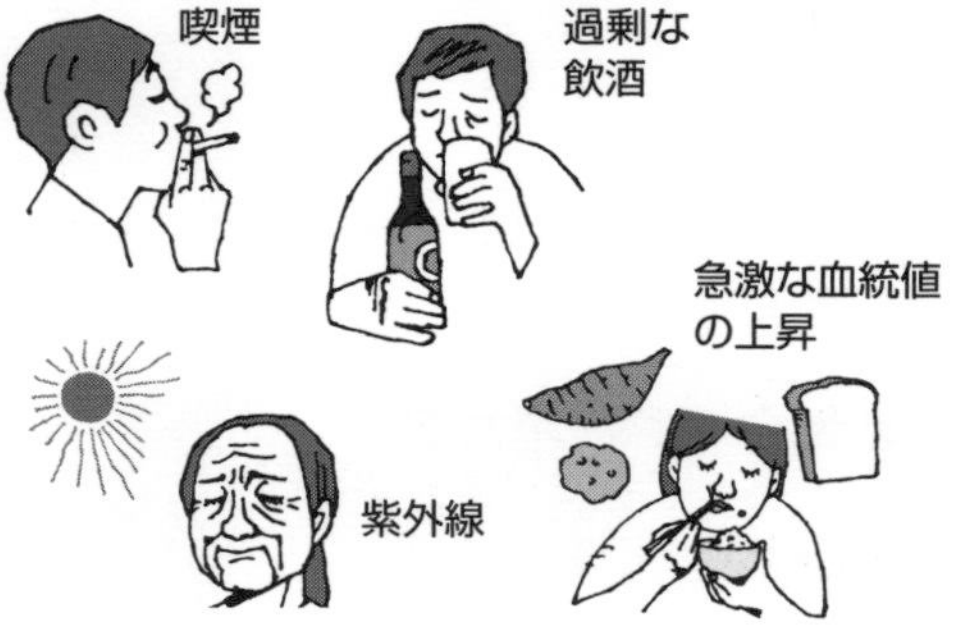

AGEsの測定

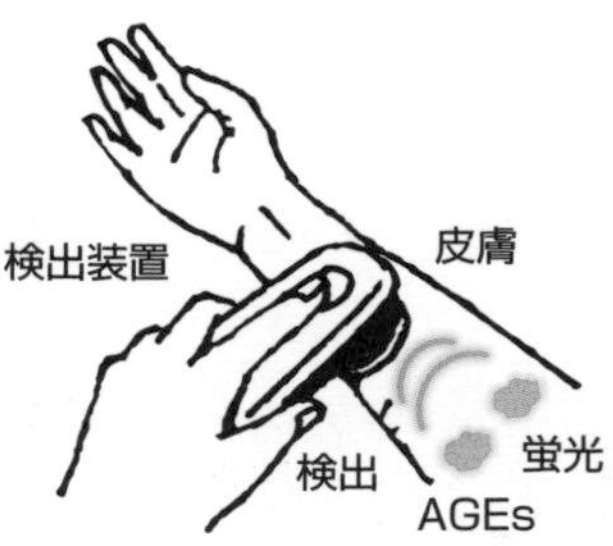

27 皮膚を測る

皮膚の計測には、目的別に様々な方法が使われます。顔の形状や、皮膚の外観を把握するには、写真撮影を行います。この時、光の当て方や顔の角度、表情等が一定となるように注意します。そのため、照明や、顔の位置合わせ、撮影、さらには解析までが一体となった、VISIA等の装置が汎用されています。

シワの測定には写真撮影を行い、シワの評価基準に照らして、シワの程度を評価する方法（視感評価法）、皮膚表面の微細な形態を、シリコン等に転写し、その形状を3次元計測する方法（レプリカ法）等があります。詳細は、日本香粧品学会の「新規効能取得のための抗シワ製品評価ガイドライン」に記載されています。

皮膚の厚さの測定には、超音波診断装置が使用されます。高周波の超音波を皮膚に当て、それが皮膚内部の物質にぶつかり、跳ね返ってくる位置や強さ（反射）から、皮膚内部の物質の分布を見ることができます。表皮は跳ね返りが強いため白く、皮下脂肪は弱いため黒くなります。

皮膚の弾力性の評価にはCutometer が多く使用されます。これは皮膚を吸引して、離し、その間の皮膚の動きを追うことで、皮膚の粘性や弾性等、物理的な指標を測る機器です。

角層の水分量は、水分の電気的な性質により測定します。「水分が多いほど電流が流れ易い」、という性質を利用した装置が、SKICONです。「水分が多いほど電気をため込む量（静電容量：キャパシタンス）が大きくなる」、という性質を利用した装置がCorneometerです。

皮膚のバリア機能は、皮膚表面から蒸散する水分量「TEWL（経表皮水分損失量）」で、評価することができます。蒸散する量が多いほど、水分を保持する機能が低下していること、つまりバリア機能が低いことを示します。計測には、VapoMeterやTewameterを使用します。

要点BOX

- ●顔の形状は画像で評価、内部の状態は超音波で計測
- ●バリア機能は水分の蒸散量で計測

顔の外観撮影

VISIA等

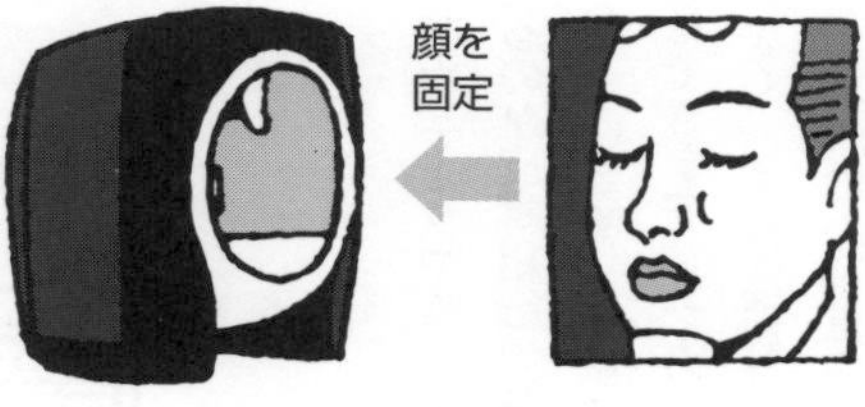

照明一体型の撮影装置

シワ計測

レプリカ法

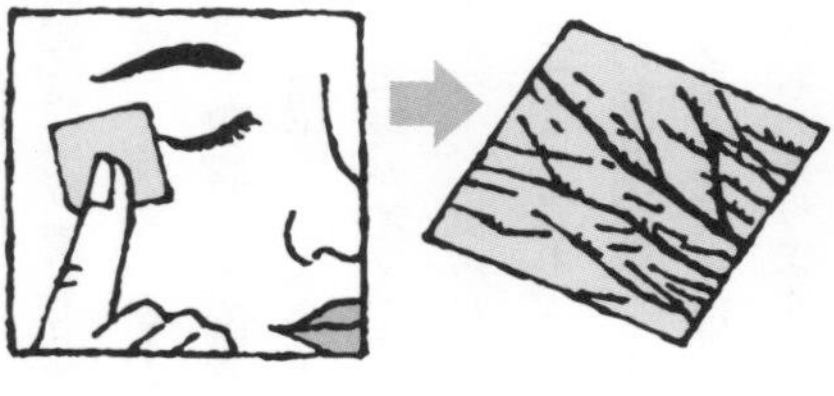

顔にシリコンを塗布
固まったら剥がす

形を転写して測定

皮膚厚の計測

超音波診断装置

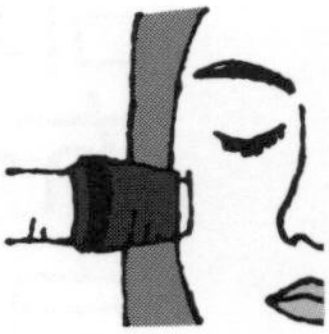

超音波をあてて、
その反射を見る

皮膚の断面像

表皮は反射が
強い： 白くなる
皮下脂肪は反射が
弱い： 黒くなる

皮膚の弾力性の計測

Cutometer

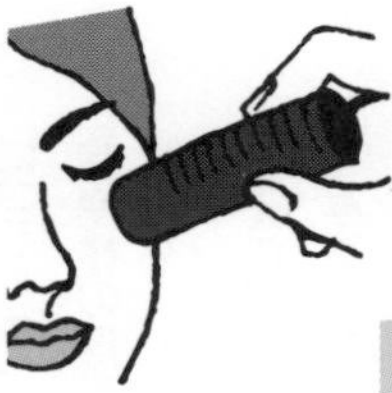

皮膚を吸引して
離す

吸引した例

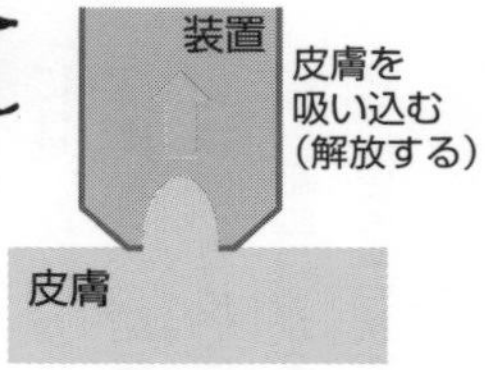

皮膚の動きから、
弾力性等を計算

角層の水分量計測

Corneometer

皮表に電界を与える

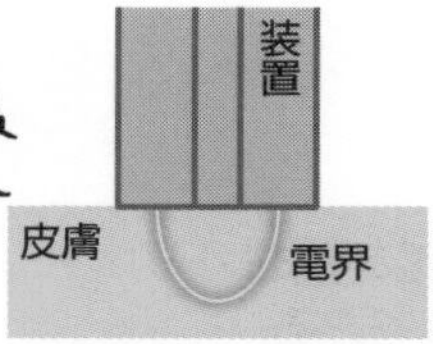

角層の水分が多いほど
電気が貯蔵される

皮膚のバリア機能計測

Tewameter

水分の蒸散を計測

バリア機能が低いと、水
分は多く蒸散する

28

皮膚の内部を見る

皮膚の今を読み解く

皮膚の研究データや有効成分の効果を見る時、難しく見えるのが皮膚組織の写真です。計測データは、グラフになっています。2章で見た要素を基に、理解することはできます。一方、組織の写真は基本的な説明が少なく、それは理解している前提で示されています。しかし、組織の写真の基礎が理解できれば、様々なことが読み取れます。

組織の写真は皮膚をスライスして、その断面を、顕微鏡を使って撮影したものです。特別な注意書きがなければ、皮膚を表面から内部に向けて、切った状態です。表皮が上で、皮下脂肪が下です。皮膚の厚さは、角層が20マイクロメーター、表皮が２００マイクロメーター、真皮が2ミリメーターと、およそで覚えておきます。これで、全体が写っていれば、2ミリメーターの範囲の図、とわかります。また、スケールバーという長さを示す線が書き加えられているので、詳細な長さもわかります。

皮膚の断面は、そのままでは見にくいため、「染色」されています。最もよく見る図は、全体が赤系の写真です。これはHE（ヘマトキシリンとエオジンの略）で染色した写真で、「HE染色像」と呼びます。青く、点々と染まっている部分が、細胞の核です。角層は赤く染まります。真皮の大半も赤ですが、これは主にコラーゲンが染まっています。拡大した写真では細胞や核の形や、コラーゲンの線維もわかります。HE染色像を見れば、組織や細胞の状態が把握できます。多くの場合は、正常な写真と、老化等の変化が起きた写真が並べられています。特に注目して欲しい部分には、矢印が書かれています。そのため、この比較写真から、結果が図として容易に把握できます。例えば、「真皮が薄くなった」「細胞核がないはずの角層に、細胞核があるから、角化がうまくいっていない」など、皮膚の状態を読み解くことができます。

要点BOX

- 皮膚組織の画像から皮膚の状態を読む
- HE染色像は組織の状態を把握できる

皮膚組織の観察方法

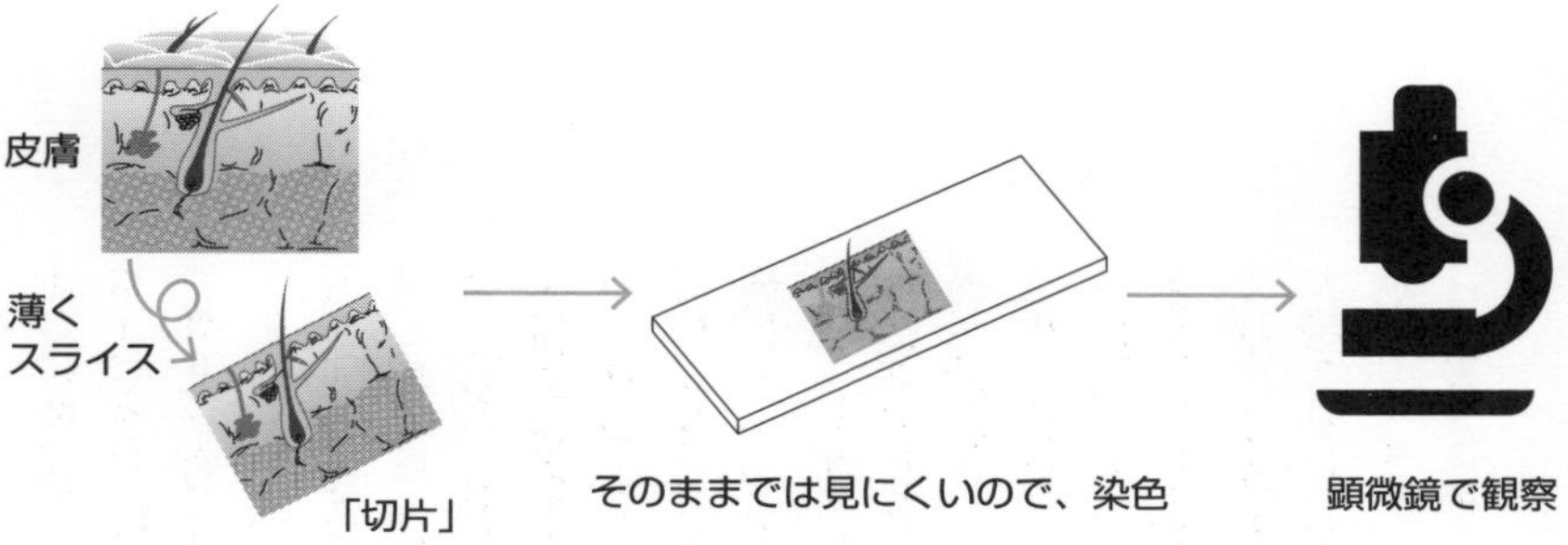
皮膚
薄く
スライス
「切片」
そのままでは見にくいので、染色
顕微鏡で観察

HE染色像

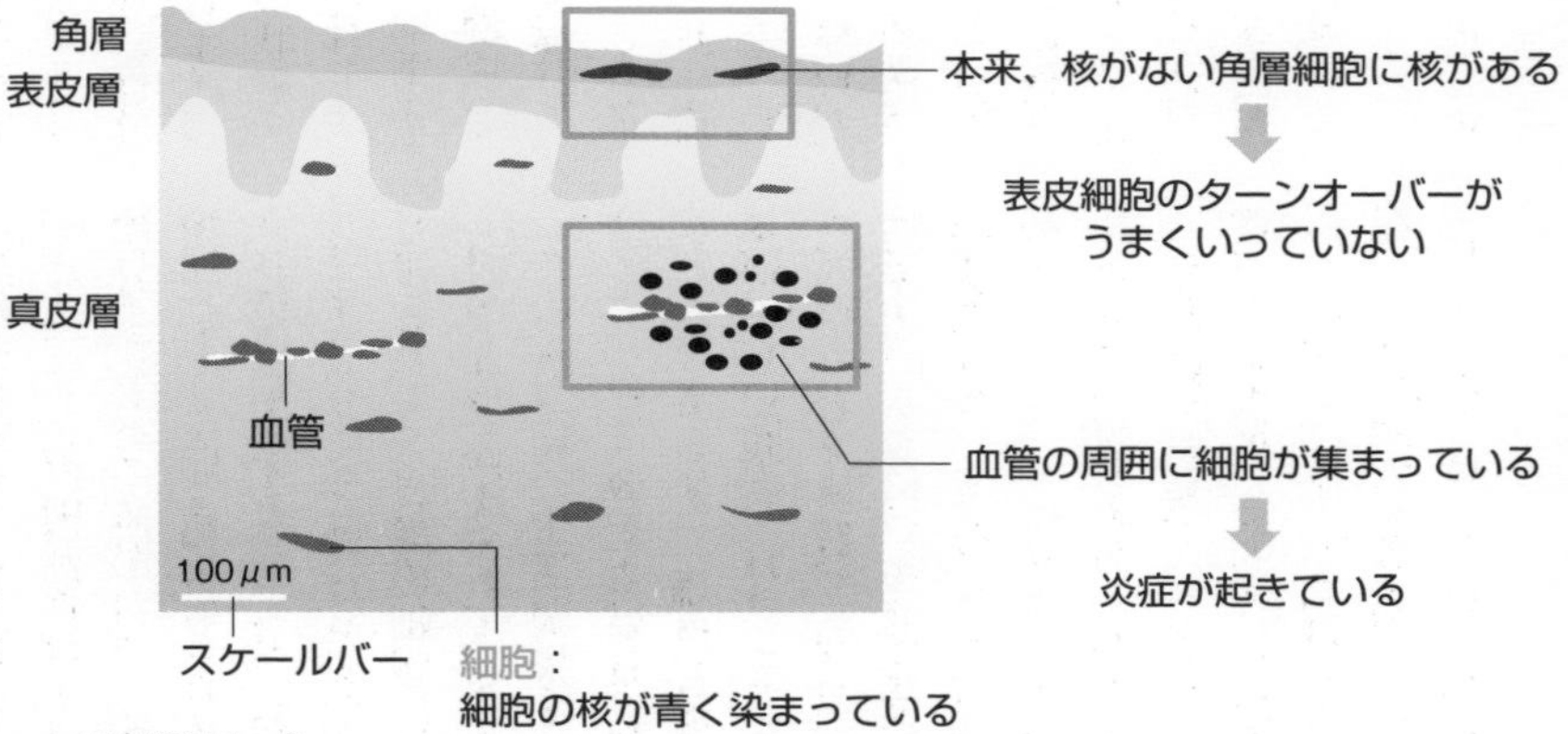
角層
表皮層
真皮層
血管
100μm
スケールバー
細胞：
細胞の核が青く染まっている
本来、核がない角層細胞に核がある
表皮細胞のターンオーバーが
うまくいっていない
血管の周囲に細胞が集まっている
炎症が起きている

μm: マイクロメーター
(1mm=1000μm)

免疫染色像

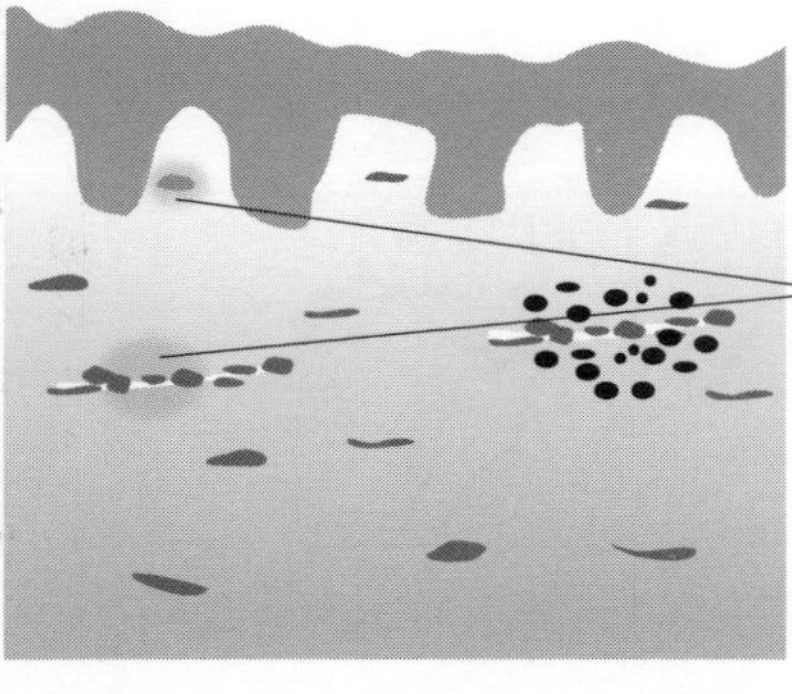

・特定の細胞や、成分を染色した画像
・より詳細な情報を把握可能

例）真皮の幹細胞を染色

幹細胞に反応する試薬で色を付ける（茶色）
（蛍光で色付けされた画像もある）

細胞の核は青く染色

真皮の幹細胞は、真皮上部と、
血管周囲に存在することがわかる

Column

生活習慣とスキンケア

疲れがたまった時、ふと肌を見ると状態が悪く見えることがあります。また、喫煙者の肌は、質感が異なって見えることもあります。

実際、肌の状態は体の状態、つまり生活習慣と密接に関係します。例えば、睡眠の質が低下することで、肌のダメージを回復する機能が低下します。喫煙は、肌の状態を悪化させます。これはタバコに含まれるニコチン酸が、皮膚にダメージを与えるためで、肌の弾力を生み出す弾性線維の変性が進むためです。さらに肥満や過度な飲酒、高血糖も見た目の老化に繋がります。そのため様々な肌悩みを生活習慣病的に捉えることもできます。肌悩みは病気ではありませんが、精神的な負担が増えることで、QOLの低下に繋がります。

一方、スポーツをする人は、肌の状態が良好なことが報告されています。また有酸素運動を3ヵ月続けることで、肌のコラーゲンが増加した、という報告もあります。これは運動をすることで、筋肉からマイオカインと呼ばれる因子が分泌されて、皮膚の細胞に働きかけるためと考えられています。

このように、生活習慣を整えることで肌を良好な状態に導くことができます。適度な運動、規則正しい睡眠、バランスのとれた食事などを実践することが大切です。さらに、生活習慣と肌の関係性や、そのメカニズムを解明することで、新たなスキンケア化粧品の開発が進められています。

紫外線や乾燥といった「肌の外側からの影響」に加え、生活習慣に起因する「肌の内側からの影響」、その両方を考慮したケアを行うことは、体の「外」と「中」の境界で働く肌を、より本質的にケアすることに繋がります。

第4章

有用な成分を開発する

29 乾燥に対する成分

保湿成分のバリエーション

肌悩みの上位に挙げられる乾燥に対しては、「保湿」が有用な対応手段です。保湿にはいくつかのアプローチがあります。1つは、油性の成分を塗布する方法です。皮膚の表面を閉塞し、水分の蒸散を抑えます。この目的には、ワセリンやミネラルオイル等が使用されます。また保湿成分を塗布することも有用です。保湿成分には、本来皮膚が持っている成分として、ヒアルロン酸や、天然保湿因子（ＮＭＦ）、細胞間脂質（セラミド）等があります。また、保湿機能の高い成分として、グリセリン、ポリエチレングリコール、糖類（トレハロース等）も使用されます。

また皮膚に働きかけて、保湿機能を高める手段もあります。その1つは、上記の皮膚の保湿成分の産生を高める方法です。例えば、ヒアルロン酸は、ヒアルロン酸合成酵素により産生され、ヒアルロン酸を分解する酵素（ヒアルロニダーゼ等）で分解されます。そのため、合成酵素の量を増やす成分や、分解酵素の働きを抑える成分が用いられます。角層細胞の間は「細胞間脂質」で満たされ、これが水分を保持しています。この細胞間脂質の量を増やす成分もまた、有用な保湿手段となります。

表皮の状態を整えることで、バリア機能を高める方法も有用です。例えばフィラグリンは角層のバリア機能を担う重要な因子ですが、これは天然保湿因子（ＮＭＦ）のもととなり、また角層細胞の強度を保つ等の作用によるものです。そのため、フィラグリンの産生量を増やす成分や、フィラグリンからＮＭＦの産生を高める成分が用いられます。またコーニファイドエンベロープ（ＣＥ）は、角層細胞を取り巻き、強度を与えることで細胞を保持します。このＣＥがうまく形成できないと、バリア機能の低下に繋がります。そのため、ＣＥの形成過程を促進する成分もまた、バリア機能の回復に有用です。

要点BOX

- ●乾燥には保湿が有用な手段となる
- ●バリア機能を高めることで乾燥に対応する

乾燥に対する様々なアプローチ

油性成分を塗布：表面を閉塞し蒸散を抑制

●ワセリン
●ミネラルオイル

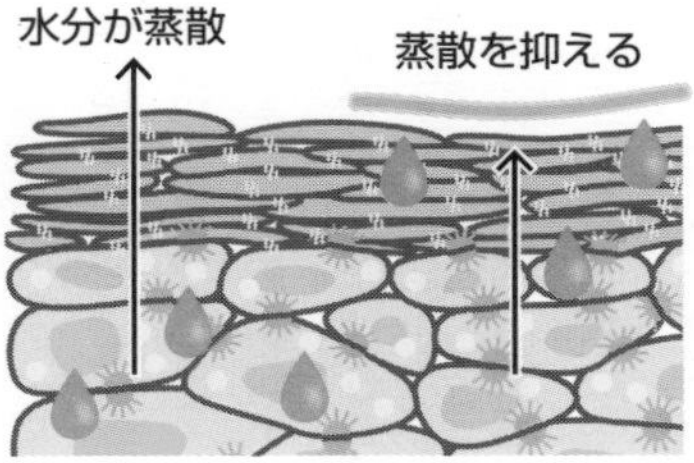

保湿成分の塗布：水分を保持する

皮膚が本来持つ保湿成分

●ヒアルロン酸
●天然保湿因子（NMF）
●細胞間脂質（セラミド）等

保湿機能のある成分

●グリセリン
●ポリエチレングリコール
●糖類（トレハロース）等

皮膚の保湿成分を増やす薬剤の塗布

細胞のヒアルロン酸の合成を高め、
ヒアルロン酸の分解を抑制する

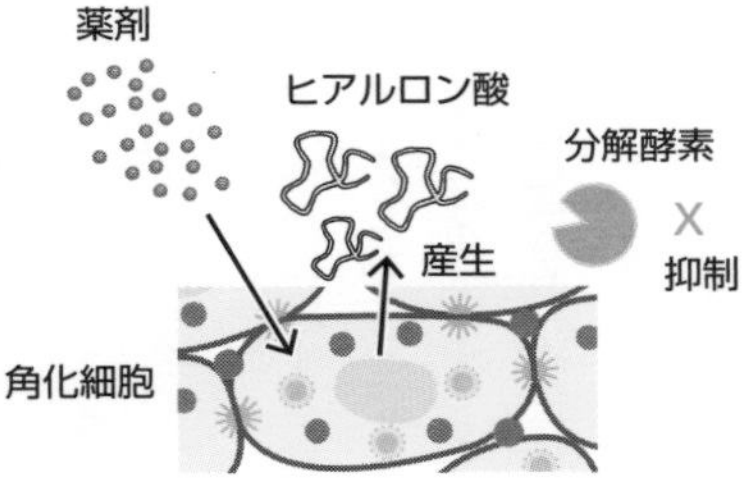

細胞間脂質や
フィラグリンの量を増やす

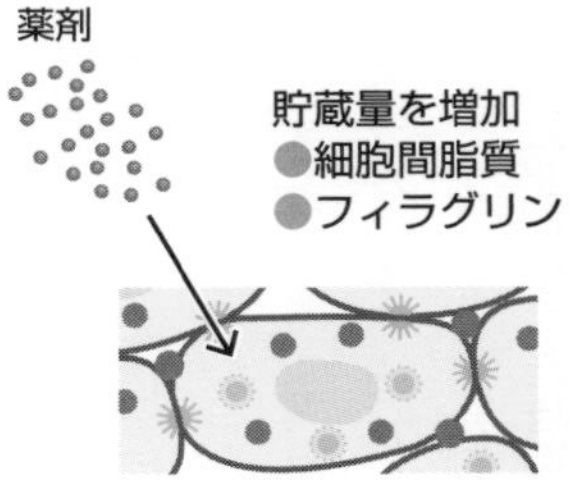

角層細胞の構造を強化する成分の塗布：バリア機能の向上（蒸散抑制）

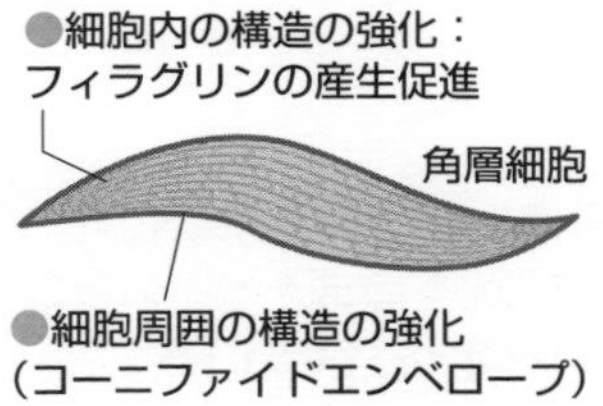

30 シミに対する成分

美白有効成分

シミに対するスキンケアでは、美白有効成分が使われます。「メラニンの生成を抑え、シミやそばかすを防ぐ」効果を承認された成分で、医薬部外品の有効成分として、効果を訴求することができます。美白有効成分の作用は主に3つのタイプがあります。

1つ目は、シミの形成を抑制する成分です。シミができる初めのステップをターゲットにしています。皮膚が紫外線を浴びると、表皮の細胞（角化細胞）からいくつかの因子が分泌され、色素細胞（「メラノサイト」）に作用して、黒や褐色の色素（「メラニン」）が作られます。これは「チロシナーゼ」という酵素によるものです。このチロシナーゼの働きを抑制する成分がアルブチンやコウジ酸等です。またカミツレエキスは、上記の角化細胞から分泌される因子（エンドセリン）の働きを抑制することで、メラニンの合成を抑制します。トラネキサム酸は、表皮の細胞から分泌される因子（プロスタグランジン）の作用を抑制します。トラネキサム酸には、チロシナーゼの活性を抑制する効果もあります。

2つ目のタイプは、作られたメラニンの排出を促進する成分です。メラノサイトで作られたメラニンは、周囲の角化細胞に受け渡され、蓄積します。通常、角化細胞は、ターンオーバーで剥がれ落ちることで細胞ごと排出されます。しかしメラニンを受け取った角化細胞ではターンオーバーが乱れ、メラニンの排出が遅くなり、シミとなります。この角化細胞のターンオーバーを整え、メラニンの排出を促進する成分が、4-メトキシサリチル酸カリウム塩（4MSK）です。

3つ目のタイプは、メラニンを化学反応で目立たなくする成分です。メラニンはチロシンが「酸化」してできる色素です。このメラニンを、反対に「還元」することで、色素を目立たなくする成分が、アスコルビン酸（ビタミンC）です。アスコルビン酸は安定性が悪いため、これを化学的に安定化した誘導体が美白有効成分として使われます（安定型ビタミンC誘導体等）。

要点BOX

- ●美白有効成分は、その効果が承認された成分
- ●シミの形成を抑制する成分や、メラニンの排出を促す成分等が開発されている

美白有効成分

シミ形成メカニズム

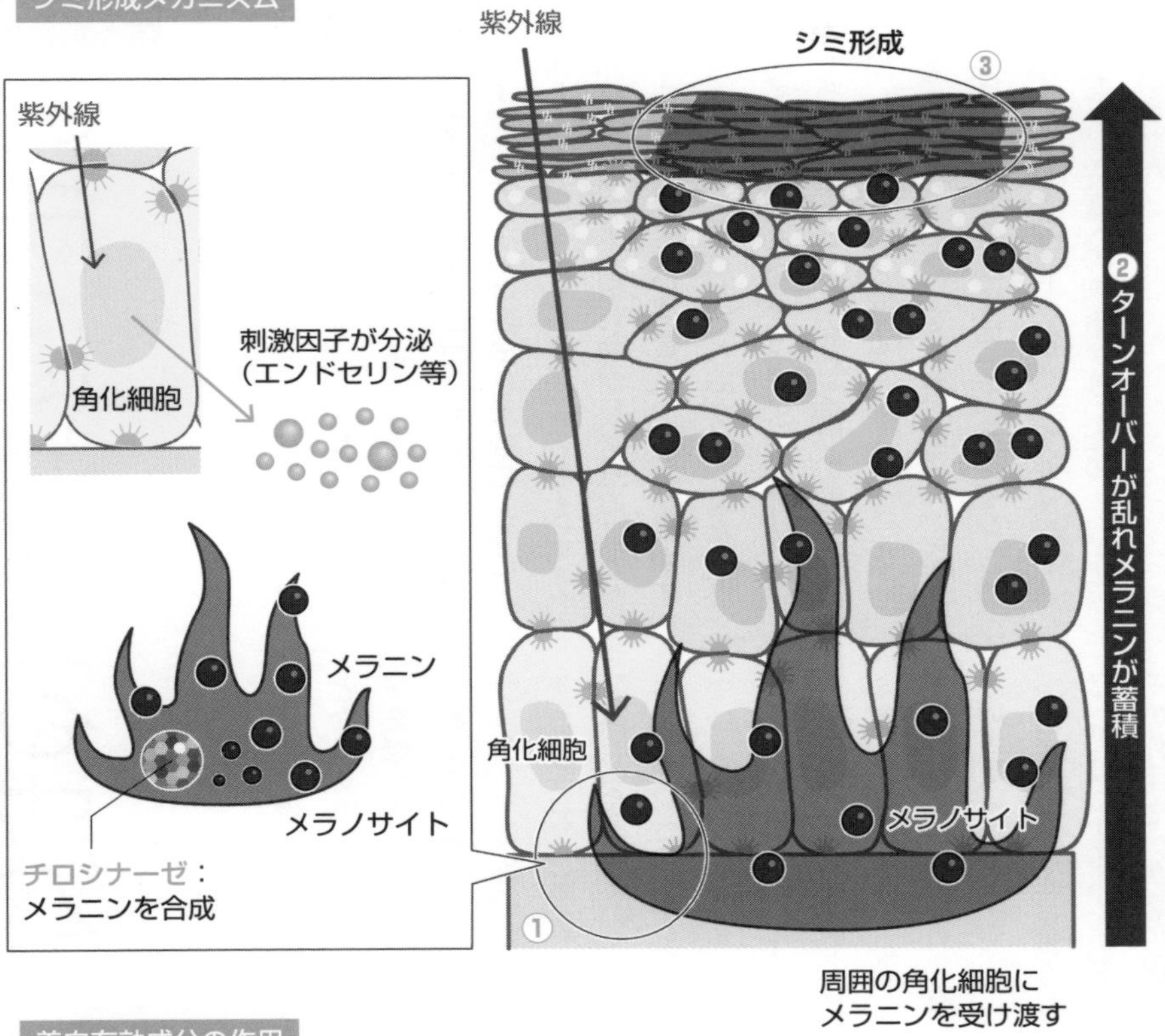

美白有効成分の作用

①シミの形成を抑制する成分：
❶チロシナーゼを抑制
・アルブチン
・コウジ酸

❷角化細胞からのメラノサイトへの
刺激を抑制
・カミツレエキス
・トラネキサム酸

②メラニンの排出を促進する成分：
ターンオーバーを整える
・4-メトキシサリチル酸カリウム塩
(4MSK)

③メラニンを目立たなくする：
化学的に目立たない形に変換する
・アスコルビン酸（ビタミンC）

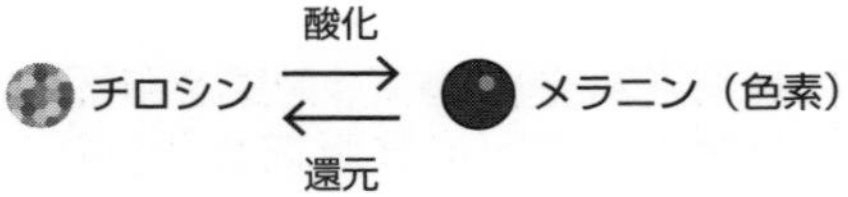

31 シワに対する成分

シワを改善する成分があります。これは「シワを改善する」効果が承認された成分で、「医薬部外品」の有効成分として訴求することができます。

その成分の1つが「レチノール」で、ビタミンAの誘導体の一種です。レチノールは表皮を柔軟にすることでシワを改善します。シワは、表情等の動きにより表皮が折れ曲がることや、折れ曲がりが残ることが大きな原因です。表皮が硬い場合は、変形が集中する場所ができてしまい、そこが折れ曲がり、また変形が戻りにくいことでシワができます。レチノールは、表皮の細胞からの保湿成分（ヒアルロン酸）の産生を高めます。増加したヒアルロン酸が水分を抱え込んで、表皮の水分量を増やし、シワを改善します。レチノールと同様なビタミンAの誘導体「トレチノイン」は、米国のFDAで、シワやニキビの改善効果が承認されています。しかし、皮膚への刺激が強いため、日本では承認されていません。

また皮膚の弾力性が低下することも、シワの原因となります。これは弾力性が低下することで、皮膚が変形し易くなり、また変形からの回復が低下するためです。皮膚の弾力性を生み出すのは、真皮のコラーゲンや弾性線維です。これらは、紫外線による炎症反応等で減少しますが、そこには様々な因子が関係します。その1つが、炎症に関連する細胞（好中球）で、コラーゲンや弾性線維を分解する酵素（好中球エラスターゼ）を分泌します。この酵素の働きを抑える成分が、「ニールワン」と呼ばれる成分です。またコラーゲンの合成を促進する成分が「ナイアシンアミド（またはニコチン酸アミド）」です。ナイアシンアミドは、美白や肌荒れの有効性成分としても使用されています。

医薬部外品とは異なり、化粧品で表現できる効果は「乾燥による小じわを目立たなくする」です。またその作用も、角層の保湿によるものとなります。

要点BOX

- 「シワを改善する」効果を承認された有効成分
- 化粧品で可能な訴求は「乾燥による小じわを目立たなくする」

シワを改善する有効成分

シワができる原因

表情による変形が加わった時

原因① 表皮層が硬い

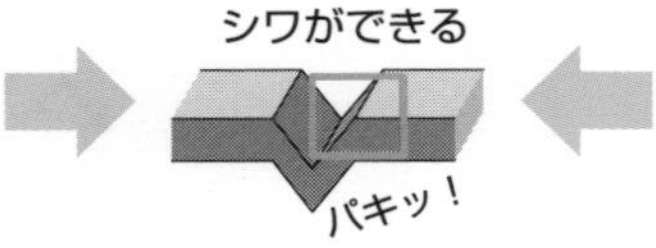

- 力が集中する場所が折れ曲がる
- 回復し難い

原因② 皮膚の弾力性が低い

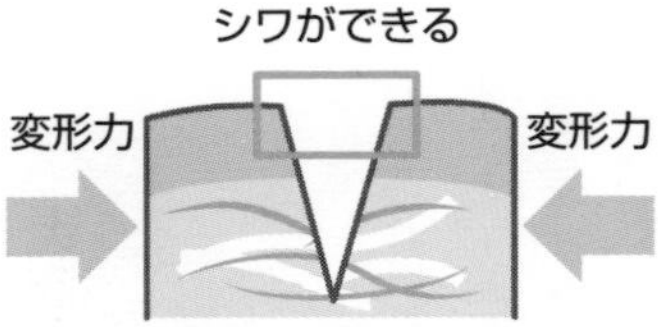

弾力を生み出す成分の減少
・コラーゲン　・弾性線維

- 変形しやすい
- 回復し難い

シワを改善する有効成分の作用

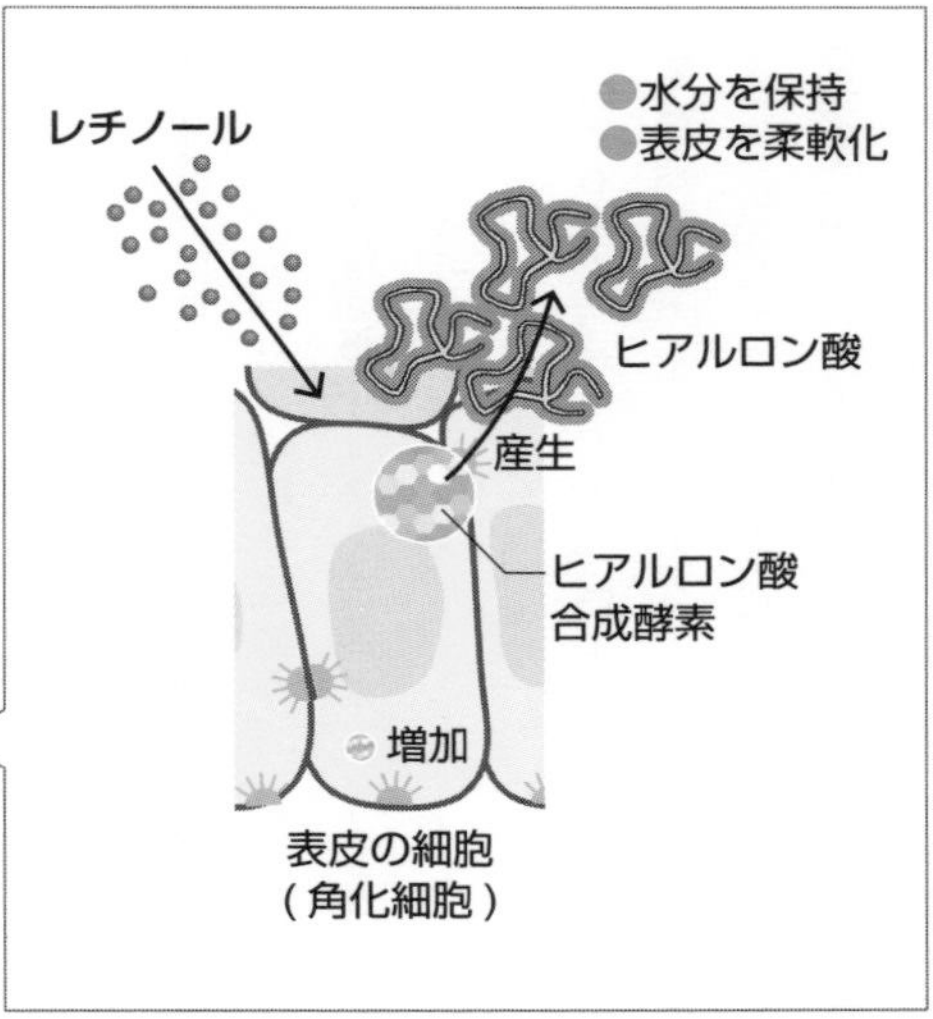

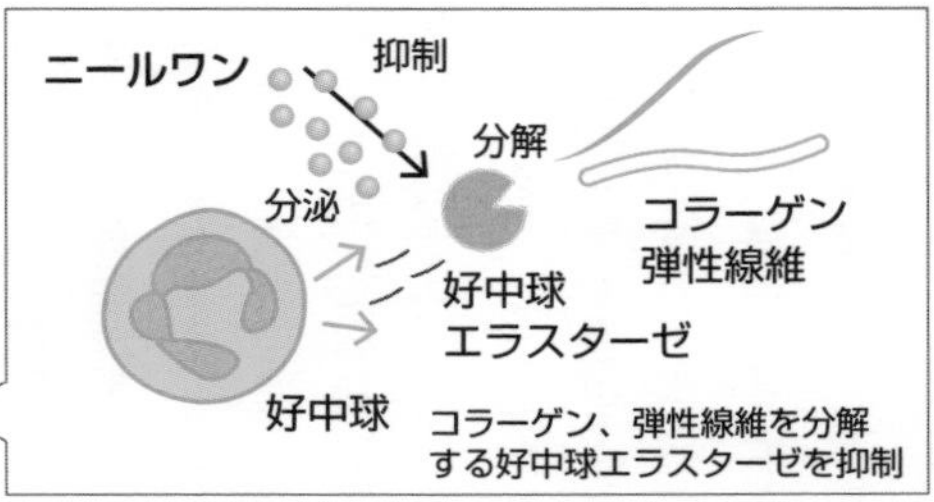

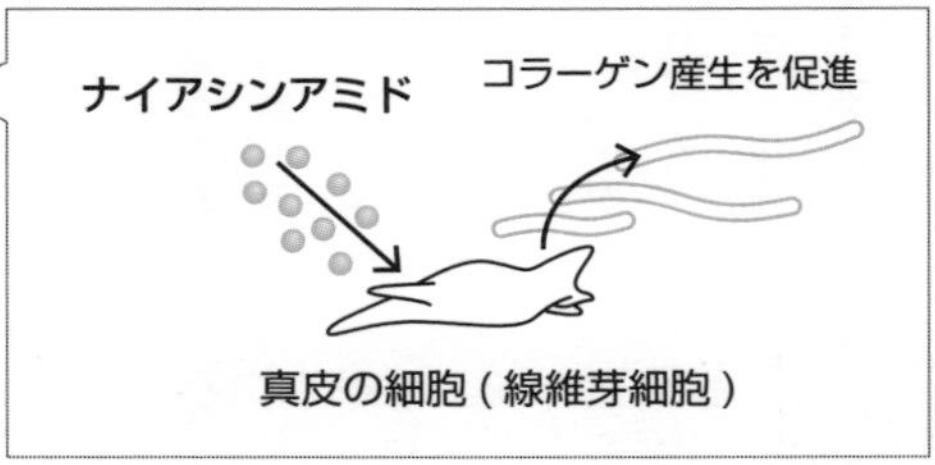

32 肌荒れに対する成分

「肌荒れ」は、皮膚の表面の形状が悪化した状態です。キメ状態の悪化、赤み、かさつき等が含まれます。その原因は、皮膚の乾燥や炎症、老化に加え、紫外線や化学物質等の外部からの刺激等です。そのため、スキンケア基剤により保湿することや、サンスクリーン等により紫外線を防御することは、有用な手段となります。

肌荒れに対する有用な成分には、いくつかタイプがあります。その1つは、表皮のバリア機能を高める成分です。これは、バリア機能が低下すると皮膚が乾燥し、肌荒れに繋がるためです。そのため、バリア機能を担う表皮のシステムがターゲットとなります。例えば角層細胞を保持するコーニファイドエンベロープを強化することや、角層細胞を内側から支えるケラチン線維を安定化すること等です。また皮膚の保湿成分（ヒアルロン酸や細胞間脂質、NMF等）を増やすことも重要です。

皮膚の炎症を抑えることも肌荒れに対して有用です。乾燥は炎症を引き起こすことで肌荒れに繋がります。トラネキサム酸は、炎症を起こす酵素の増加や、その活性を抑える有効成分です。また抗炎症剤のグリチルリチン酸や、アラントイン等も肌荒れに対する有効成分として、医薬部外品に使われます。

肌荒れの症状の中には、角層がまとめて剥がれ落ちる「落屑《らくせつ》」という現象があります。これが頭皮で起きると、フケとなります。落屑の原因は、角層がターンオーバーで剥がれ落ちる（角層剥離）機能が低下することです。角層の細胞同士は、コルネオデスモソームという分子で接着しており、これが酵素類で分解されることで、角層細胞が剥がれ落ちます。この酵素類の働きは、乾燥により低下します。それにより、角層剥離がうまく進まず、落屑が発生します。保湿はこの酵素類の働きを高めるため、ここでも有用なアプローチとなります。

要点BOX

- ●肌荒れは、乾燥や炎症に加え、加齢や紫外線の影響で起きる
- ●バリア機能を高め、炎症を防ぐことが重要

肌荒れの原因

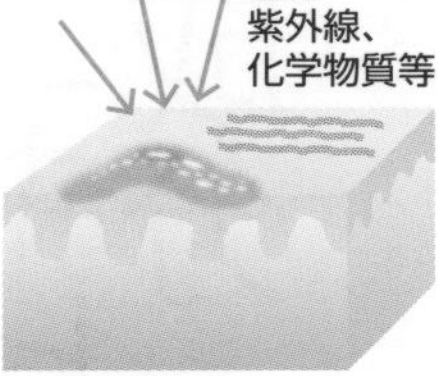

肌荒れ
・キメの悪化
・赤み
・かさつき
・落屑等

肌荒れに対する有効成分

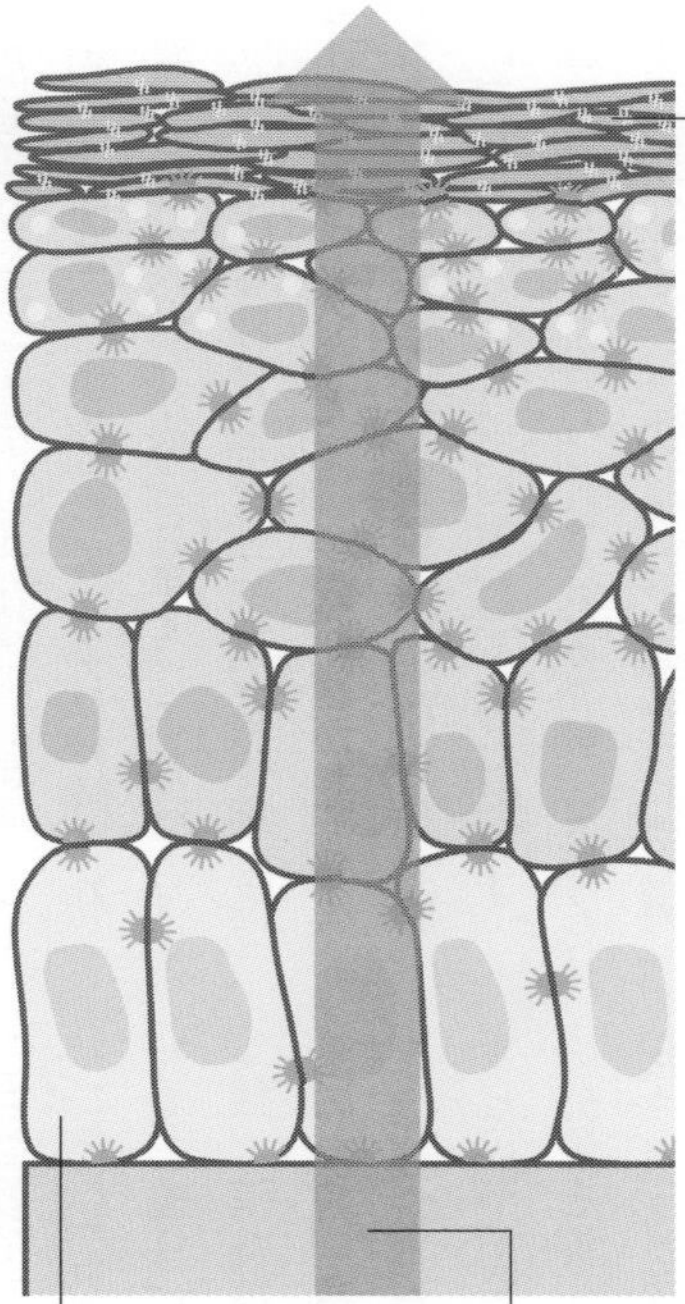

バリア機能を高める成分（乾燥を防ぐ）

・角層細胞の周囲の構造を強化する
・角層細胞を内側から支えるケラチン線維を安定化する
・保湿成分を増やす（ヒアルロン酸、細胞間脂質、NMF）（29項参照）

炎症を抑制する成分
・トラネキサム酸
・グリチルリチン酸
・アラントイン

細胞のエネルギー代謝を活性化する成分（ターンオーバーを正常化）
・GABA（γアミノ酪酸）
・塩化カルニチン

落屑には保湿が有効

通常：バラバラに剥がれ落ちる

落屑：まとまって剥がれ落ちる

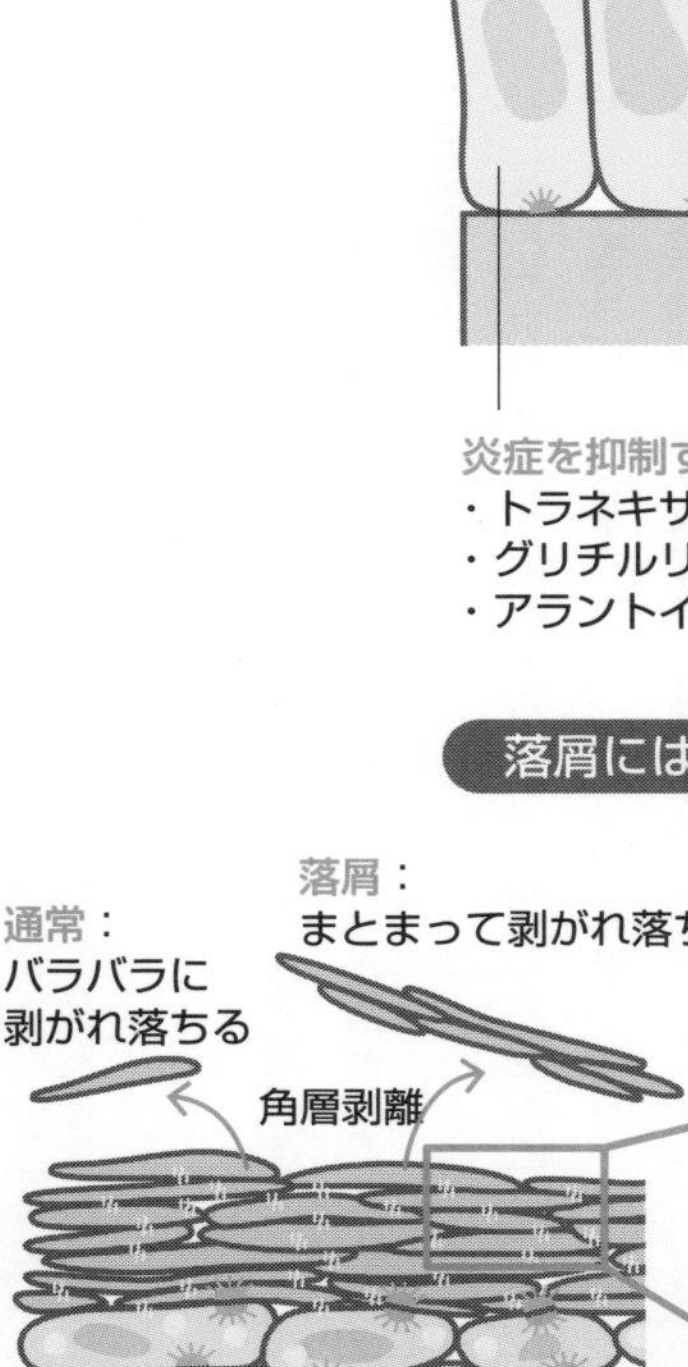

ターンオーバーで、細胞が剥がれ落ちる

保湿：酵素の働きが向上し、落屑の改善に繋がる

コルネオデスモソーム：細胞同士を接着する

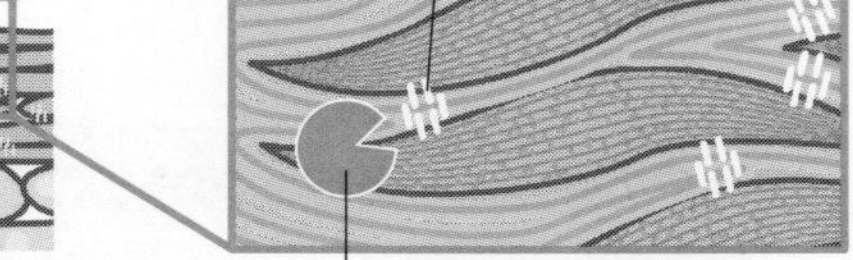

酵素が分解することで、細胞が剥がれ落ちる

33 ニキビに対する成分

洗顔、そして有効成分

ニキビ（尋常性ざ瘡：アクネ）は、毛穴を中心に起きる現象です。思春期に男性ホルモンの分泌が盛んになり、皮脂腺からの皮脂の分泌が増加します。これが毛穴のアクネ菌（ざ瘡桿菌）等により分解され、悪玉の物質（遊離脂肪酸）が作られます。これにより、毛穴が狭くなっている部分（毛漏斗部）の角化細胞のターンオーバーが乱れることで、毛穴が塞がれてしまいます。そして皮脂が毛穴に蓄積して、肌が白く膨んだようになります。これは「白ニキビ」と呼ばれます。白ニキビは次第に大きくなり、ふくらみが開いて黒く見えるようになります。この状態は「黒ニキビ」と呼ばれます。この色は、角栓に含まれる角化細胞のメラニンの色です。さらに毛包内部でアクネ菌等が炎症を起こし、赤く膨らんだ「赤ニキビ」となります。

　ニキビに対するスキンケアでは、洗顔により皮膚を清潔に保つことが重要ですが、過度の洗顔は皮膚への刺激となります。これはまた皮膚を乾燥させるため、日本皮膚科学会のガイドラインでは、1日2回の洗顔が推奨されています。メイクをしっかりと落とすことも重要です。

　ニキビケアのスキンケア製品には、詰まった毛穴に対する成分が使われています。グリコール酸やサリチル酸、硫黄等には、角層を剥がす効果があります。そのため、角化が異常に進んで詰まった状態の毛穴を改善するために使われます。これらの成分は、ニキビに関する医薬部外品の有効成分です。また皮脂の分泌を抑える成分や、殺菌作用のある成分等も使用されています。

　よくピーナッツの食べ過ぎで、ニキビが悪化する等と言われますが、食べ物とニキビの関係で明確に証明されているものはなく、ガイドラインでも食事制限は推奨されていません。ニキビがあるため、人前に出ることに自信がなくなる等、ニキビは精神的な面にも影響します。

要点BOX

- ●毛穴が詰まり、炎症が起きることでニキビが進行する
- ●洗顔と毛穴の詰まりへの対応が有用

ニキビの原因

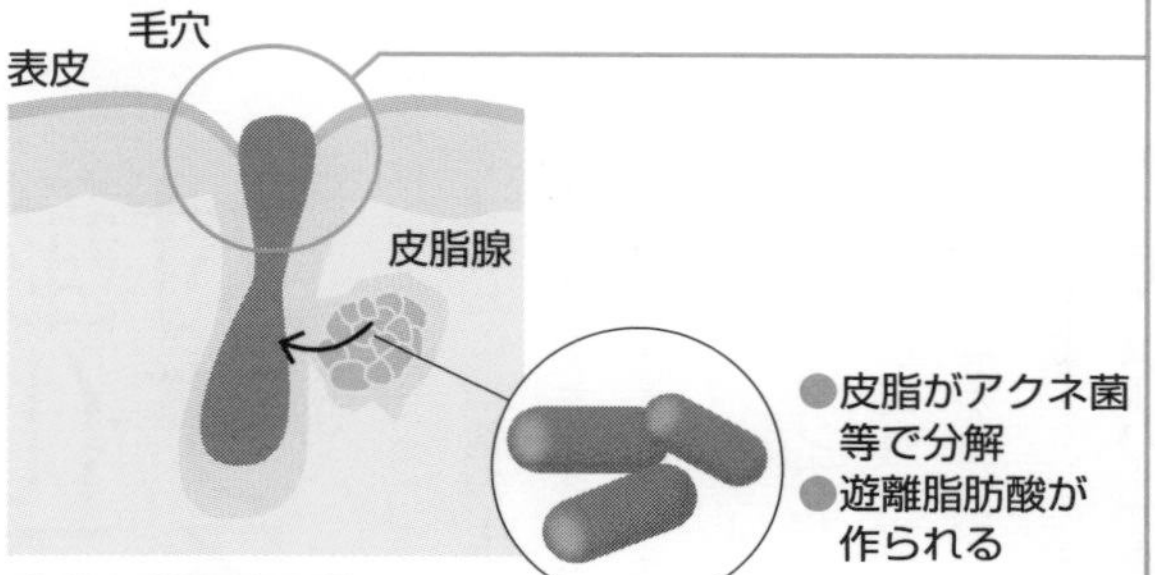

皮脂の分泌が過剰になる

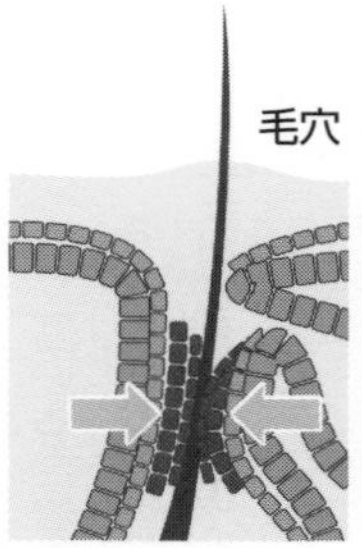

角化細胞のターンオーバーが乱れ、毛穴が塞がれる

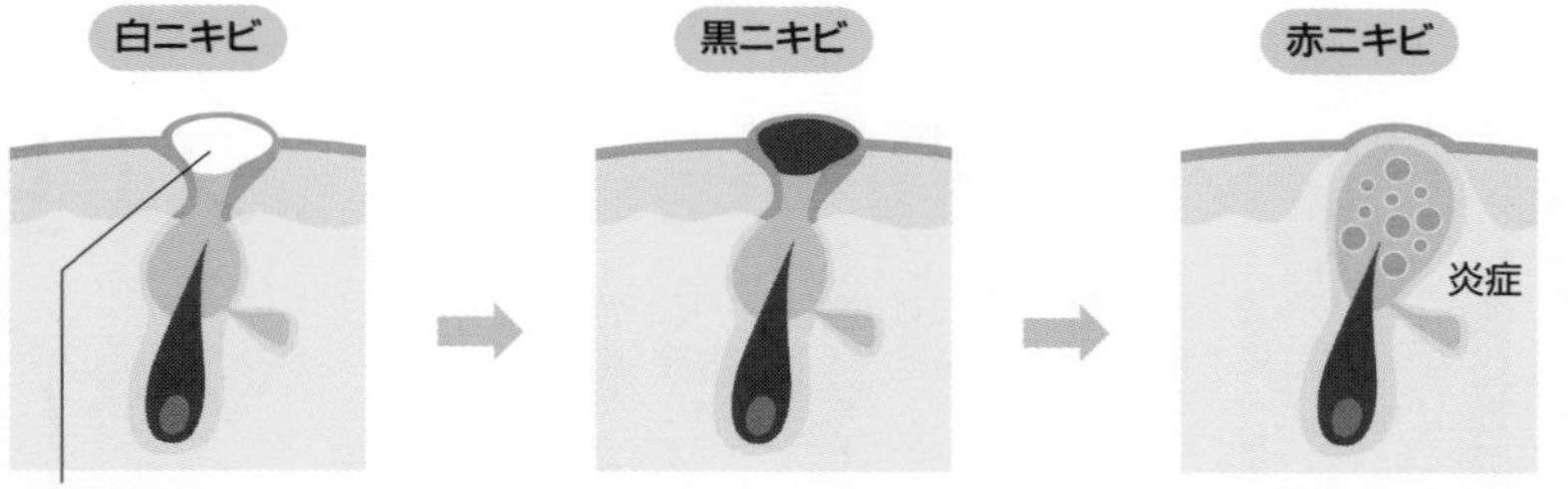

皮脂が蓄積して膨らむ

膨らみが開いて黒く見える

アクネ菌が炎症を起こし赤く膨らむ

ニキビに対する有効成分

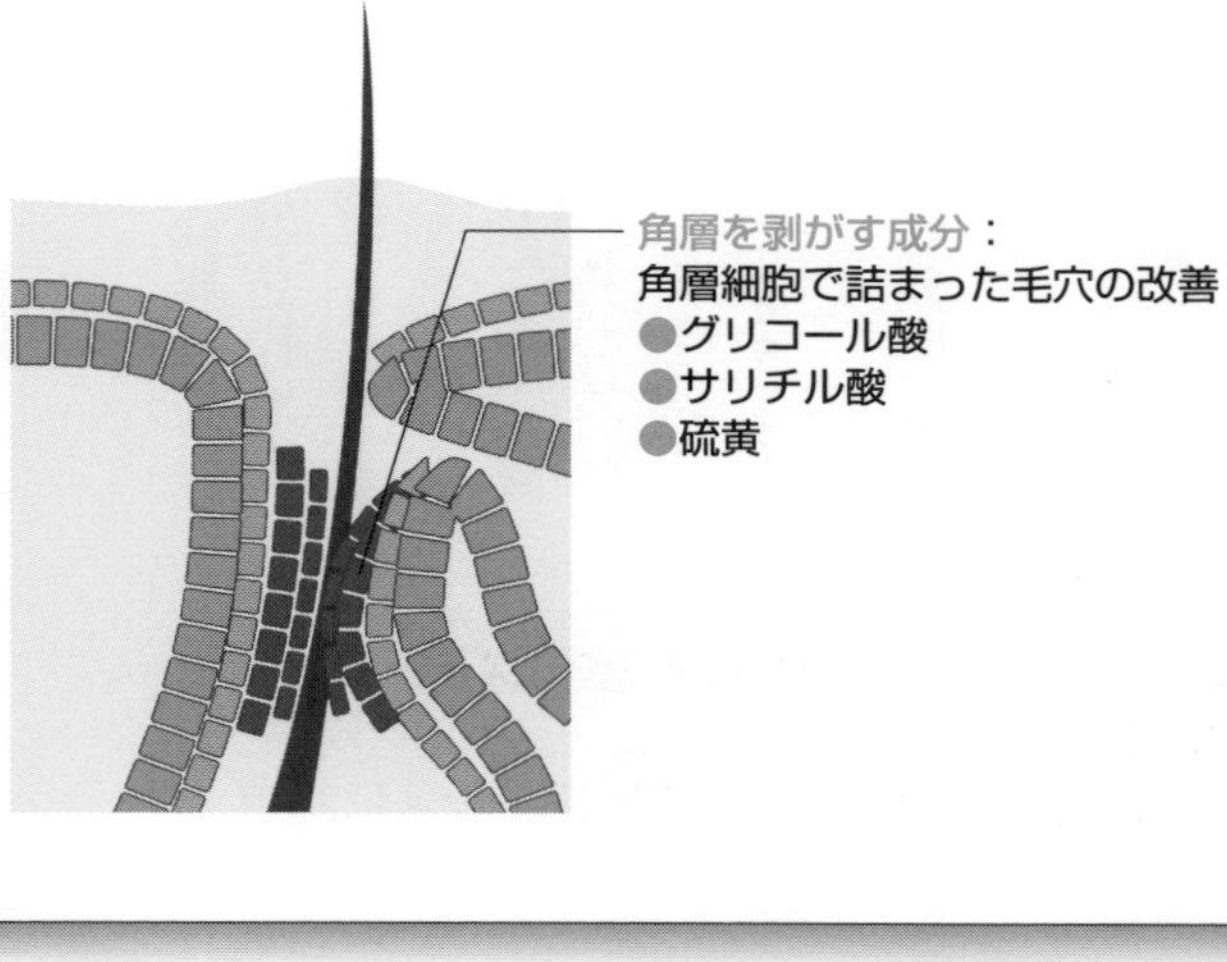

34 酸化ストレスに対する成分

活性酸素を消去する

　私たちの体は、活動のエネルギーを生み出す際に酸素を使います。これは細胞の中の、ミトコンドリアという小さな器官で行われます。その際、漏れ出してた電子が酸素に受け渡され、「活性酸素」のスーパーオキシドが作られます。このような電子の状態が不安定な物質は、フリーラジカルと呼ばれます。フリーラジカルは、非常に反応性が高い物質で、周囲の物質と反応し、その機能を障害します。さらに、連鎖的に様々な有害な物質が作られ、酸化ストレスを起こします。例えば、スーパーオキシドから生み出される過酸化水素は、金属イオンと反応して、スーパーオキシドより反応性が高い活性酸素（ヒドロキシラジカル）となります。さらにこれが脂質と反応した場合は、過酸化脂質が生み出され、酸化ストレスが拡大していきます。

　紫外線も活性酸素を生み出す原因となります。皮膚の表面では、紫外線により皮脂のスクワレンが酸化し、過酸化脂質ができます。過酸化脂質は炎症反応を誘導して、ニキビや肌荒れの原因となります。また紫外線により、真皮の線維芽細胞では、様々な活性酸素が発生します（25項参照）。

　皮膚には、このような活性酸素に対応する「抗酸化システム」があります。活性酸素を消去したり、反応性を低下させる酵素がスーパーオキシドディスムターゼ（SOD）、カタラーゼ、グルタチオンペルオキシダーゼ等です。これらの酵素は細胞が作ります。そのため細胞に働きかけて酵素の量を増やす成分は、皮膚の抗酸化力を高める有用な手段となります。

　また、生体には酸化ストレスに対応する抗酸化物質があります。ビタミンC（アスコルビン酸）や、ビタミンE、コエンザイムQ10等です。これらの物質に加え、抗酸化効果を発揮する成分を塗布することも、酸化ストレスに対する有用な手段となります。

要点BOX

- 反応性が高い活性酸素が、酸化ストレスを引き起こす
- 抗酸化力を高める成分で酸化ストレスに対抗

活性酸素の発生と、消去するシステム

エネルギーを作る際に発生

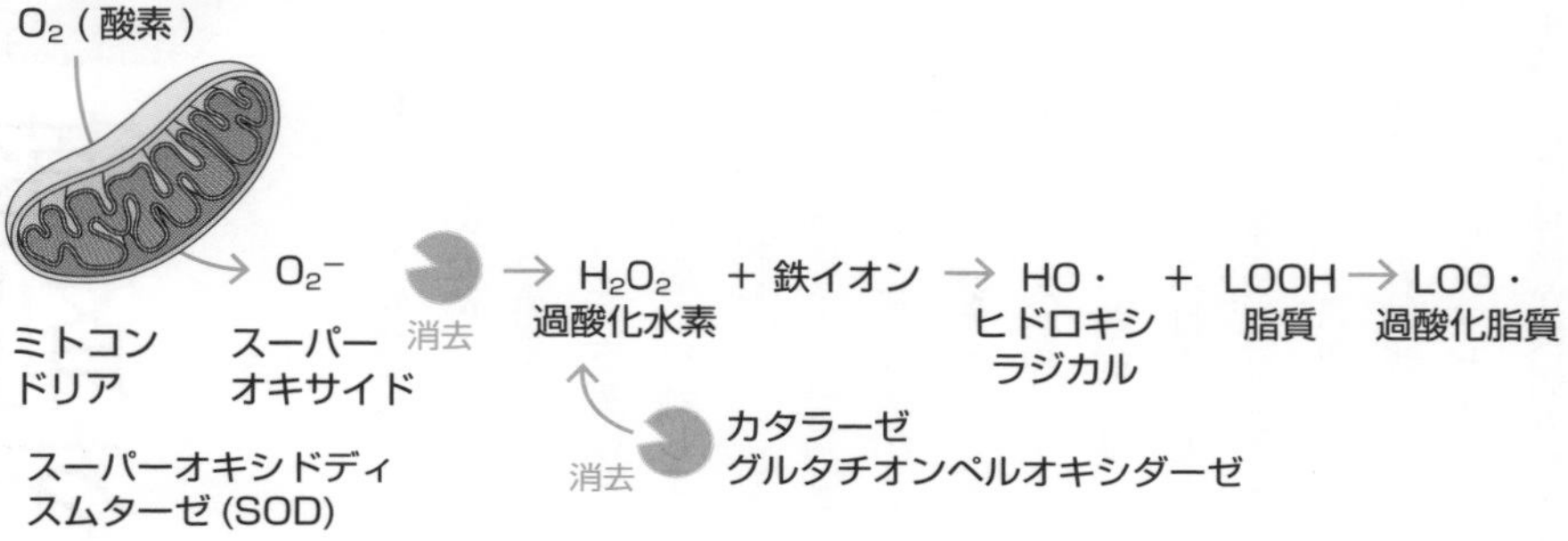

紫外線で発生

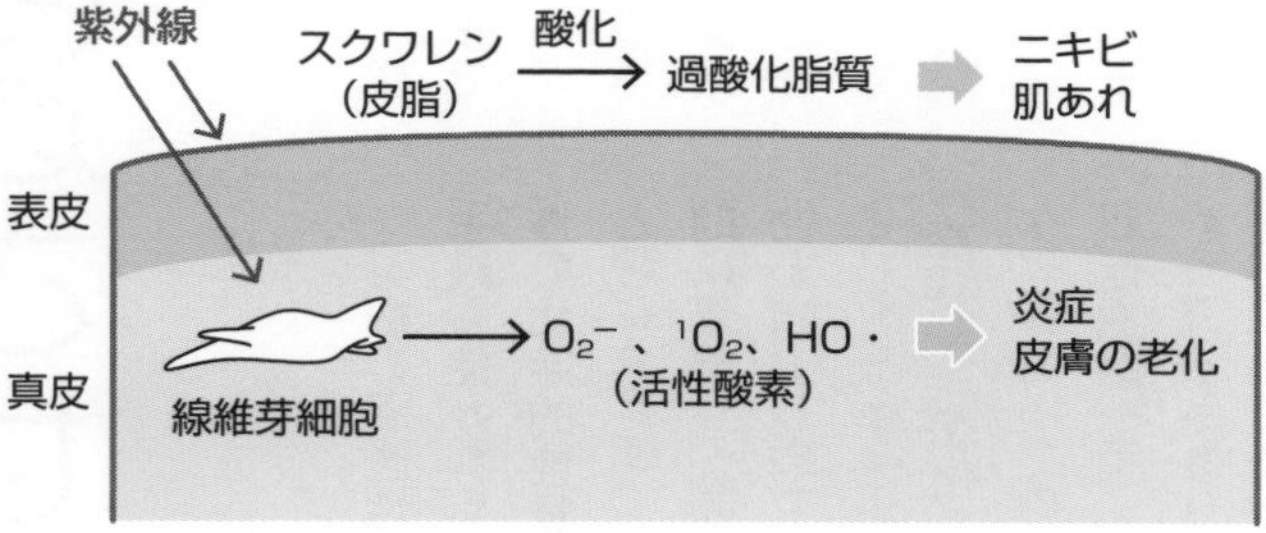

活性酸素とフリーラジカル

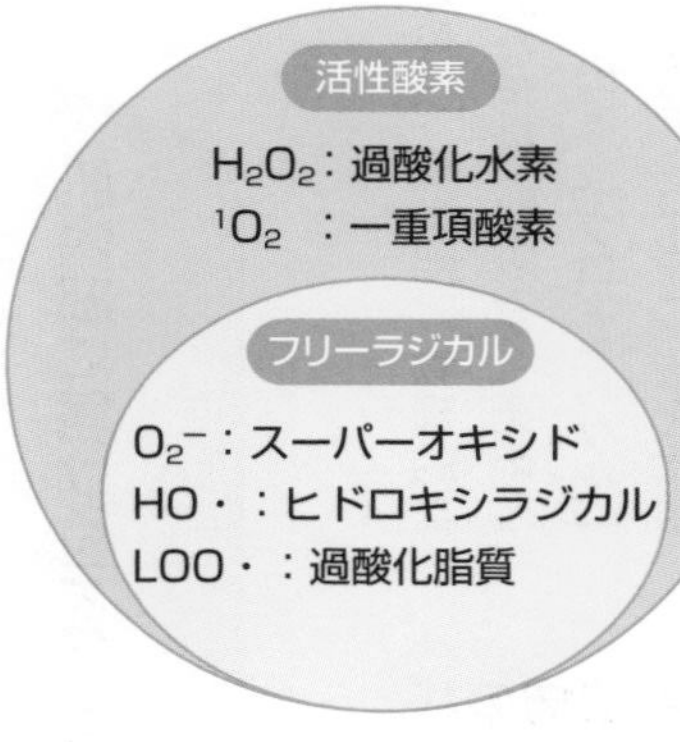

体の抗酸化システム

活性酸素を消去する酵素	スーパーオキシドディスムターゼ(SOD)
	カタラーゼ
	グルタチオンペルオキシダーゼ
抗酸化物質（活性酸素を消去する物質）	ビタミンC（アスコルビン酸）
	ビタミンE（α-トコフェロール）
	コエンザイムQ10
	グルタチオン
	システイン

35 薬剤を浸透させる

肌内部に届けるテクノロジー

皮膚には、外部からの物質の侵入を防ぐ「バリア機能」があります。そのため、成分を皮膚の内部まで届けるために、様々な方法が開発されています。

クリーム等の成分として、皮膚に塗布された薬剤は、まず皮膚の最外層の角層に接触します。そして薬剤はクリームから角層に移ります。これを「分配」と呼びます。その後、薬剤はそれ自身の濃度勾配に従って「拡散」していきます。この浸透ルートは「皮膚経路」と呼ばれます。角層は疎水性のため、水溶性の成分は角層を通過することが困難です。また大きな分子も通過が困難なため、一般的には、薬剤の分子量が500程度までの、脂溶性の物質が通過し易いとされています。また薬剤が、汗腺や毛穴等の付属器官を通る経路もあります。これは「付属器官経路」と呼ばれますが、皮膚上での付属器官の割合が非常に低いため、水溶性の成分や、大きな分子を届ける等、特殊なケースでこの経路が検討されます。

薬剤の浸透性を高めるために、化学的、物理的な手段も使われます。化学的な手段の1つが、薬剤自体の化学的性質を変える方法で、「プロドラッグ化」と呼ばれます。例えば水溶性のアスコルビン酸を化学的に修飾し、疎水性を高めることで、角層への浸透性を向上します。修飾された部分は、生体内で分解されることで本来のアスコルビン酸が効果を発揮します。プロドラッグ化で、薬剤の反応を抑えるため、スキンケア製品中での安定性も高まります。また「経皮吸収促進剤」で、角層の状態を変化させ、浸透性を高める方法もあります。物理的な手段には、マスク等で皮膚を閉塞し、角層を水和することで、薬剤の浸透性を高める方法があります。また電流や超音波により、薬剤の皮膚への浸透を促進する方法もあります。マイクロニードルは、文字通り多数の微細な針を使い、薬剤を直接、皮膚に届ける方法です。ニードルの長さや形で、届ける深さを調節することが可能です。

要点BOX

●皮膚の内部に薬剤を届けるためには、皮膚のバリア機能を考慮する
●物理的、化学的方法で、薬剤の浸透性を高める

薬剤の浸透ルート

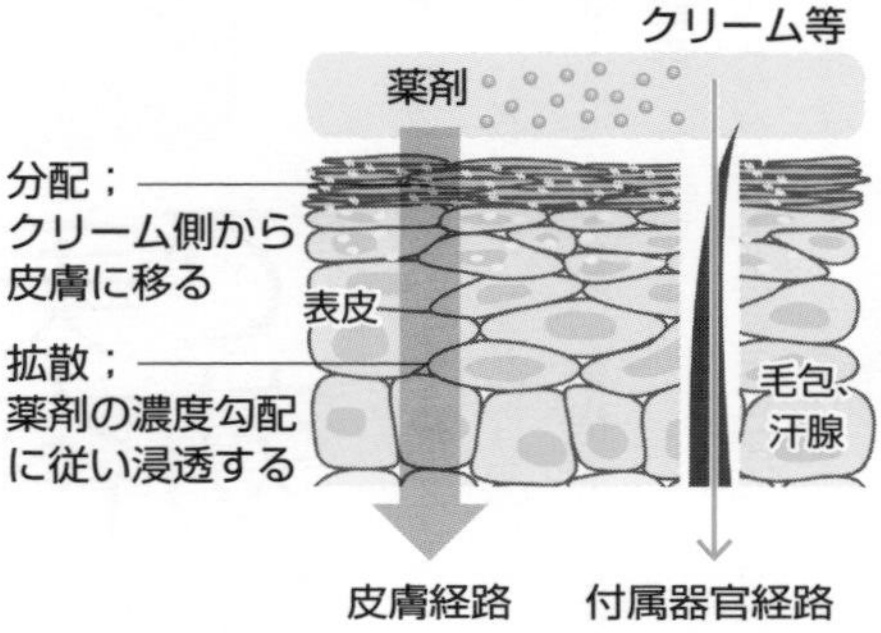

クリーム等
薬剤
分配；
クリーム側から
皮膚に移る
表皮
拡散；
薬剤の濃度勾配
に従い浸透する
毛包、
汗腺
皮膚経路
付属器官経路

薬剤の浸透し易さ

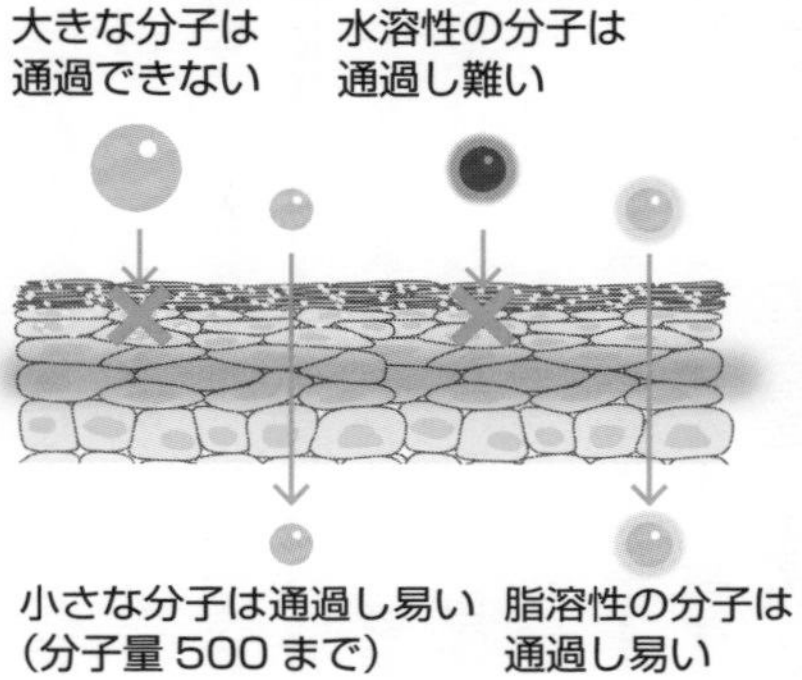

大きな分子は
通過できない
水溶性の分子は
通過し難い
小さな分子は通過し易い
（分子量 500 まで）
脂溶性の分子は
通過し易い

薬剤の浸透を高める手段

プロドラッグ化

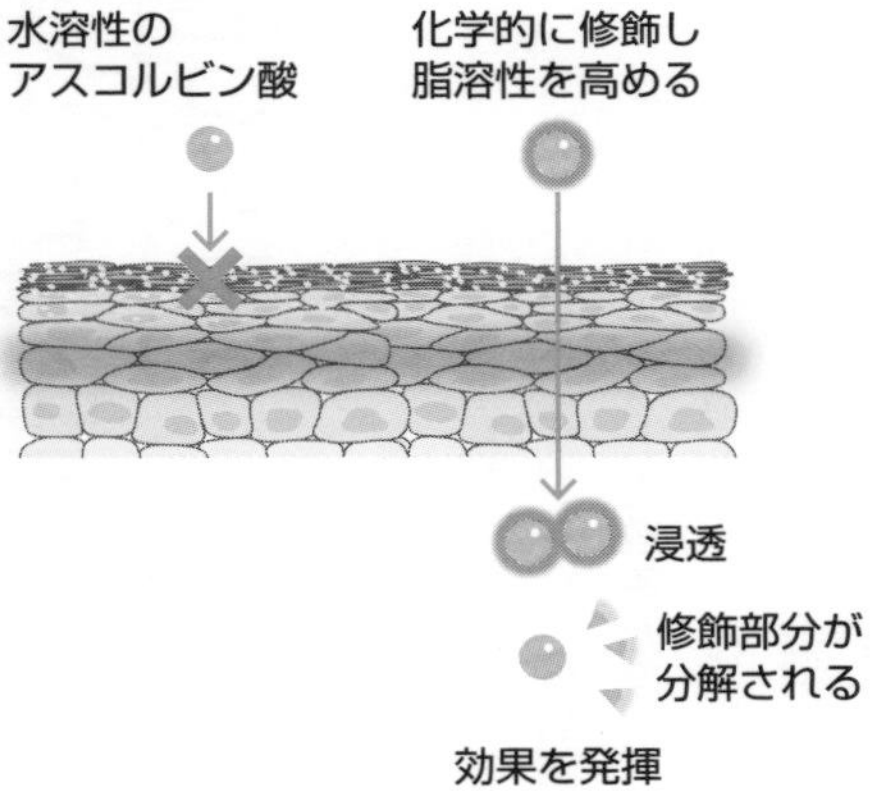

水溶性の
アスコルビン酸
化学的に修飾し
脂溶性を高める
浸透
修飾部分が
分解される
効果を発揮

閉塞

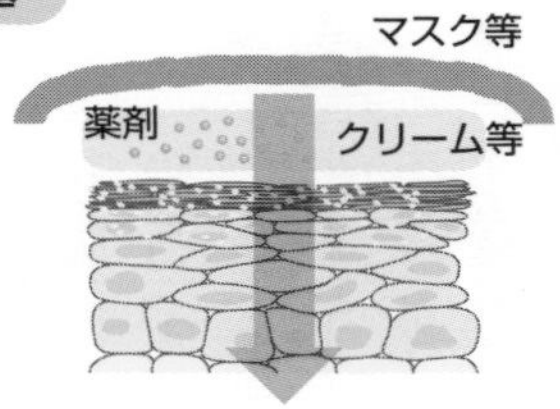

マスク等
薬剤
クリーム等

電流、超音波

薬剤
クリーム等

マイクロニードル

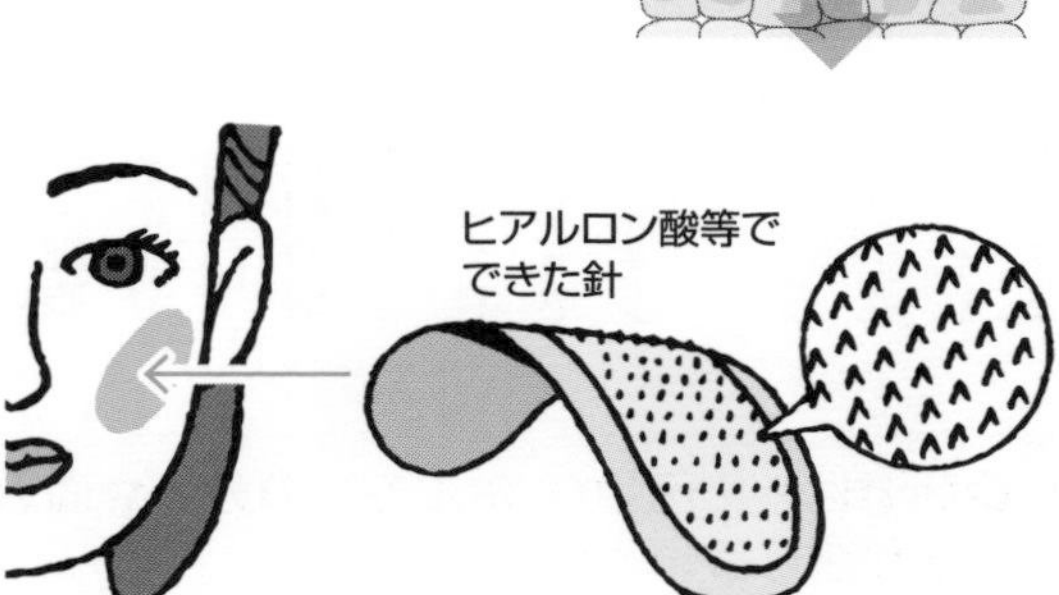

ヒアルロン酸等で
できた針

36 美容法や美容器具で効果を高める

皮膚に物理的な刺激を加えることは、皮膚の状態を良好にし、スキンケア製品の効果を高めることに繋がります。そのため、多様な美容法や美容器具の開発が進められています。

スキンケア製品とともに用いられるのが、マッサージ等の美容法です。皮膚のマッサージ方法には明確な定義はありませんが、押す、引く、緩める、摩擦するの4つの動きに分けられます。実際に美容法を開発する際には、それらを組み合わせ、ターゲット部位を刺激するための強さや、向き等を検討します。例えば、皮膚の表層を刺激したい場合、皮膚を押しても、主に皮下脂肪が変形するだけで、表層はあまり刺激されません。その場合は、引く、摩擦する等の動きを中心に組み立てます。

マッサージの刺激は、皮膚を変形することで、皮膚の細胞を物理的に刺激します。細胞はこのような刺激を感知して、それに応答します。この刺激は「メカニカルストレス」と呼ばれます。例えば表皮の基底層の細胞は、基底膜等に接着していますが、細胞にメカニカルストレスが加わると、接着部分を介して、細胞内に張り巡らされた線維が変形します。これにより細胞は変形を感知して、反応が起きます。例えば、線維芽細胞にメカニカル刺激を加えると、細胞の増殖が促進され、真皮の状態の変化に繋がります。マッサージの刺激は、皮膚内部に存在する感覚器や神経線維（自由神経終末）でも感知されます。感知された刺激は、神経系を介して脳に伝わり、ホルモンの分泌や血流の変化を誘導します。

皮膚への刺激効果や、効率を高めるために、ローラーやプレート等の「美容器具」が開発されています。さらにマッサージや美容器具の効果を高める専用のクリーム等もあります。そこでは増粘剤を多く配合することで、指や器具が皮膚をホールドし易くする等の対応が行われています。

要点BOX

- ●刺激は脳に伝わり、ホルモンの分泌や血流の増加が起きる
- ●細胞は物理的な刺激を感知し、状態を変える

マッサージ方法

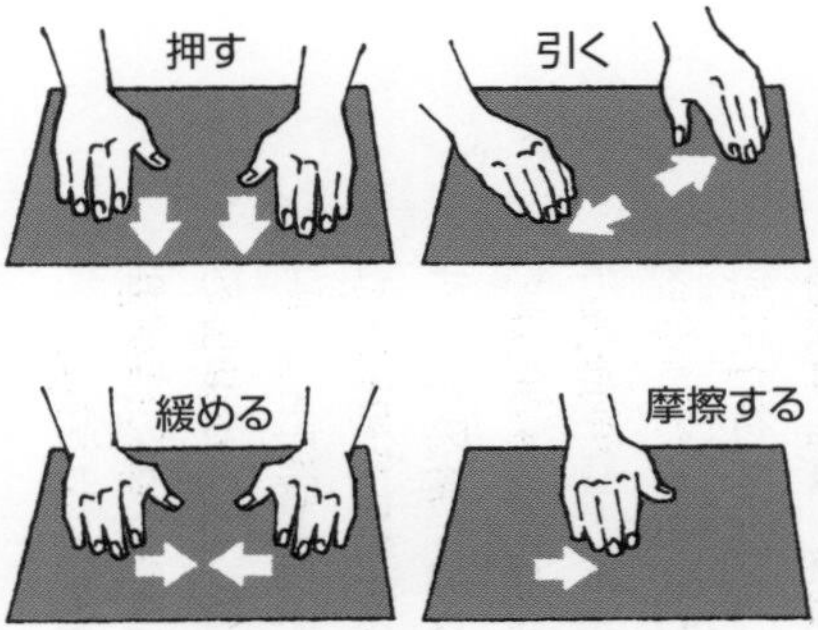

強さ、向き等を目的に合わせて調節する

物理的な刺激が作用するメカニズム

メカニカルストレス：物理的な刺激

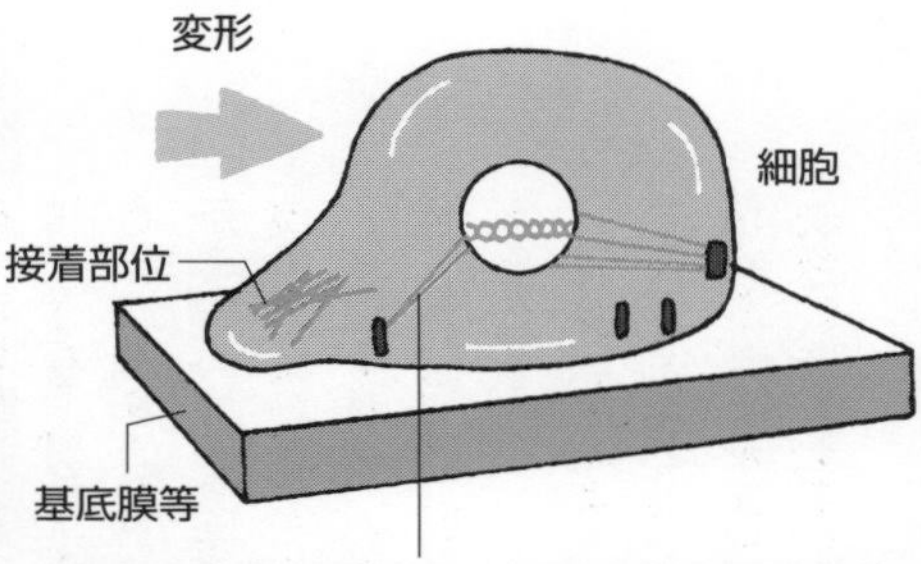

細胞内部の線維が変形し、細胞が変形を感知 ➡ 様々な反応が起きる

刺激を感知する感覚受容器と神経終末

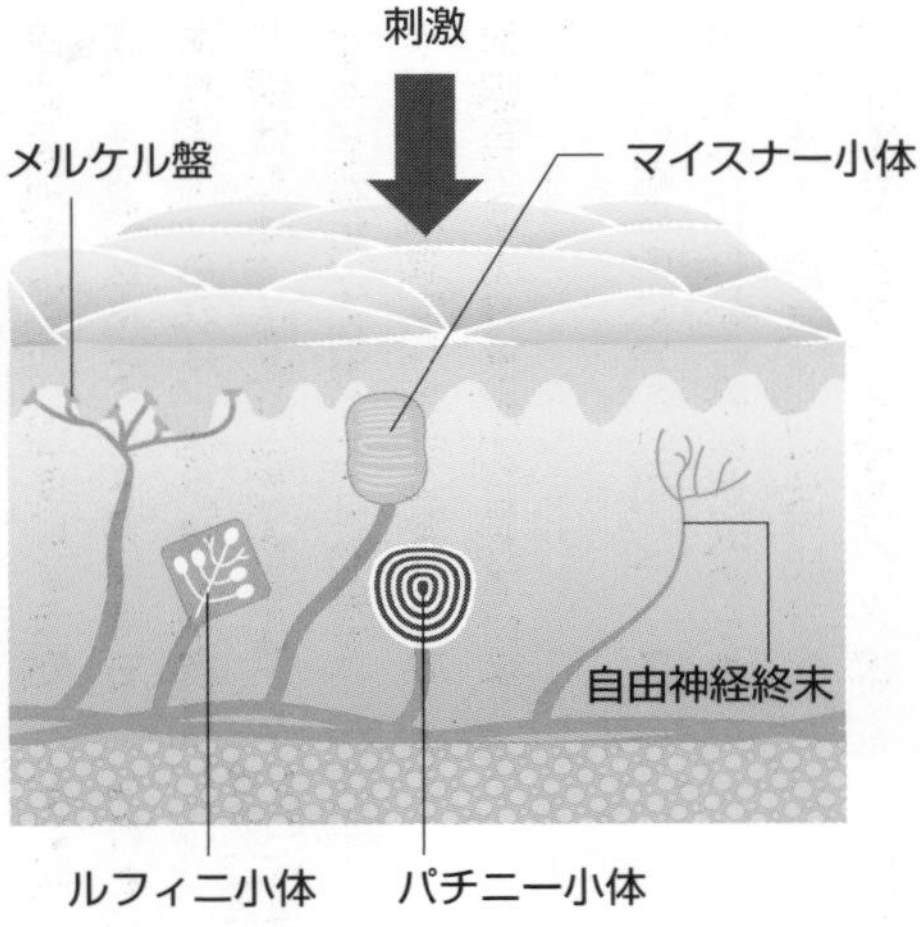

▼

神経を伝って、刺激が脳に伝わる

美容器具

ローラー

プレート

美容器具のポイント

使いやすさ
- ホールド性
- 滑りやすさ

刺激の伝達性
- 接触部分の形状
- 刺激の強度

使用性を高める専用クリームの併用

Column

美肌の湯

日本には様々な温泉があります。強酸性の湯もあれば、アルカリ性の温泉もあり、色やにおいもバラエティーに富んでいます。それぞれの温泉には特有の効能があります。筋肉痛、喘息、高血圧等、いろいろな適応症が環境省の指針で規定されています。皮膚に対する効果として、「乾燥」に対する適応が特定の泉質（塩化物泉、炭酸水素塩泉、硫酸塩泉）に関して規定されていますが、これ以外にも野沢温泉（硫酸泉）への入浴で、肌の弾力性が改善されたことや、海外からの報告もあり、肌に対して有用な温泉、いわゆる「美肌の湯」は、今後も拡大していくと考えられます。

温泉はどのように効果を発揮するのでしょうか。その効果には様々な側面があります。温泉の成分による効果、水圧による物理的な刺激効果、温度による効果、さらにはホルミシス効果等もあります。これは、体が強い刺激を受けた時、防御機能が高まり、かえって有用な刺激となる効果で、ラジウム温泉に含まれる微量の放射線等でその効果が知られています。

この温泉の効果を活用して、スキンケア化粧品の開発が進められています。温泉と同様の成分を塗布することで、皮膚のバリア機能が回復することや、コラーゲンの産生が増加することが報告されています。また温泉のように、実際に温度を上げることなく、温熱と同様の効果を発揮する成分も開発されています。これは細胞が温度を感知する仕組みに作用するものです。さらに水圧による物理的な刺激と同様な効果を狙ったマッサージ法や、刺激を効率的に肌に伝えるクリーム等の開発も行われています。

参照：『あたらしいアンチエイジングスキンケア』江連智暢、日刊工業新聞社、2018

第5章

スキンケア基剤を作る

37 スキンケア化粧品の成分

スキンケア化粧品には何が入っているの？

スキンケア製品には多様な成分が入っています。ここでは化粧水や乳液を中心に見ていきます。皮膚にうるおいを与えることはスキンケア製品の重要な目的です。そのため、水はスキンケア製品に必須な成分です。皮膚に与えた水分を閉じ込めて蒸散を抑えるためには「油（油性成分）」が必要です。油はまた、滑らかな使用性をもたらし、皮膚に光沢を与え、柔軟に保ちます。

混ざり合わない水と油を混ぜるために使われるのが、「界面活性剤」です（界面活性剤は洗浄料の主要な成分です）。混ざり合った水と油を安定な状態に保つためには、「高分子」が使われます。高分子とは、非常に大きな分子の総称です。溶液に増粘性を与え、水や油の動きを和らげることで、安定性を発揮します。高分子は製品の使用性を高め、高級感等の使用性を演出するためにも使われます。高分子の中でも、ヒアルロン酸のように、その中に水分を抱え込むものがあります。このような高分子は保湿剤として使われます。さらに固まると膜を作り出す高分子もあります。この膜は「皮膜」と呼ばれますが、この性質を利用して、パック等に使用されます。

スキンケア製品には、肌荒れやニキビ、シミやシワ等の予防や改善を狙った「有効成分」が使われています。また皮膚の上で水分を保つために、保湿剤も使われます。先のヒアルロン酸のような高分子だけではなく、天然保湿因子（NMF：アミノ酸や尿素等）のような小さな物質も用いられています。

日焼けを防ぐためには、「紫外線吸収剤」や「紫外線散乱剤」が使われます。サンスクリーンだけではなく、乳液等にも配合され、日常生活での紫外線の防御にも使われています。

製品の印象を演出し、香りによる生理的な効果を狙って「香料」が配合されます。製品を長期間、安定に保つためには「防腐剤」や「酸化防止剤」が用いられます。

要点BOX

- スキンケア製品には、水、油、高分子、有効成分等が配合されている
- 配合目的は使用性や機能性の向上、安定化等

スキンケア化粧品の成分

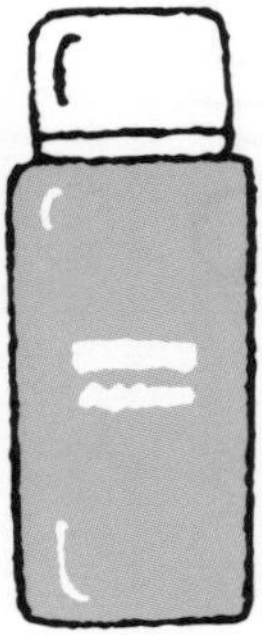

水：
・皮膚にうるおいを与える

油：
・水分の蒸散を抑える
・滑らかな使用性を与える

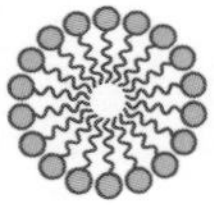

界面活性剤：
・混ざり合わない水と油を混ぜる
・洗浄料の主要な成分

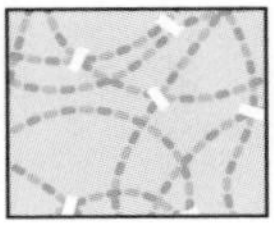

高分子：
・非常に大きな分子
・溶液に粘性を与え、高級感等の使用性を高める
・製品中の水と油の動きを和らげ、安定に保つ
・保湿剤として使われるものもある

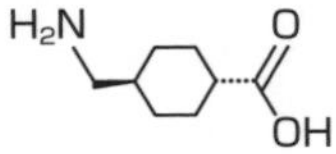

有効成分：
・皮膚に働きかけて、状態を整える

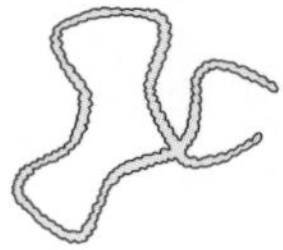

保湿剤：
・水分を保持して肌の潤いを保つ
・小さな分子から、大きな分子まで
様々な成分が使われる

紫外線吸収剤・散乱剤：
・紫外線による障害を防ぐ
・サンスクリーン剤に加え、
乳液等にも使われる

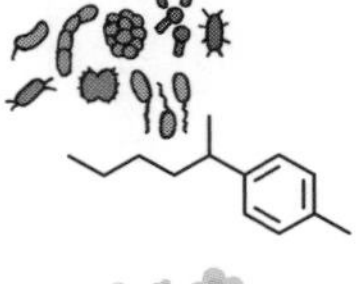

防腐剤：
・製品中の微生物の増殖を抑え、
劣化を防ぐ

香料：
・製品のイメージの演出
・心理的効果や生理的効果を与える
・マスキング効果

38 成分を混ぜ合わせる

スキンケア製品は多様な成分でできています。水、油、高分子等、性質の異なる成分が均一に混ざり、長期間分離せずに安定な状態となっています。しかし、このような状態を創り出して、維持することは非常に難しく、高度な技術が使われています。それにより、例えば水分をより多く入れて、みずみずしさを強調する等、使用感を自在に操ることができます。また配合が難しい有効成分をより多く入れることで、効果を高めることもできます。さらに、混ぜ合わせるために必要な成分や、その状態を安定に保つために加える成分を減らすことで、皮膚への負担感を減らし、製造コストを下げることも可能です。そのため、この混ぜ合わせる技術は、スキンケア製品を開発するための、キーポイントとなっています。

異なる物質を混ぜた時、それらの物質の性質が似ていれば、よく混ざります。これは「性質の似た物質の間には、引かれ合う力が働く」ためです。反対に「水」と「油」のように、性質の異なる物質は、攪拌すると一見、混ざったように見えますが、すぐに分離してしまいます。これは「性質の異なる物質の間には、反発する力が働く」ためです。このような原理を理解し、引かれ合う力や、反発する力をうまくコントロールすることで、様々な成分を混ぜあわせ、スキンケア製品を作ります。

溶け合わない物質同士が、混ざりあった状態を「分散系」と呼びます。分散系の中でも、例えばカーマインローションのように、溶液の中に粉等の固体が分散した状態を「サスペンション」と呼びます。気体の中に、固体や液体が分散したものを「エアロゾル」と呼びます。また、溶液の中に溶液が分散した状態を「エマルション」と呼びます。乳液のラベルには「○○エマルション」等と書かれていますが、これは水の中に油が分散した状態（またはその逆）です。このエマルションを作ることを「乳化」と呼びます。

要点BOX

- 異なる性質の物質を混ぜ合わせることが「分散」
- 水と油が分散した状態が「乳化（エマルション）」

混ぜ合わせる技術が重要

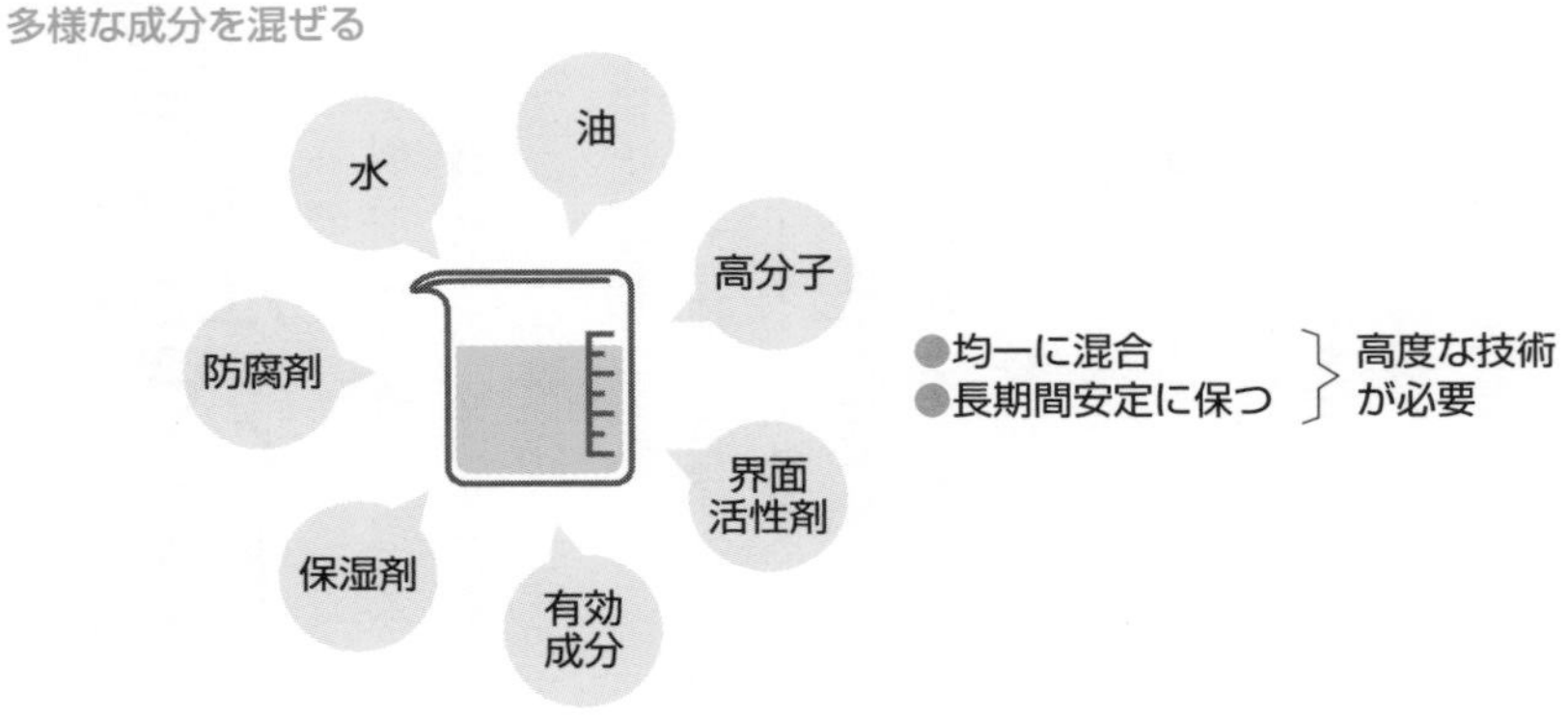

物質を混ぜ合わせるための原理

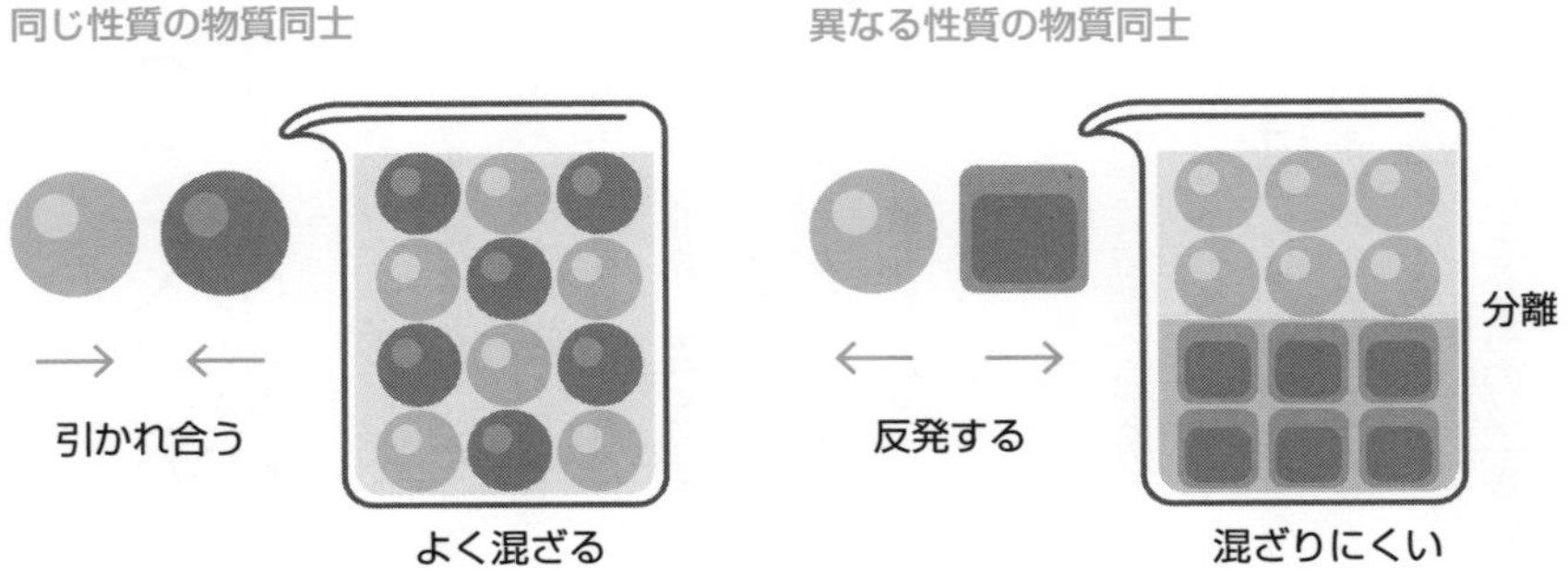

様々な分散系の状態

分散系：溶け合わない物質同士が、混ざり合った状態

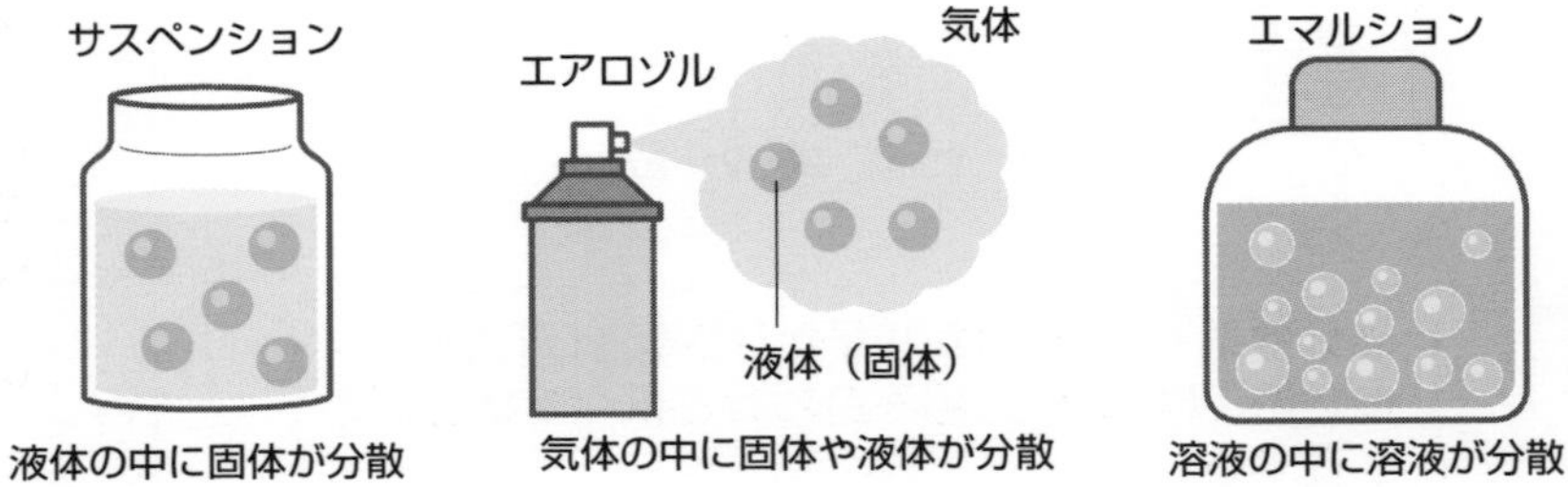

39 成分が混ざり合った状態

「溶解」と「分散」の違い

スキンケア製品を作る時は、溶け合わない成分を混ぜ合わせる（分散する）必要があります。これをうまく行うためには、「分散とは、どのような状態か」を理解することが大切です。

分散系の中では、成分は粒子状になって、溶液の中に散らばっています。この粒子のことを「分散相」と呼びます。また、粒子が分散している溶液等の場（媒質）を「分散媒」と呼びます。分散相と分散媒は、それぞれ固体、液体、気体の場合があり、その組み合わせで多様な分散系ができます（38項参照）。この粒子（分散相）の大きさが1nm（ナノメーター）から1μm（マイクロメーター）の溶液を「コロイド（またはコロイド分散系）」と呼び、その粒子を「コロイド粒子」と呼びます。

コロイドにはいくつか種類があります。巨大な分子が、単独でコロイド粒子の大きさになった分散系が「分子コロイド」です。例えばでんぷん溶液は、でんぷんという大きな分子が単独でコロイド粒子となり、水の中に分散した分子コロイドです。複数の分子が集合して、コロイド粒子となった分散系が「会合コロイド」です。石けん水は、石けんの成分（界面活性剤）が集合して粒子状になり、これが水の中に分散した会合コロイドです。また、互いに溶け合わない性質のものを分散してできる粒子が「分散コロイド」です。例えば水の中に油を入れて攪拌すると、一時的には水の中に油滴が分散した分散コロイドができます。しかし互いに溶けあわない性質のため、この状態は不安定で、やがて水と油は分離してしまいます。スキンケア製品では、水と油は重要な成分です。そのためこれをうまく分散させて、安定にするための技術が使われています。

分散には、コロイドとは異なる状態もあります。粒子の大きさがコロイドよりも大きなものを「粗大分散系」と呼びます。反対に、粒子の大きさがコロイドよりも小さなものは「真の溶液」です。

要点BOX

- 分散系では、成分が粒子となり散在している
- 分散には、成分の組み合わせで様々な状態が存在する

分散

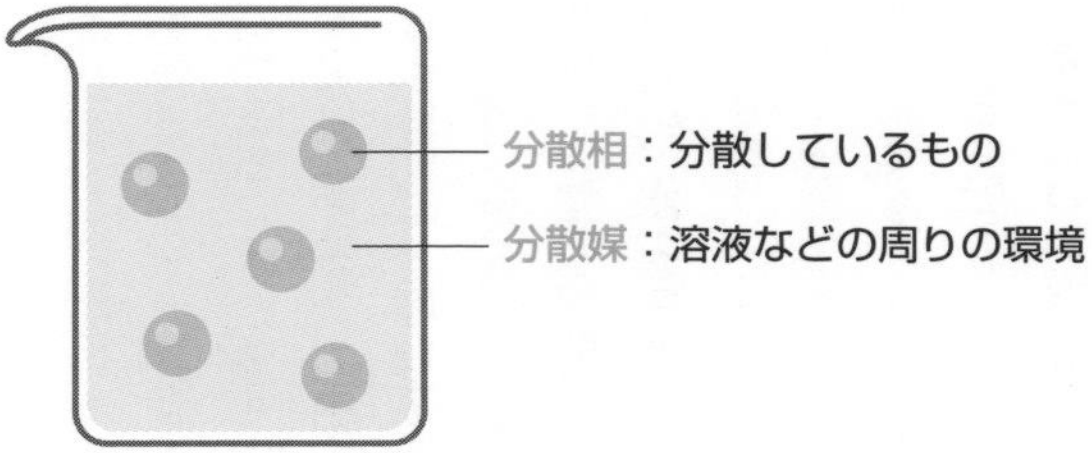

分散相(粒子)の大きさによる分類

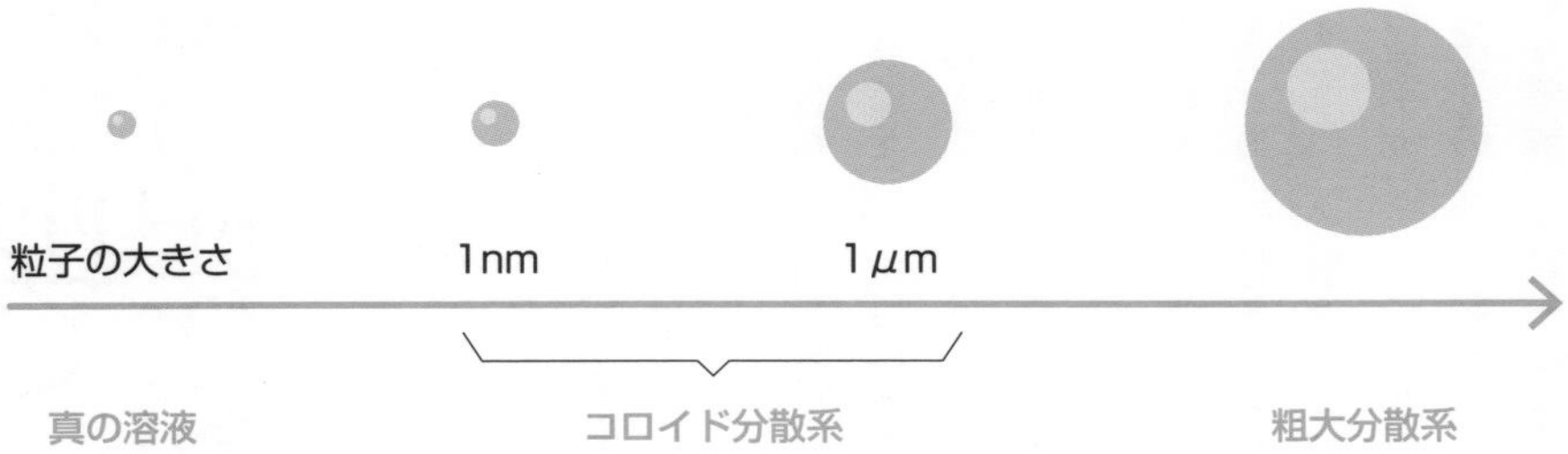

コロイドの種類

分子コロイド

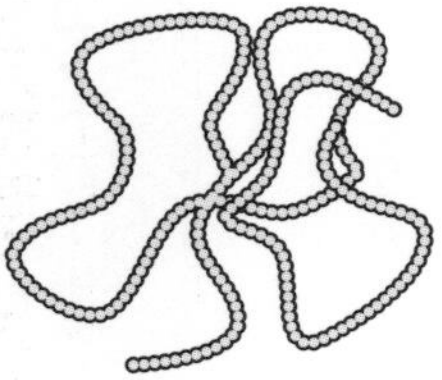

大きな分子が単独で
コロイド粒子になった状態

例）でんぷん溶液

会合コロイド

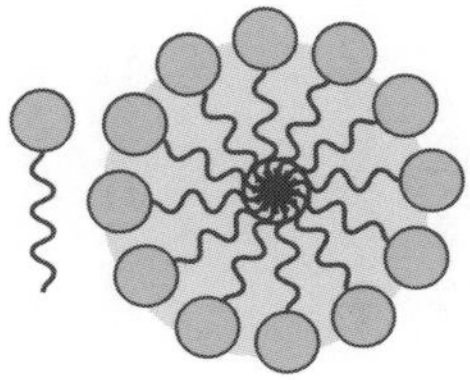

複数の分子が集合して
粒子状になった状態

例）石けん分子が集合

分散コロイド

溶けない物質がコロイドの
大きさで分散した状態

例）油滴や粉体

40

「分散」技術で多様な製品を創る

使用感触や見た目の印象をコントロールする

分散の技術を使い分けることで、多様なスキンケア製品を作ることができます。スキンケア製品の主要な成分である、水と油を中心に見ていきましょう。

油（oil）が水（water）の中に分散した状態を「O／W（oil in water）」と呼びます。水が主要な成分となるため、皮膚に多くの水分を届けることが可能です。そのためO／W型の分散系は、化粧水で多く使われます。反対に、水（water）が油（oil）に分散した状態を「W／O（water in oil）」と呼びます。油が主体となるため、サンスクリーンや口紅など、水への耐性が求められる製品で多く使われます。さらに、油の中に水の粒子を分散させ、その水の粒子の中に油の粒子を分散させた「O／W／O」型の分散系を作ることも可能です。これにより、製品を皮膚に塗布すると、はじめは油分が皮膚に触れ、次第に水滴から水分が出てくることでみずみずしさが感じられ、さらにその中の油滴から油分が出てくることで、滑らかな感触に変化する等、使用性をコントロールした製品を作ることができます。

分散している成分の粒子の大きさは、製品の見た目にも影響します。粒子がコロイドの大きさで、そのコロイド粒子が大きければ、乳液や化粧水は不透明です。反対にコロイド粒子を小さくすることで、製品を透明に近づけることができます。

目に見えるほど大きな粒子を作る方法もあります。大きな粒子の中に、成分を多く入れることができます。また、通常の小さな粒子のエマルションとは異なる見た目や、使用性を演出することもできます。

さらに粒子の状態も製品の使用性に影響します。粒子の壊れやすさを変えることで、塗布した時の感触を変えることも可能です。

このように「分散媒（溶液など、粒子の周りの物質）」で製品の大きな方向性を決め、「分散相（分散させる粒子）」でさらなる特徴を与えます。

要点BOX

- ●水と油の分散系には、O/W、W/Oがある
- ●分散技術を使い分けることで、製品の外観や使用性、機能性等をコントロールする

水と油の分散系

O/W (oil in water)

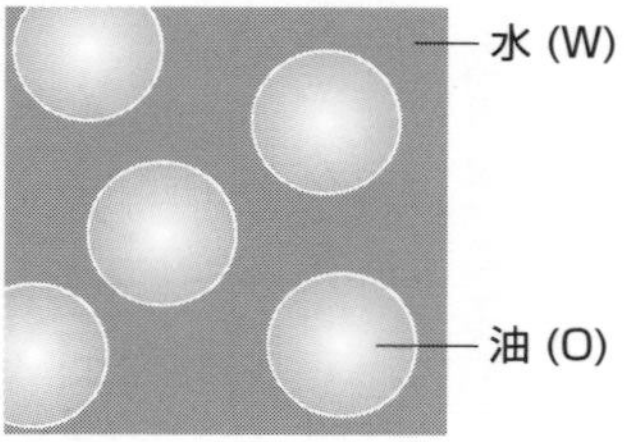

- 水が主成分
- みずみずしい感触
- 水分の補給
- 化粧水、乳液、クリーム等

W/O (water in oil)

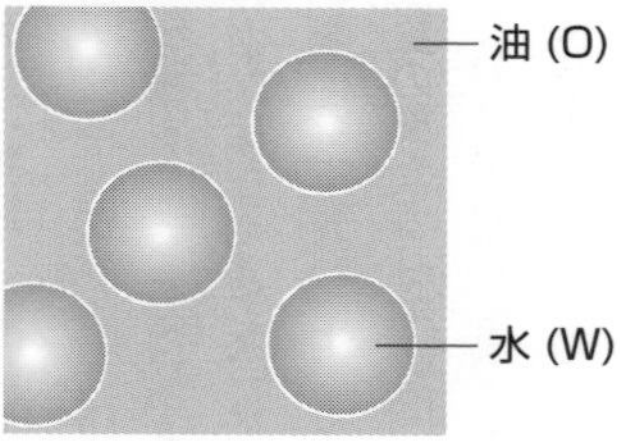

- 油が主成分
- 滑らかな感触
- 皮膚の閉塞効果、水への耐性
- クリーム、サンスクリーン、口紅等

使用感や機能性を高める分散技術

① O/W/O (oil in water in oil)

塗布時の変化　　塗布　　水滴が壊れ、水分が出る　　油滴が壊れ、油分が出る

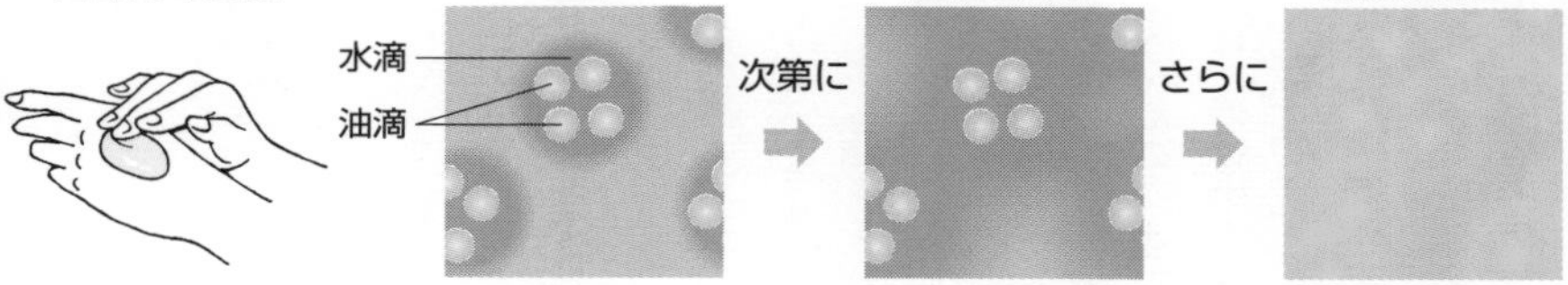

油分の滑らかな感触　　みずみずしい感触　　再び油分の滑らかな感触

② 大きな粒子の分散系を使う技術

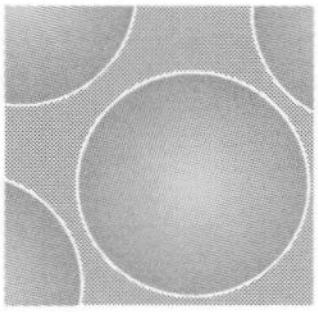

成分を多く入れることができる

③ 粒子の壊れやすさを変える

壊れにくい粒子　　壊やすい粒子

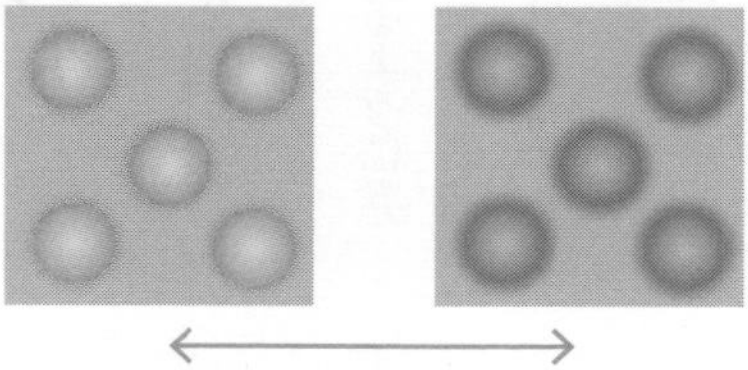

使用感を変えることができる

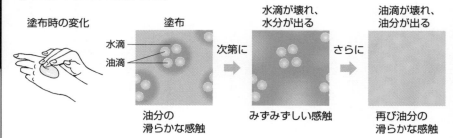

41 「界面張力」が分散を左右する

水と油はなぜ混ざらないの?

水と油を混ぜると、2層に分離します。この異なる成分同士の境界を「界面」と呼びます。固体と液体の境界も界面です。気体と液体、気体と固体の境界は特別に「表面」と呼びます。この表面、界面をうまくコントロールすることが、スキンケア製品を作る上で重要です。界面には興味深い力が発生します。例えばコップに水をなみなみと入れると、水はコップの表面から盛り上がり、こぼれません。これは水の表面に「表面張力」という力が働くからです。表面張力は「溶液の表面積をできるだけ小さくしようとする力」です。水の中にはたくさんの水の分子があります。同じ分子の間には、互いに引き合う力が働きます。反対に、性質の異なる分子の間には、反発する力が働きます。この分子の間に働く力は「ファンデルワールス力」と呼ばれます。水の表面では、それ以上外側には水分子がないため、分子同士が引き合う力は強くありません。水の内側には水分子がたくさんあり、それらが引き合うことで、強い力となり表面の水分子を内側に引き寄せます。これが「表面張力」です。表面張力が高い状態では、水と空気は混じり合わず、反発したままです。

この力は溶液と溶液の間や、溶液と固体の間、つまり界面にも生じます。その場合は「界面張力」と呼ばれます。水に油を入れて激しくかき混ぜると、一時的には油は小さな油滴となり、水の中に分散します。この油滴と、周囲の水との間には界面ができます。この時、油滴にもその表面積を小さくするように界面張力が働くため、油滴は水になじみません。油滴が小さい時は、溶液中の油滴の表面積の合計は大きく、界面張力も高いため、溶液中で油滴は不安定な状態です。そのため、次第に油滴同士が合一して大きな塊となり、表面積を減らすことで、界面張力を低下させて、より安定な状態に近づいていきます。そして最終的には、油と水に完全に分離します。

要点BOX

- ●「界面」は異なる成分同士の境界
- ●同じ性質の分子は引き合い、異なる性質の分子は反発する

異なる成分の境界

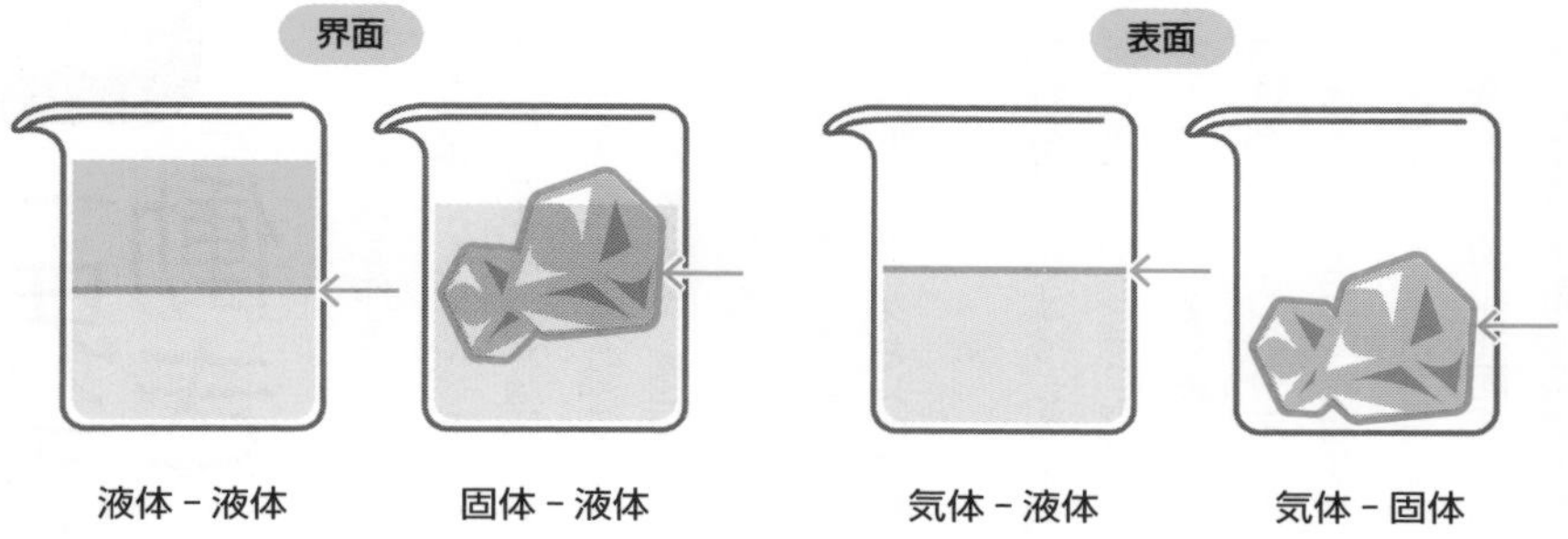
界面
表面
液体 - 液体
固体 - 液体
気体 - 液体
気体 - 固体

表面張力のしくみ

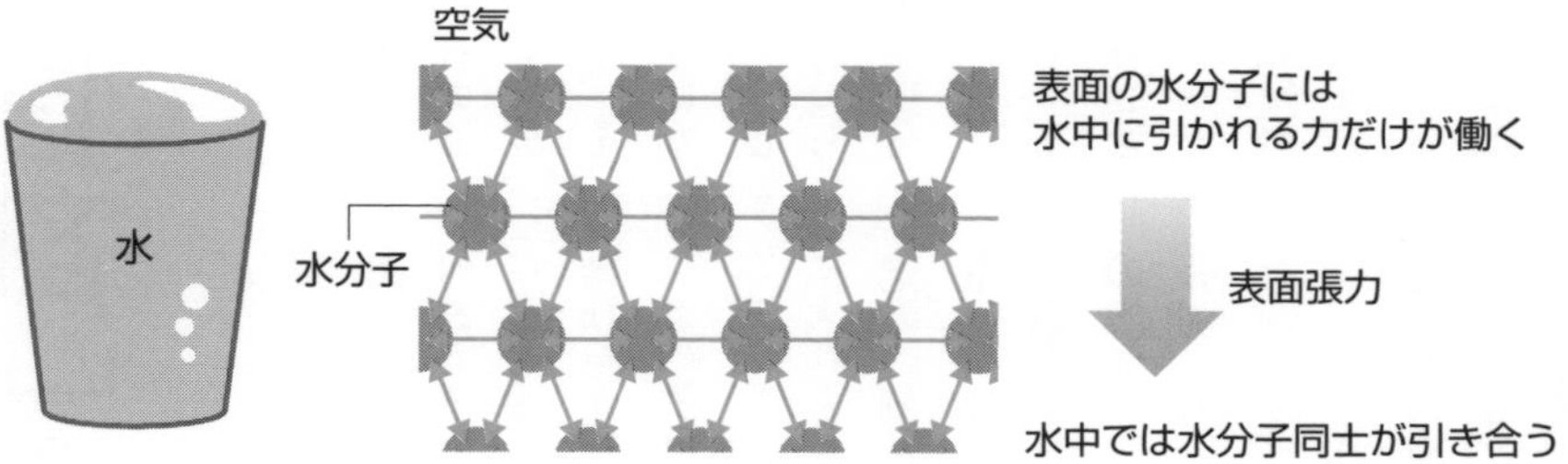
空気
水
水分子
表面の水分子には
水中に引かれる力だけが働く
表面張力
水中では水分子同士が引き合う

水と油が混ざらない理由

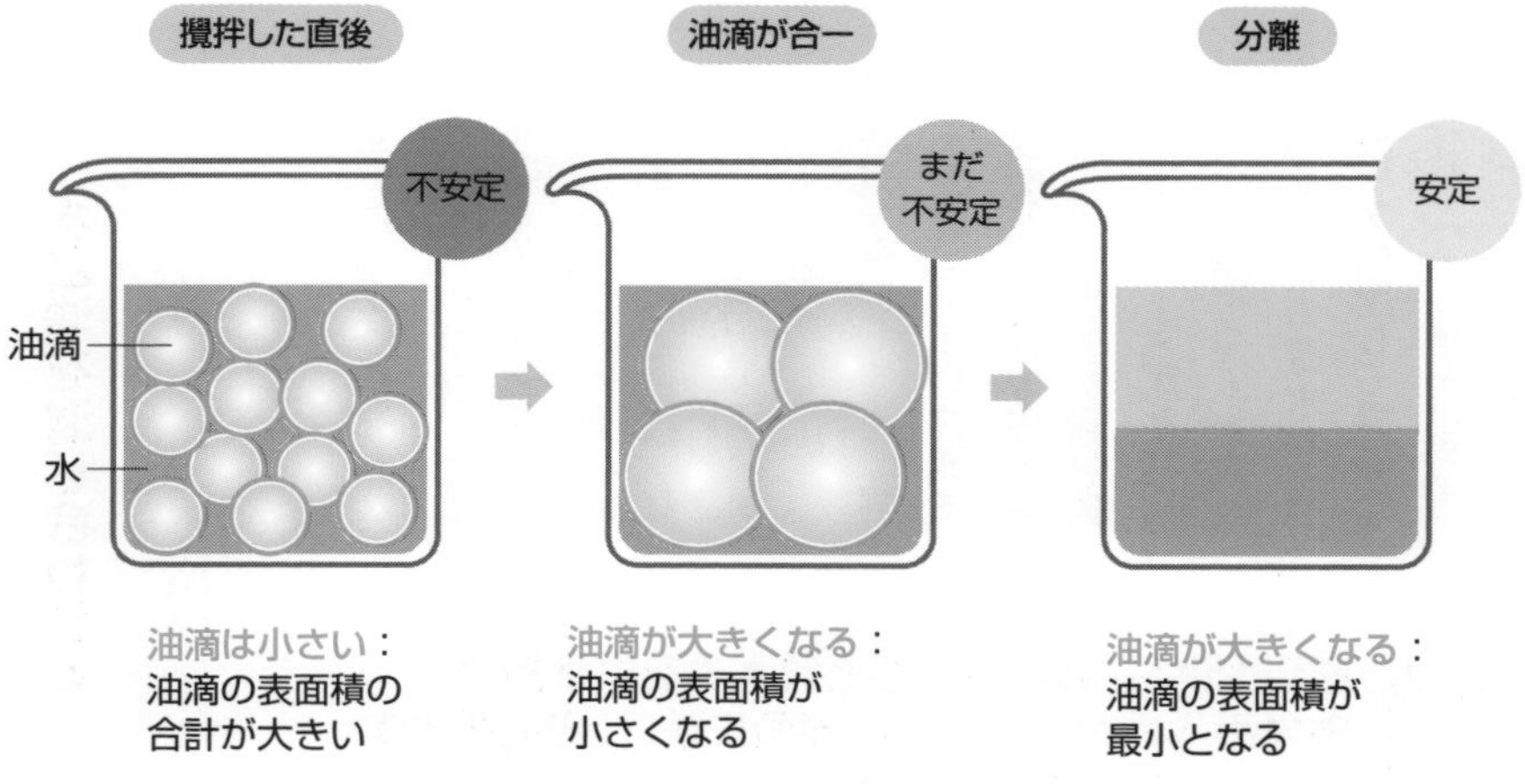
攪拌した直後
油滴が合一
分離
不安定
まだ
不安定
安定
油滴
水
油滴は小さい：
油滴の表面積の
合計が大きい
油滴が大きくなる：
油滴の表面積が
小さくなる
油滴が大きくなる：
油滴の表面積が
最小となる

42 「界面活性剤」の働き

乳液やクリームを作る時には、水と油が分散した状態を作ります。しかし、両者の間には高い界面張力が働き、反発する力が強いため、そのままでは分離してしまいます。水と油をうまく分散させて、その状態を保つためには、界面張力を下げて、水になじませる必要があります。そのために使うのが「界面活性剤」です。界面活性剤は洗剤などの主成分として知られていますが、スキンケア製品でも重要な成分の1つです。

界面活性剤はどのように水と油を分散させて、それを安定に保つのでしょうか。その答えは、界面活性剤のユニークな形にあります。

界面活性剤は、1つの分子の中に、油に親和性の高い部分「疎水基（または親油基）」と、水に親和性の高い部分「親水基」を併せ持っています。そのため、水と油を混ぜた溶液に界面活性剤を入れると、界面活性剤は水と油の界面に並びます。疎水基を油側に、親水基を水側に向けた状態です。このように界面活性剤が界面に並ぶと、界面張力が低下します。つまり水と油が反発する力が弱まることで、水と油の分散状態が安定になります。

この界面活性剤の性質を活用することで、様々なスキンケア製品が作られています。界面活性剤を水に入れて激しく攪拌すると、泡が生じます。この時、泡の内側は空気で、外側には水分が存在します。界面活性剤の疎水基は、空気にもなじみやすい性質を持っています。そのため、界面活性剤の疎水基が泡の内側、つまり空気側に向いて並び、親水基側が水分側に向いて並ぶことで、泡が生じて、安定な状態となります。これはシャンプーや、洗顔フォームなどに応用されています。また界面活性剤の疎水基は、油汚れにもなじみます。この性質を利用して界面活性剤は落としにくい油分を浮かせて取り除くために、メイク落とし等にも使われています。

要点BOX

- ●界面活性剤は、疎水基と親水基を併せ持つ
- ●界面活性剤は水と油の界面に並び、界面張力を低下させることで、水と油をなじませる

水と油の分散状態を安定に保つ

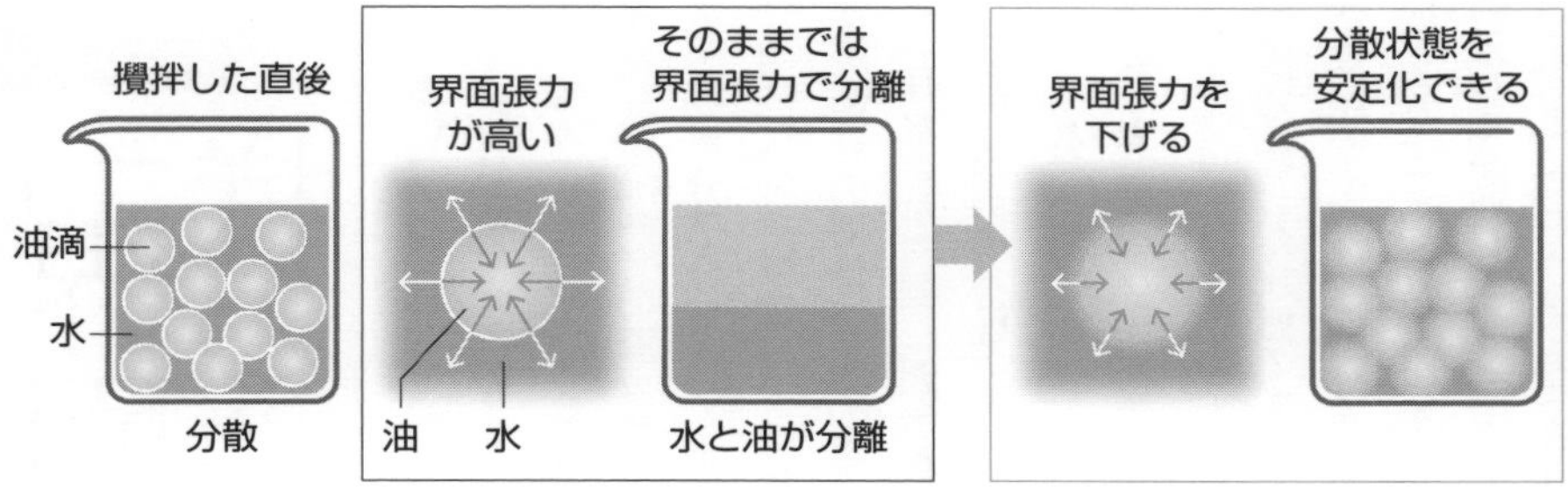
攪拌した直後
油滴
水
分散
界面張力
が高い
油
水
そのままでは
界面張力で分離
水と油が分離
界面張力を
下げる
分散状態を
安定化できる

界面活性剤は界面張力を下げる

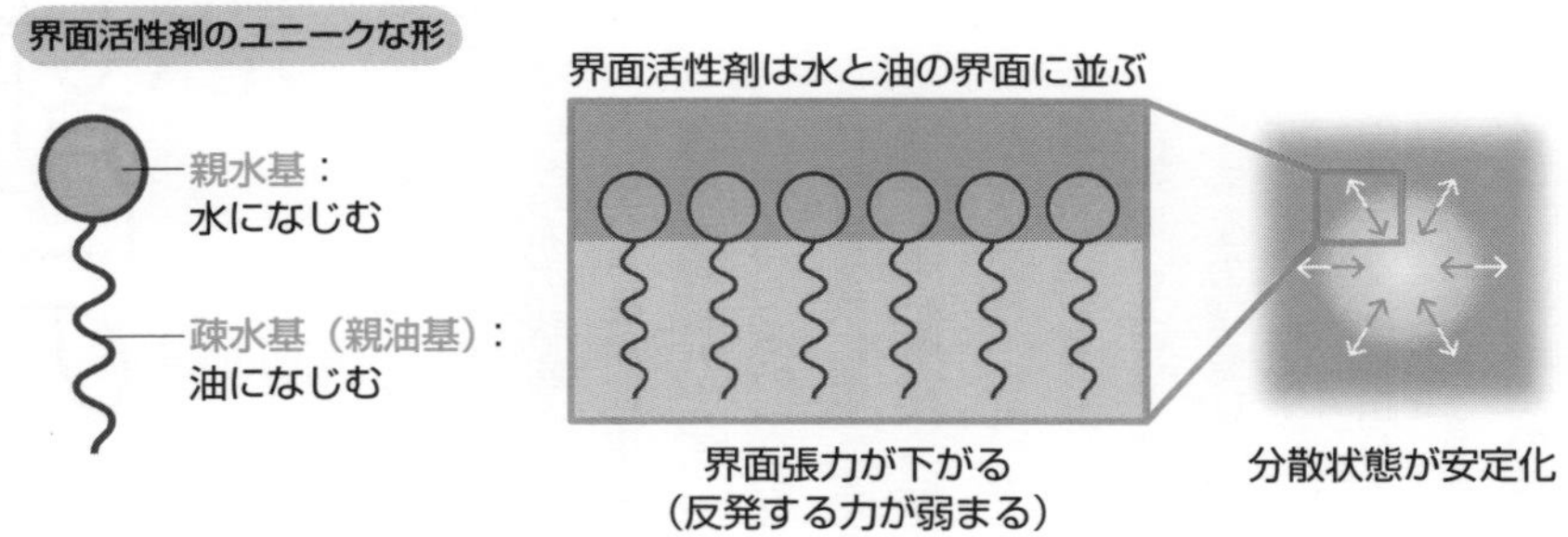
界面活性剤のユニークな形
親水基：
水になじむ
疎水基（親油基）：
油になじむ
界面活性剤は水と油の界面に並ぶ
界面張力が下がる
（反発する力が弱まる）
分散状態が安定化

界面活性剤の応用

例）シャンプー、洗顔フォーム

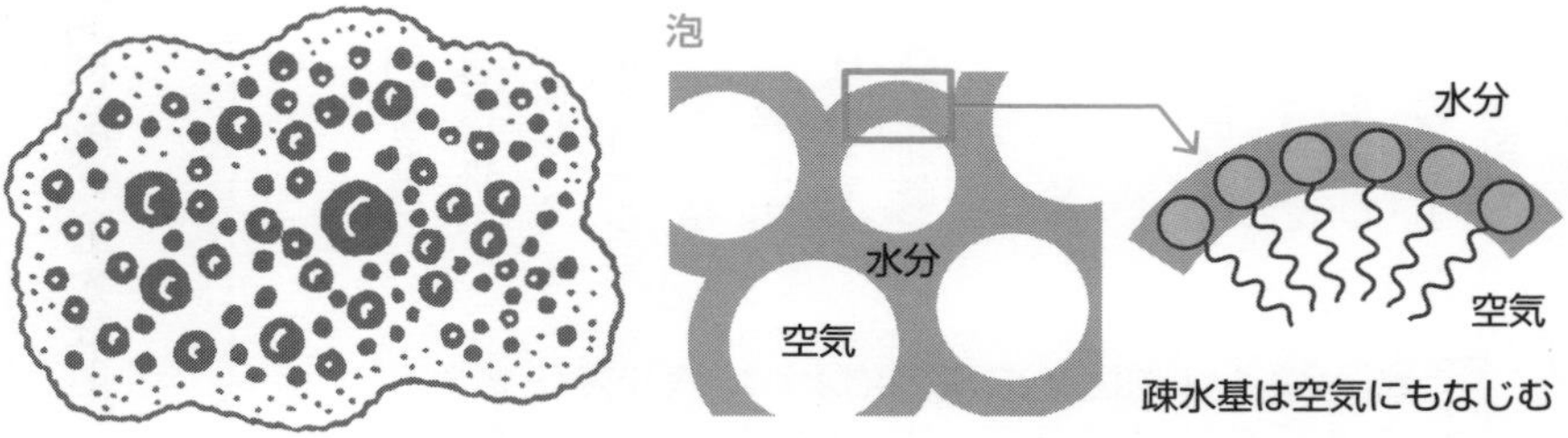
泡
水分
空気
水分
空気
疎水基は空気にもなじむ

43 「界面活性剤」の様々な状態

界面活性剤の最大活用

界面活性剤には、特徴的な性質があります。それは、濃度により状態が変わることです。この状態を活用して、様々なスキンケア製品が作られます。界面活性剤は、溶液中での濃度が低い時には、単独で存在します（「単分子分散」）。濃度が一定以上になると、界面活性剤が集合して、球状のミセルを作ります。溶媒（周りの液体）が水の場合は、界面活性剤の向きは、疎水基が内側、親水基が外側（水側）となります。溶媒が油の場合は、その逆向きとなります。これを「逆ミセル」と呼びます。ミセルを作るために、最低限必要な界面活性剤の濃度を「臨界ミセル濃度（cmc）」と呼びます。この状態は、界面活性剤のミセルが溶液中に分散した状態です。

界面活性剤の中には、濃度が高まると溶液とは異なる状態となるものがあります。そこでは界面活性剤が規則正しく配列し、溶液全体を満たした状態で、「液晶」と呼ばれます。液晶は溶液の性質（流動する状態）と、固体の性質（規則正しい配列）の両方を持っています。液晶には界面活性剤の作る構造により、いくつかの状態があります。ミセルが棒状になり、それが六角柱状に重なったもの（六方晶）はヘキサゴナル液晶と呼ばれます。球状ミセルが立方体のように積み重なったもの（立方晶）はキュービック液晶、界面活性剤が層状に重なったものはラメラ液晶と呼ばれます。溶媒が油の場合は、界面活性剤は疎水基を外側（油側）にした「逆ミセル」状態の溶液となりますが、さらに濃度が上がるとミセルが棒状となり、その棒状ミセルが集まって逆ヘキサゴナルの液晶を作ります。

液晶の状態は、ミセルの状態に比べて、界面活性剤の集合体の内部に多くのスペースが生まれます。このスペースを利用して、多くの水分を含むエマルションを作ることができます。また洗浄料では、このスペースに、より多くの汚れを取り込むことができます。そのため、液晶はメイク落としなどに使われます。

要点BOX

- 界面活性剤はその濃度により状態が変化する
- 液晶の状態を活用して、より高機能な製品が作られている

界面活性剤の変化

界面活性剤の濃度が低い

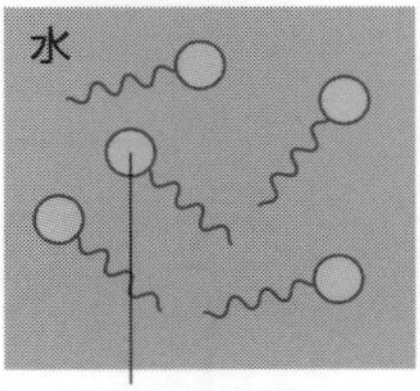

単独で存在
（単分子分散）

濃度が
増加

ミセル

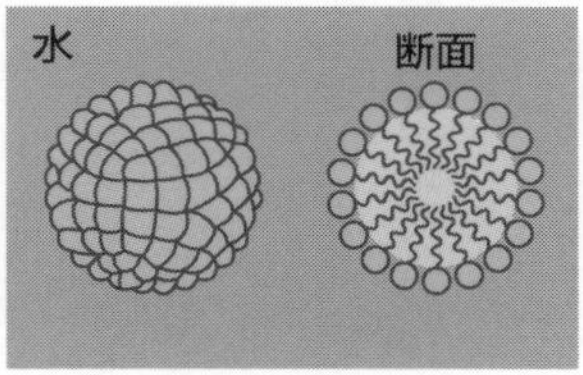

臨界ミセル濃度（cmc）：
ミセルになる最低の濃度

逆ミセル

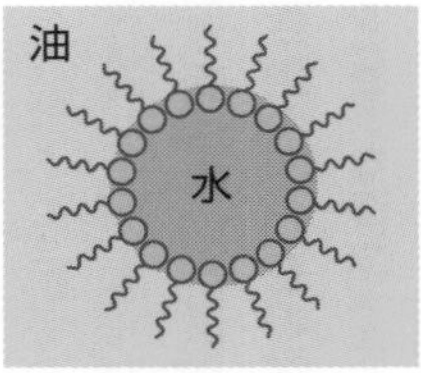

溶液が油の場合

「溶液」から「液晶」への変化

溶液

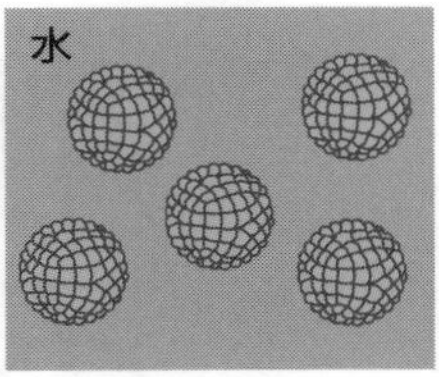

溶液中にミセルが分散

界面活性剤の
濃度が増加

液晶

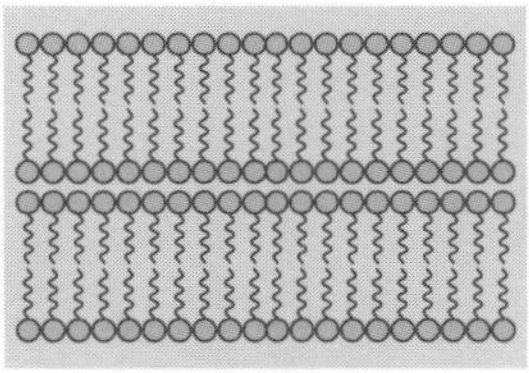

界面活性剤が配列して、
全体をみたす

液体と固体の性質を
併せ持つ
・溶液の性質（流動性）
・固体の性質
（規則正しい配列）

液晶の種類

キュービック液晶

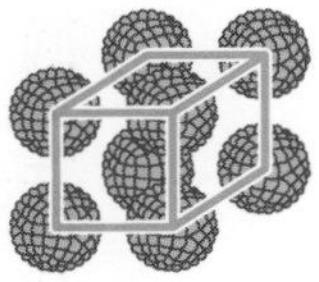

球状ミセルが立方体
のように重なったもの
（立方晶）

ヘキサゴナル液晶

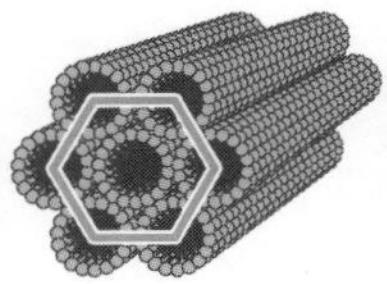

ミセルが棒状になり、
それが六角柱状に
なったもの（六方晶）

ラメラ液晶

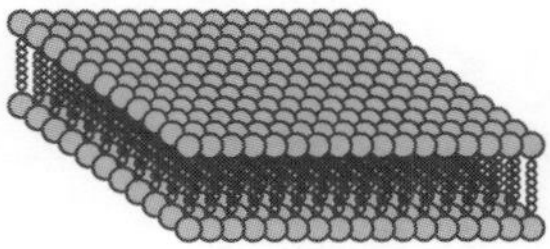

界面活性剤が層状に重なったもの
内部に多くのスペースが生まれる

44 「界面活性剤」の選び方

界面活性剤がわかる指標

スキンケア製品には様々な界面活性剤が使われます。これはどのように使い分けられるのでしょうか。

界面活性剤の特性を決める指標の1つが、臨界ミセル濃度（cmc）です（43項参照）。cmcの低い界面活性剤を使うことで、製品に添加する界面活性剤の濃度を減らすことができます。一方、cmcの高い界面活性剤は、分散している油滴（または水滴）の表面を密に覆うことで、分散状態を安定に保ちます。

また、界面活性剤の水や油へのなじみ方も重要な指標となります。これは「親水性−疎水性バランス（HLB）」と呼ばれ、HLBの数字が大きいほど、親水性が高くなります。そのため、O/W（水の中に油滴が分散した状態）型のエマルションを作る時には、HLBの大きい界面活性剤が選択されます。

界面活性剤の親水基の性質もまた、活性剤の性質を決める重要な要素です。界面活性剤を水に溶解した時、親水基がイオン化するものと、しないものがあります。イオン化とは、電子を失う（または獲得する）ことで、イオンという電気を持った状態になることです。親水基がマイナスイオンになる界面活性剤は、「アニオン界面活性剤」です。アニオン界面活性剤は乳化力が強く、また洗浄力が強く泡立ちが良いため、洗浄料やシャンプーに使用されます。石けんもアニオン界面活性剤でできています。親水基がプラスイオンになる界面活性剤は、「カチオン界面活性剤」です。乳化力や洗浄力が比較的弱いのですが、髪の毛（表面がマイナスイオン化している）に結合することで、その表面を覆って滑らかにします。そのためコンディショナーに使われます。「両性界面活性剤」はマイナスイオンと、プラスイオンの両方を持つ界面活性剤です。親水基がイオン化しない界面活性剤は「非イオン性界面活性剤（ノニオン界面活性剤）」です。イオン性の界面活性剤より皮膚に対する刺激性が弱いため、スキンケア製品の多くに使われます。

要点BOX

- 界面活性剤を選ぶ時には各種指標を活用する
- 臨界ミセル濃度、親水性−疎水性バランス、親水基の性質等が指標となる

界面活性剤を選ぶ時の指標

ミセル濃度（cmc）：ミセルになる最低の濃度

cmc 低い

低濃度でミセルになる

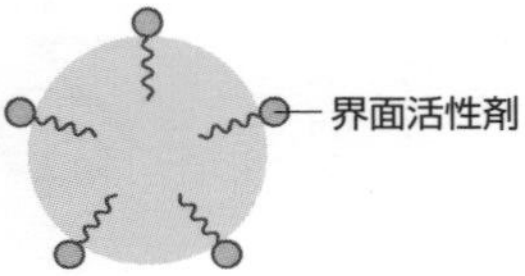

添加量を減らすことができる

cmc 高い

油滴の表面を密に覆う

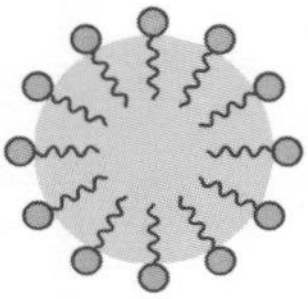

分散状態が安定

親水性－疎水性バランス（HLB）：水や油へのなじみ方

HLB低い

（油になじむ）

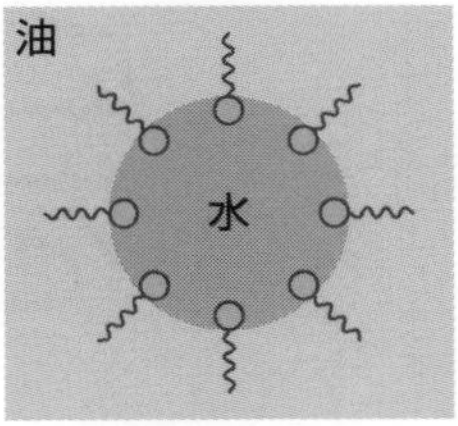

W/O 型となる

HLB高い

（水になじむ）

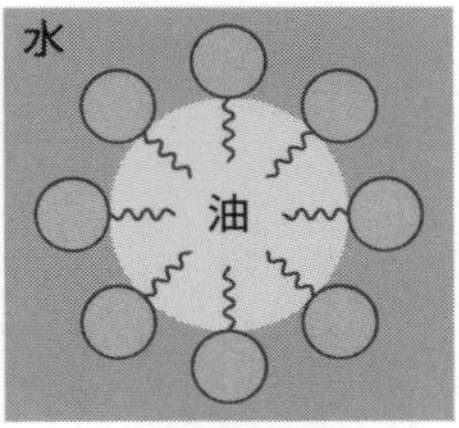

O/W 型となる

界面活性剤の構造とHLBの例

親水基小：HLB 小

親水基大：HLB 大

親水基の性質

アニオン界面活性剤

・乳化力、洗浄力が強い
・洗浄料、シャンプー
（泡立ちが良い）

カチオン界面活性剤

・洗浄力が弱い
・コンディショナー
（髪表面のマイナスに結合）

ノニオン界面活性剤

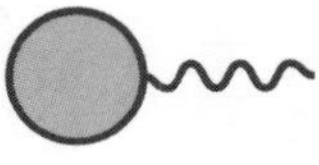

・皮膚への刺激性が低い
・スキンケア製品

45 「エマルション」を作る

基本的な乳化法

では実際に、どのようにエマルションを作るのでしょうか。ここでは、最も基本的な方法を見ていきます。

O/Wのエマルションを作る一例です。まず水に界面活性剤を混ぜます。この界面活性剤は、親水性の高い(HLBの高い)ものを主に使用します。これを攪拌しながら油を入れていくと、油は細かく砕けて油滴になり、その周囲を界面活性剤が取り囲んだミセルの状態になります。界面活性剤の疎水基が油の内側、親水基が水側に並ぶことで、油滴の水へのなじみが良くなり、安定したエマルションとなります。反対にW/O型のエマルションを作る時には、油に界面活性剤を混ぜて、そこに水を加えて攪拌します。この界面活性剤は、疎水性の(HLBの低い)ものが使われます。

シンプルな方法ですが、油滴の大きさを制御することが難しい方法です。より小さな油滴を作ることができれば、エマルションの透明感が高まり、使用性や安定性も向上します。小さな油滴を作るには、攪拌速度を上げて、物理的に油滴を破壊して小さくします。また高い圧力をかけることで、油滴をより小さくすることもできます。この方法は高圧乳化と呼ばれます。この方法で、通常の方法では不透明なクリームとなる配合を、透明な化粧水にすることも可能です。さらに高分子等を加え、溶液の粘性を上げる方法もあります。これは、溶液の中の油滴の動きを穏やかにすることで、油滴同士が衝突して結合し、大きな油滴となることを防ぐためです。

このように、エマルションを作る時には、物理的に力を加えて、油滴を小さくすることも重要です。プロペラのついた攪拌機が主に使用されますが、強い力を加えられる高圧ホモジナイザー等を使うことで、より細かな粒子を作ることができます。また効率的な乳化を行うことは、製造の工程を短縮して、製造コストを下げることにも繋がります。

要点BOX

- ●水、油、界面活性剤の混ぜ合わせ方が鍵
- ●界面活性剤と、物理的な力で効率的に乳化する

エマルションを作る（基本的な方法）

例）O/W エマルションを作る

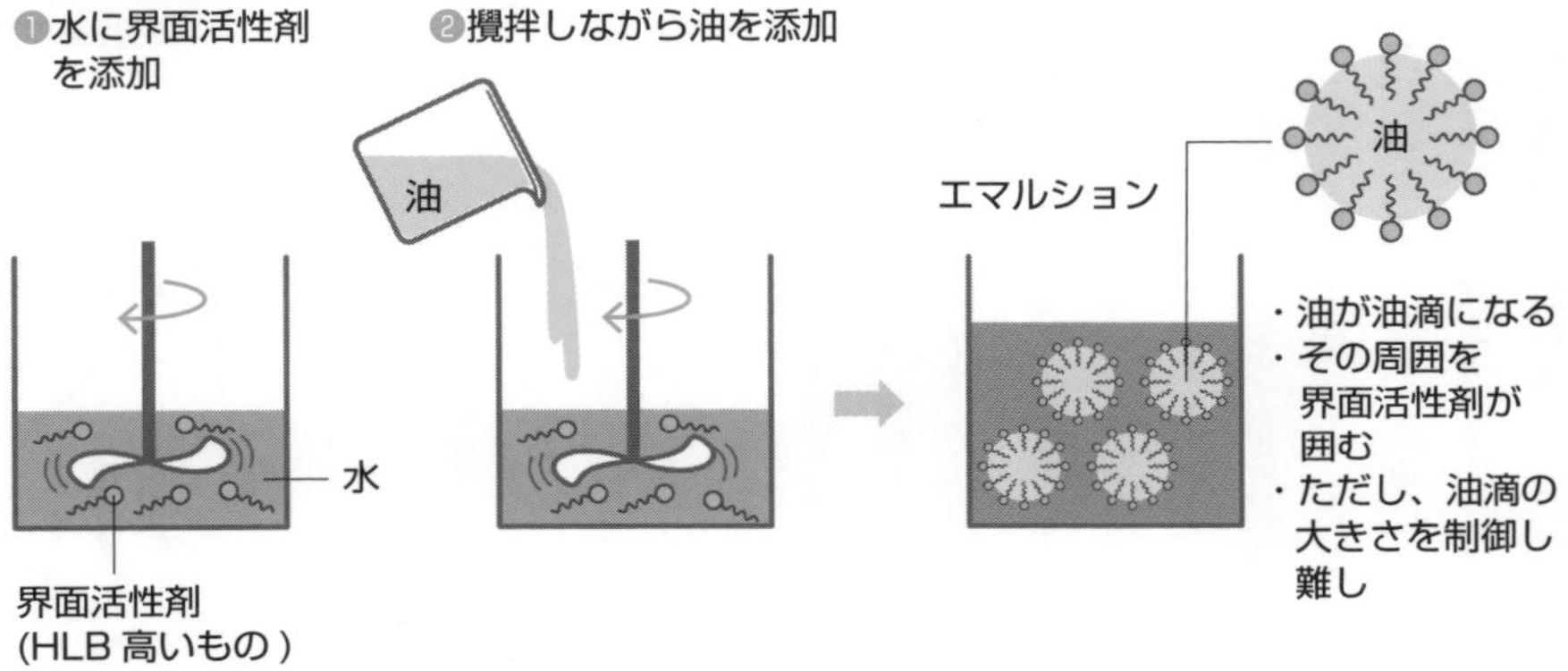

油滴（水滴）を小さくするには

ホモミキサー

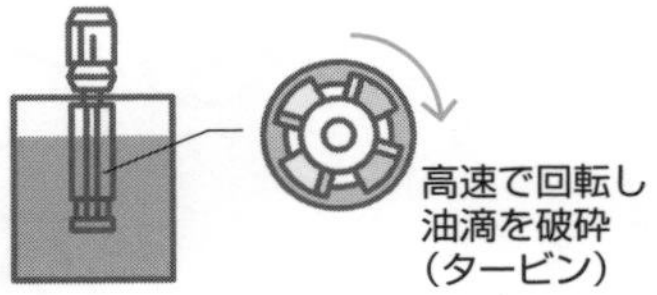

攪拌速度を上げる（油滴を破壊）

高圧ホモジナイザー

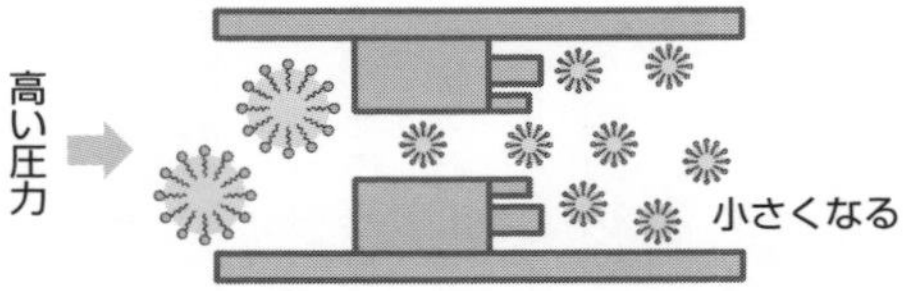

高い圧力をかける（高圧乳化）

エマルションの透明性と粒子径

油滴が大きい

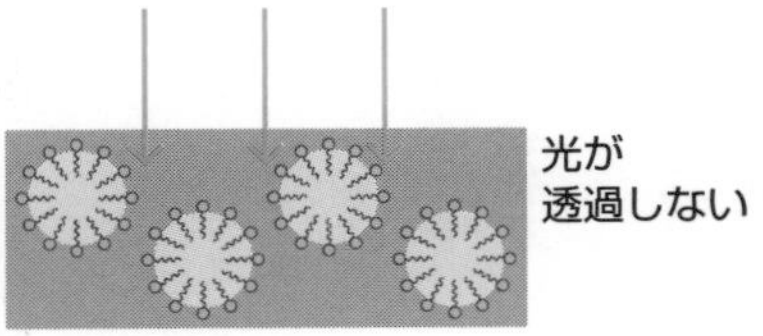

透明性低い

油滴が小さい

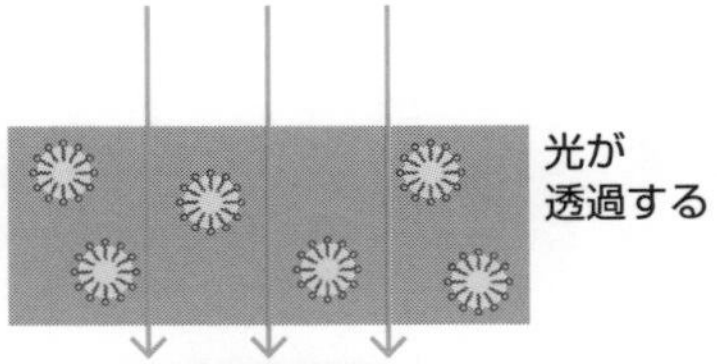

透明性高い

46 「エマルション」を効率的に作る

転相を使った乳化法

エマルションの作り方は、製品の質や製造コストに直結します。そのため、反応の効率を高めることや、工程を短縮することも重要です。

水と油の間には、高い界面張力が働くため、反発し合い混ざり合いません。その界面張力を低下させるために使うのが界面活性剤ですが、さらに界面張力が低い状態を作り出し、その状態で効率的に乳化を進める方法があります。それは「転相」という方法です。転相とは、水の中に油滴が分散した状態（O／W）が、反対に油の中に水滴が分散した状態（W／O）に変わることです（分散相と分散媒が逆転することです）。反対に、W／OがO／Wに逆転することも転相です。

転相を誘導するには、水と油の量の比率を変えたり、特徴的な界面活性剤を使用することが有用です。例えば、界面活性剤の中には、温度により親水性－疎水性バランス（HLB）が大きく変わり、親水性と疎水性が逆転するものがあります。このような界面活性剤を使い、温度を変えることで、転相させることが可能です。この転相が起きる温度を転相温度（PIT）と呼びます。PITで乳化することで、微細な油滴（または水滴）が得られます。

また温度ではなく、アルコールやグリセリン等を使って、界面活性剤のHLBを変えて、転相する方法もあります。「D相乳化法」と呼ばれる方法で、D相とは界面活性剤（Detergent）の相のことです。まず界面活性剤にHLBを調整するためのアルコールを入れてD相を作ります。ここに油を分散させて、O／Dの状態を作ります。これはゲル状になります。さらにここに水を入れることで、油、界面活性剤（D）、水の3相の状態とします。界面活性剤は水にも油にもなじみます。そのため、D相と油の間や、D相と水の間は、ともに界面張力が低い状態となります。この状態で、分散することで、強い攪拌力を加えなくても、効率的に乳化を進めることができます。

要点BOX

●転相とは、O/WがW/Oになること（またはその逆の現象）
●転相を使い、効率的に乳化を行う

転相

転相とは O/W と W/O が逆転すること（分散相と分散媒が逆転）

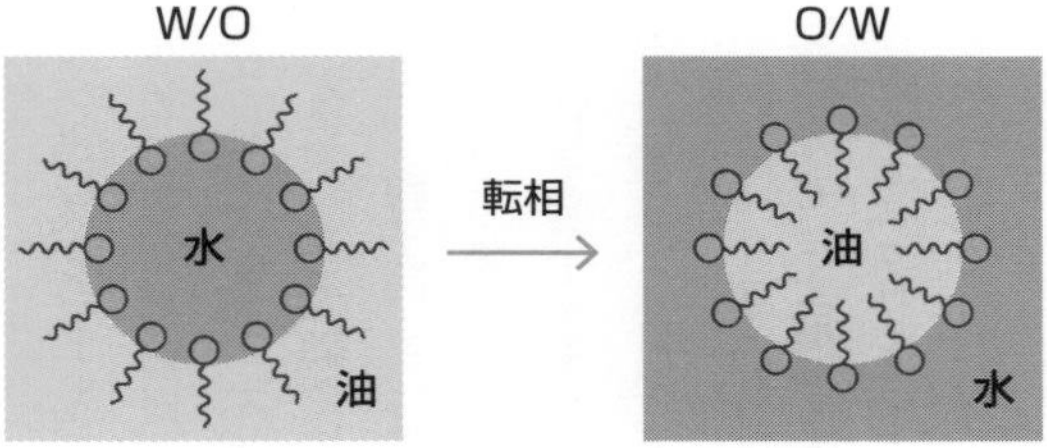

転相を使い効率的にエマルションを作る

基本的な方法

界面活性剤で
界面張力を下げて乳化

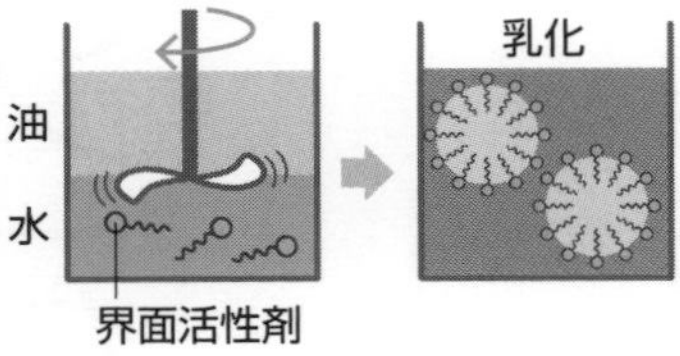

転相を使う方法

「転相」で界面張力を下げて、
効率的に乳化

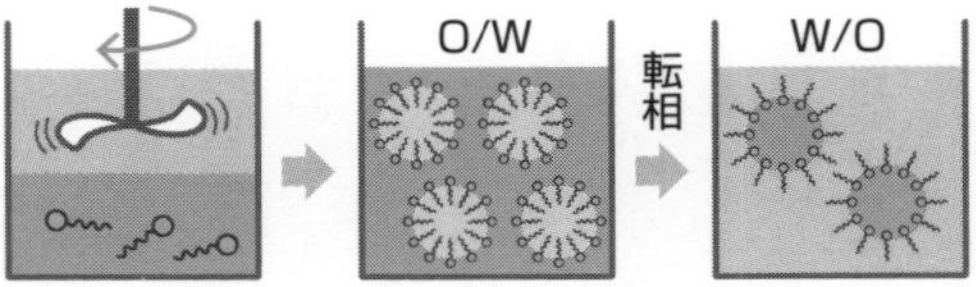

利点
・微細な油滴を作れる
・弱い攪拌力で乳化できる
・界面活性剤の量を減らせる

転相を誘導する方法

温度による転相

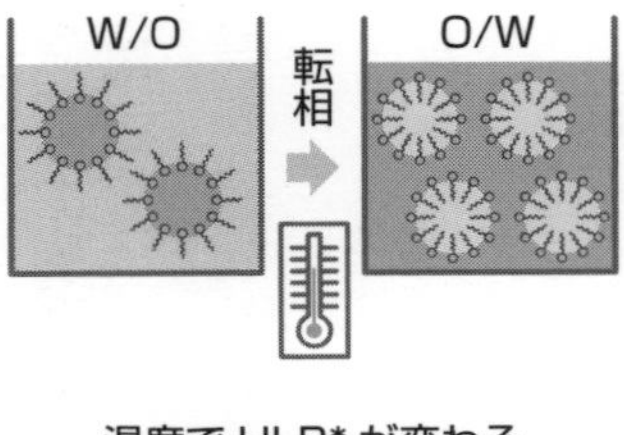

温度で HLB* が変わる
界面活性剤
(* 水と油へのなじみやすさ)

アルコールやグリセリンによる転相

(D相乳化法)

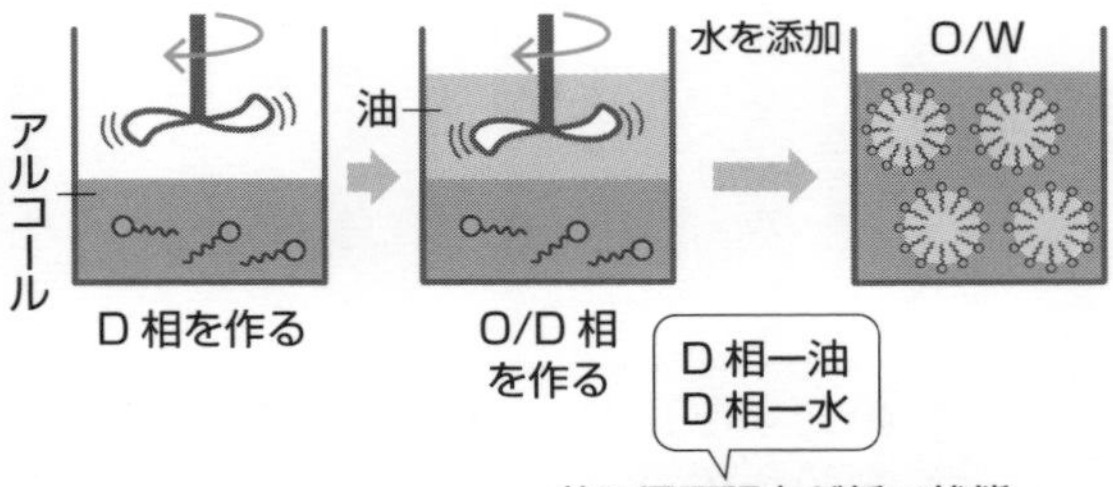

・共に界面張力が低い状態
・効率的に乳化できる

47 「エマルション」を安定化する

エマルションの崩壊を防ぐには

作ったエマルションはそのままでは壊れてしまいます。ここではエマルションを安定に保つ方法を見ていきます。

コロイド粒子は溶液中で、不規則に動く「ブラウン運動」をしています。この動きは温度が高まるとより激しくなります。粒子同士には互いに引き合う力（ファンデルワールス力）が働いています。そのため対策をしていないと、粒子同士が集合して、塊となってしまいます。これを「凝集」と呼びます。またエマルションでは、粒子と溶液の比重には差があるため、油の粒子が浮き上がるなど、上層や下層に粒子が濃縮されてしまいます。これを「クリーミング」と呼びます。凝集やクリーミングで集まった粒子が、互いに融合して1つの大きな粒子となることを「合一」と呼びます。合一が進むと、エマルションは水と油に分離します。油滴（または水滴）の粒子の大きさに差があると、小さい油滴から大きい油滴へ油分が移動する現象が起きます。これは「オストワルドライプニング」と呼ばれ、大きい油滴がより大きくなることで、エマルションの状態が変化します。

このような分離を防ぐためには、原因に対応したアプローチが重要です。凝集を防ぐには、粒子同士が静電気的に反発し合うように、荷電を与えることが有効です。そのためには電荷を持った界面活性剤を少量添加します。また合一を防ぐには、粒子の外側（界面）の強度を上げることで、粒子同士がぶつかった時に、1つに融合することを防ぎます。クリーミングを抑制するには、粒子の浮上や沈降を抑制することが重要です。そのためには、粒子を小さくすること、粒子と周囲の溶液の密度の差を小さくすること、周りの粘度を高めることが有効です。前述のように高分子を加えて、粘度を上げることで、粒子の動きを穏やかにして衝突による合一を抑えることができます。また、これによりクリーミングの抑制も可能となります。

要点BOX

- エマルションはそのままでは崩壊する
- 粒子のサイズや強度、反発性を高め、溶液の粘度を上げることで崩壊を防止する

エマルションが壊れる原因

ブラウン運動

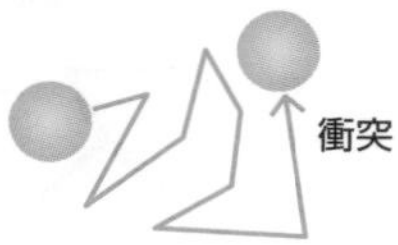

分子はランダムに動き
他の分子と衝突

ファンデルワールス力

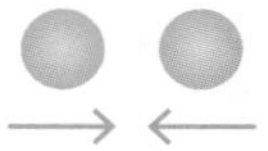

似た性質の粒子は
引き合う

凝集

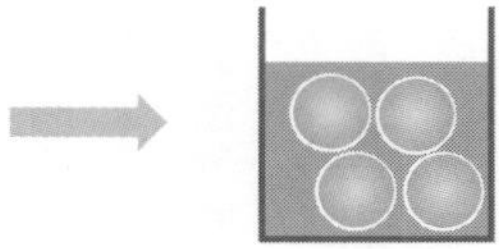

そのままでは
粒子同士が集合する

クリーミング

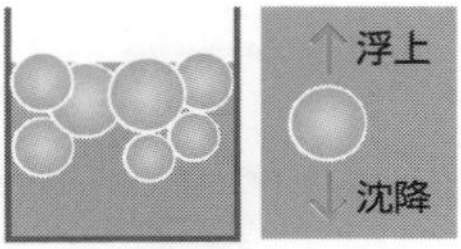

粒子と溶液の比重の差で
浮き上がり（または沈み）
粒子が濃縮

合一

粒子が融合して
大きな粒子になる

オストワルドライプニング

小さい粒子から大きい粒子に
油分が移動

エマルションの崩壊を防ぐ

凝集を防ぐ

粒子同士を静電気的に
反発させる

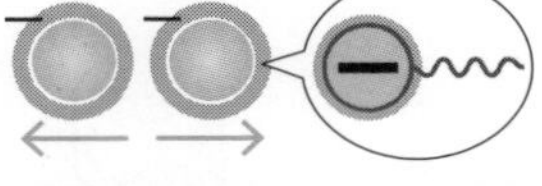

電荷を持つ界面活性剤を使う

合一を防ぐ

粒子の外側の
強度を上げる

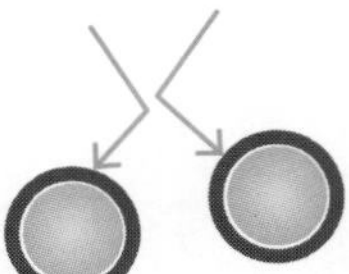

ぶつかった時の
融合を防ぐ

クリーミングを防ぐ

・粒子を小さくする
・粒子と溶液の密度差を減らす
・高分子で溶液の粘度を上げる
（粒子の動きを抑制）

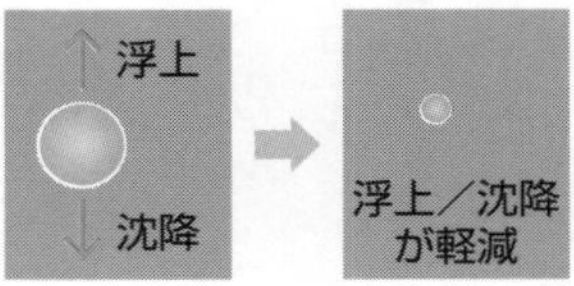

48 「αゲル」というスキンケア基剤

水分や油分を多量に含むゲル

ここまでは、溶液中に粒子が分散したエマルションを見てきました。同様に界面活性剤を使いますが、これとは異なるスキンケア基剤を作ることができます。「αゲル」と呼ばれ、乳液やクリームに多量の水分（または油分）を入れることができる基剤です。

αゲルは、水にも油にもなじむ界面活性剤（両親媒性界面活性剤）でできたゲルです。ゲルの中では、界面活性剤が規則正しく並んでいます。界面活性剤の水になじむ部分（親水基）同士、油になじむ部分（疎水基）同士が同じ向きに並んで1層となり、それが繰り返されて多層となります。また隣り合う層は、水（または油）になじむ部分同士が向き合うことで、安定化します。この水になじむ部分で挟まれた部分、つまり層と層の間に水が保持されます。その容量は、一般的な乳化法の粒子の内部空間よりも飛躍的に大きくなるため、より多くの水分を保持できます。そして、この繰り返しがゲル全体を満たすことで、全体として多量の水を含みます。このように層状になった構造は、「ラメラ構造」と呼ばれ、皮膚の角層でも見られます。そこでは界面活性剤と同様に、親水基と疎水基を併せ持つ細胞間脂質が層状に並ぶことで、その間に水分を保持し、皮膚の乾燥を防ぎます。この構造は油分を配合するためにも有用です。またこのような層状の構造では、界面活性剤の動きが少ないため、エマルジョンの安定性も優れています。この構造は「液晶」と似ていますが、疎水鎖は液体ではないこと等が違います。さらにこの構造はユニークな使用性を発揮します。皮膚に塗布する時の力でゲルの構造が変化して、粘度が低下します（チキソトロピー性）。これは製品の「塗り広げやすさ」に繋がります。αゲルは、界面活性剤と高級アルコール（大きなアルコール：炭素数が6個以上）の組み合わせで作ることができます。またより皮膚への刺激性が低い非イオン性の界面活性剤だけでも作ることが可能です。

要点BOX

- αゲルでは界面活性剤は層状に並ぶ
- αゲルは界面活性剤の層の間に多量の水を保持する

αゲル

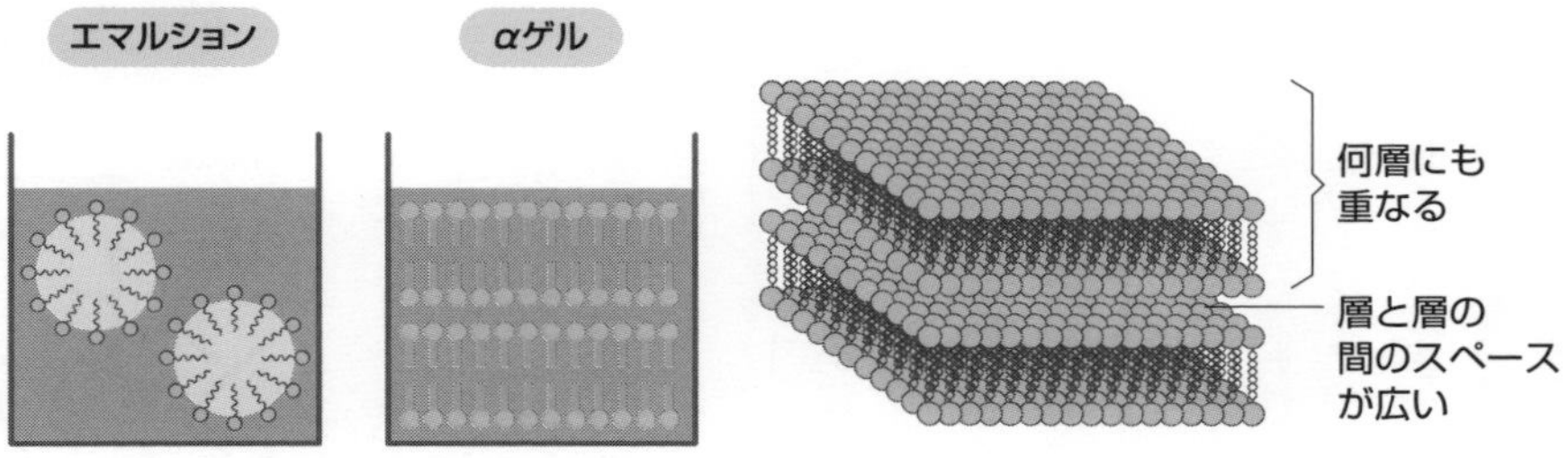

水にも油にもなじむ
界面活性剤でできたゲル

利点

- 層の中では界面活性剤の動きが少ない→エマルションが安定
- 層と層の間の広いスペースに多量の水分（油分）を含むことができる

αゲルとラメラ液晶との違い

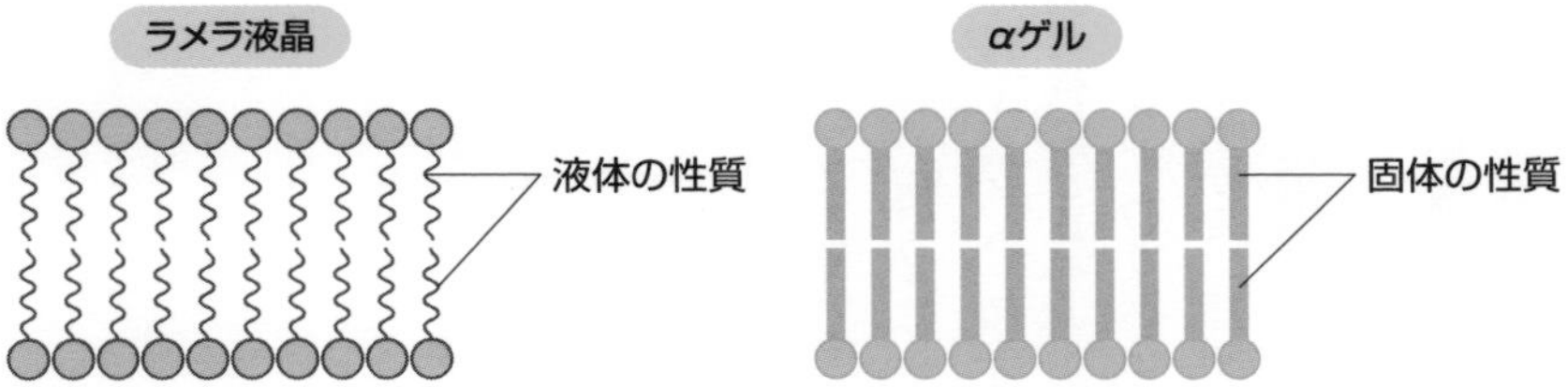

αゲルのユニークな特性

チキソトロピー

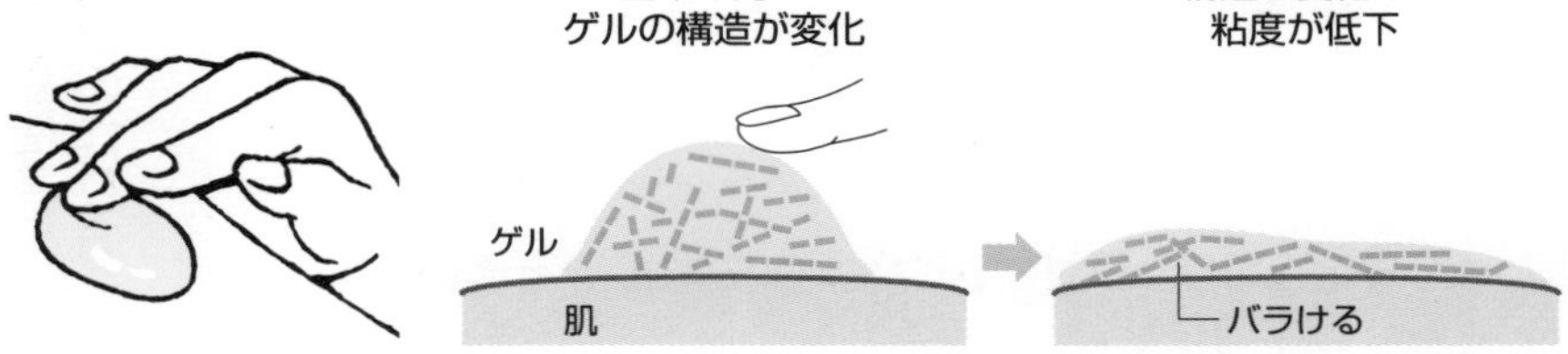

製品の塗り広げやすさに繋がる

49 「ピッカリングエマルション」

「粉末粒子」を使ったエマルションの作り方

界面活性剤を使わずに、水と油を混ぜ合わせてエマルションを作る方法があります。界面活性剤の中には、べたつき感を持つものがあります。また皮膚への刺激性を懸念する方もいます。そのため、界面活性剤を使わない方法は、スキンケア製品を作るための有用な選択肢となります。ピッカリングエマルションという方法では、界面活性剤の代わりに固体の粉末粒子を使います。例えばO／Wのエマルションの場合、この粉末粒子が油滴の表面に集まり、油滴の水へのなじみを良くすることで、油滴を安定にします。ここで使う粉末は、油にも水にもなじむ必要があります。このなじみ方は「濡れ性」と呼ばれ、化粧品を作る多様な場面で重要です。濡れ性は、固体の表面に対する液体の親和性のことです。ガラスの表面に水滴を置くと、水滴はガラスの表面によくなじみ、広がります。これは濡れ性が高い状態です。反対に水滴がはじかれる状態は、濡れ性が低い状態です。これを数値で表したのが「接触角」です。液体と固体が接する点の角度で表します。角度が小さければ濡れ性が高く、角度が大きければ濡れ性が低いことを表します。濡れ性は、製品を塗布する時にも重要です。濡れ性の高い製品は、皮膚へのなじみが良い等の利点があります。

ピッカリングエマルションを作る時には、濡れ性が高いシリカやラテックス等が使われます。粉末が油滴の表面をしっかりと覆うことで、油滴同士が接触しても合一が起こりにくく、安定なエマルションを作れます。また界面活性剤と比べて、温度の影響を受けにくいため、エマルションの安定化に優れています。さらにpHの変化で状態が変わる粉末を使うことで、「環境変化に応答して油滴が壊れ、成分を放出するエマルション」等を作ることもできます。粉末を多く使うことで、粉っぽい使用感となる場合もありますが、紫外線散乱剤として粉末を多く配合するサンスクリーンでは問題なく使用できます。

要点BOX

- ●ピッカリングエマルションは粉末粒子を使い乳化する技術
- ●安定性に優れ、界面活性剤に特有な触感を軽減

粉体を使ったエマルション

界面活性剤によるエマルション

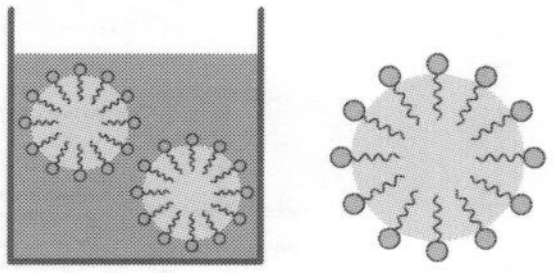

界面活性剤で乳化粒子を作る

ピッカリングエマルション

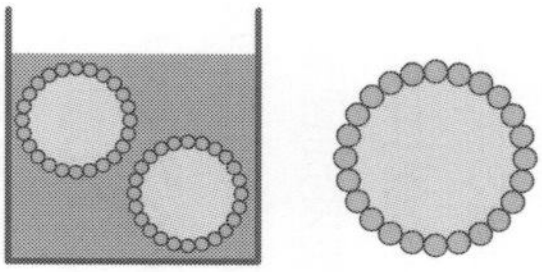

・界面活性剤の
べたつきを軽減
・界面活性剤の刺激性
への不安を回避

粉末で粒子を作る

※ピッカリングは、開発者の名前に由来

物質の濡れ性

濡れ性の指標：接触角

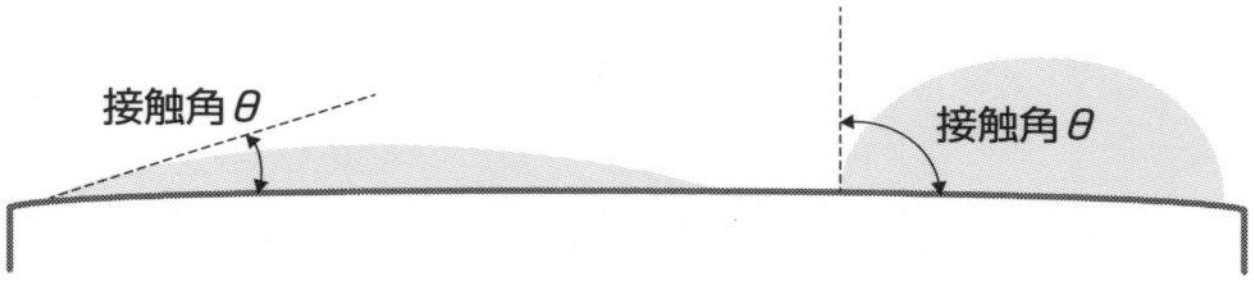

・接触角小さい
・濡れ性が高い

・接触角大きい
・濡れ性が低い

ピッカリングエマルションの特徴と応用例

特徴

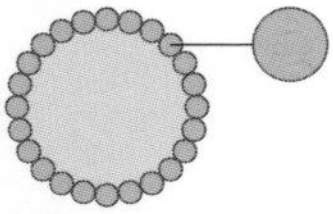

濡れ性の高い粉末粒子を使用
（シリカ、ラテックス）

利点

・粉末が表面をしっかりと覆う
→油滴同士が接触しても合一が起こりにくい
・温度の影響を受けにくい

難点

・粉末を使うため、粉っぽい感触となる
ことがある

応用例

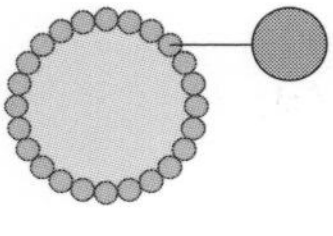

pH 変化で状態
が変わる粉末

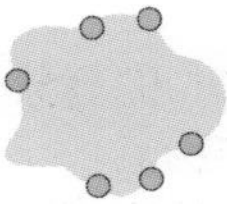

環境変化で崩壊して
中身を放出する
エマルション

50 「高分子」でエマルションを作る

「高分子乳化剤」のメリット

界面活性剤を使わずにエマルションを作る方法は、さらに開発が進化しています。水と油を混ぜ合わせるだけではなく、そのエマルションの安定性を高め、使用感触まで良好にする等、高い機能性を持つ方法も開発されています。

その1つは、高分子を使う方法です。高分子は非常に大きな、ロープのような長い分子です（53項参照）。スキンケア製品では、主に粘性を与えるために使われていますが、界面活性剤の働きを補助する高分子もあります。これは「高分子乳化剤」と呼ばれ、親水性の部分と、疎水性の部分を併せ持つ親疎水性の高分子です。そのため界面活性剤と同様に、水と油の界面に位置して、界面を安定にすることができます。

この高分子で作る油滴は、界面活性剤で作る油滴よりも大きいため、塗布する時の力で壊れやすくなります。その結果、界面活性剤とは異なる使用感触を生み出すことができます。また高分子のため、その増粘効果で粒子の動きを穏やかにし、エマルションを安定化します。

界面活性剤の代わりに、その100倍以上も大きなポリマー微粒子を使い、エマルションを作る方法もあります。例えば、疎水性の球状の粒子を、親水性の構造が取り囲んだ構造の微粒子等です。水にも油にもなじみやすい性質とすることで、界面活性剤と同様に、水と油の境界に位置します。この構造のおかげで隣の粒子と接触しないため、水と油の界面を緩やかに覆い安定化します。これにより、わずかな量でエマルションを作ることができます。また界面活性剤のべたつき感や、ピッカリングエマルションの粉っぽさを避けて、みずみずしい感触のエマルションを作ることもできます。

このようにエマルションを作る技術は進化し、高い機能性を提供することが可能となっています。

要点BOX

- ●界面活性剤の代わりに高分子を使いエマルションを作ることができる
- ●高分子乳化剤は水にも油にもなじむ

高分子乳化剤を使ったエマルション

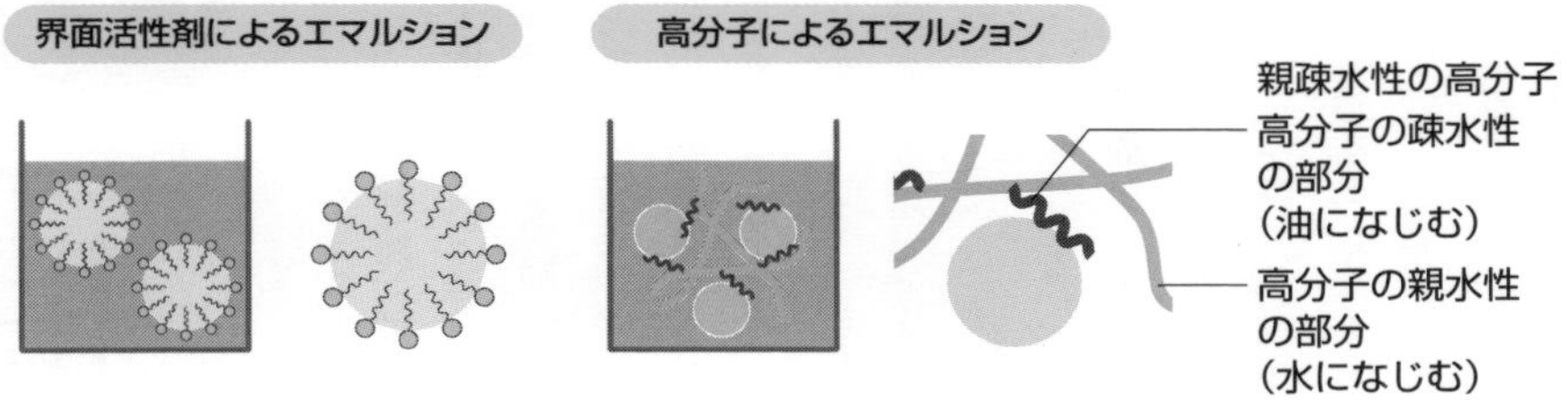

高分子が水と油の界面に位置し、
エマルションを安定化

高分子によるエマルションの利点

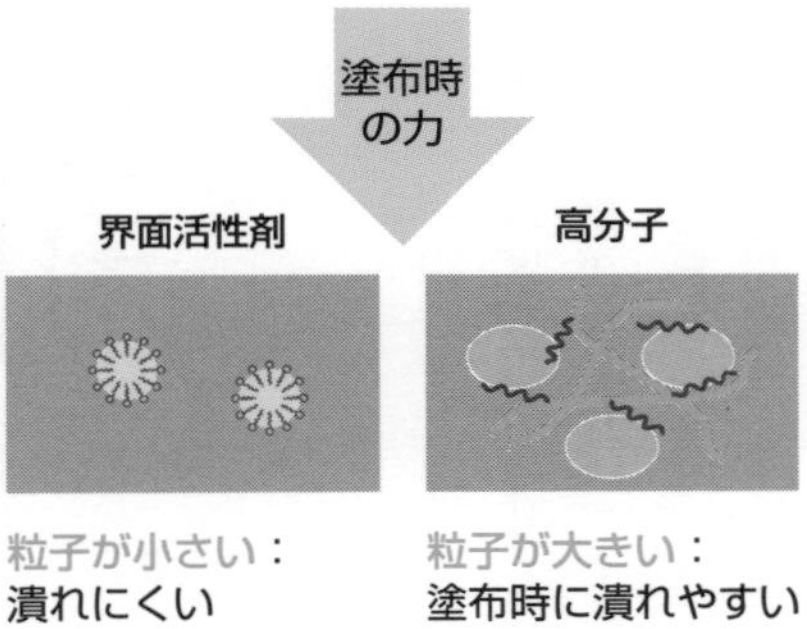

感触の違いを生み出せる

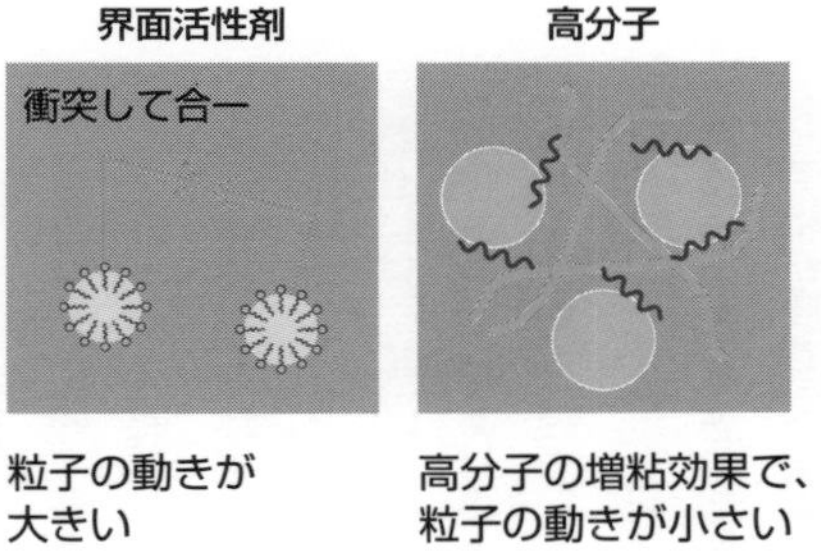

エマルションを安定化できる

ポリマー微粒子を使ったエマルション

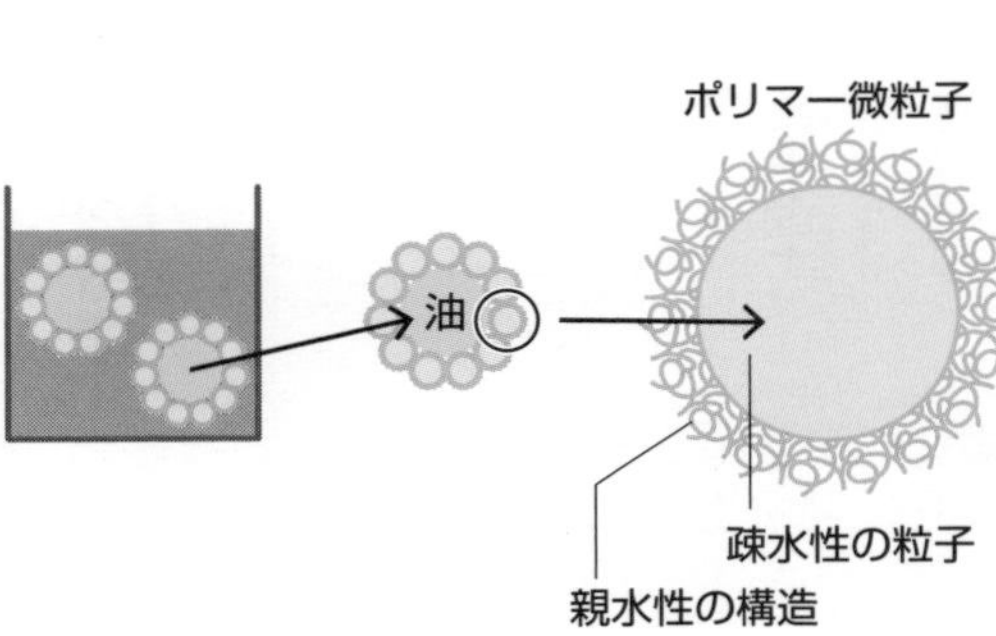

利点

・隣の粒子と接触しないため、
水と油の界面を穏やかに覆い
安定化
→微量でエマルションを作れる

・界面活性剤のべたつきを回避
・ピッカリングエマルションの
粉っぽさを回避

51 「相図」は便利

状態の変化を予測し、読み解くツール

エマルションを作る時、便利なツールがあります。「相図（相平衡図）」というグラフで、水、油、界面活性剤等を混ぜ合わせる前に、どのような状態になるのかを知ることができます。

相図の例を見ていきましょう。界面活性剤を使って、水と油を混ぜ合わせようとしています。界面活性剤は温度の影響を大きく受けます。そのため、どのような温度で、また水と油をどの程度加えればよいかを、知る必要があります。その相図は、三角形で書かれています。要素が少ない場合は四角形の図です。一例として、各辺が、水、油、界面活性剤の濃度を表す、三角形の図を見ていきます。ここでは温度は一定としています。この三角形の内側の各点が、水、油、界面活性剤の比率を表しています。そして、それがどのような状態かが書かれています。Ⅰと書かれていれば、溶解して1相となることを示しています。Ⅱは、分離した状態です。

相図には曲性が描かれている場合があり、それは「溶解度曲線」と呼ばれます。溶解度曲線の片側にⅠと書かれていれば、そちら側が溶解して1相となることを示しています。

相図は、反応の過程を理解することや、結果を予測することにも使えます。例えば、塗布後のエマルションが、水分が蒸散することで、どのように感触が変わるのかを予測できます。

このような便利な図が存在するのも、先人たちが実際に様々な比率で成分を混ぜ合わせ、結果をもとに図を作ったからです。特殊な成分や条件の組み合わせには、相図が存在しません。その場合は、自分で作る必要があります。成分の比率を変えて混ぜ合わせ、状態を観察して、図に書き込みプロットしていきます。この状態は、一時的に混ざった状態ではなく、最終的に落ち着いた状態（平衡状態）を書きます。そして相が変わった点を繋いでいくと、相図が完成します。

要点BOX

- 「相図」を使うことで状態変化を予測できる
- 反応条件の組み合わせから、溶解性や、その状態がわかる

相図

要素が2つの場合

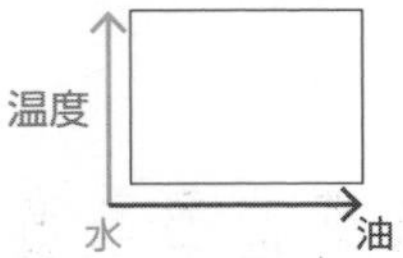

水と油の比率

要素が3つの場合

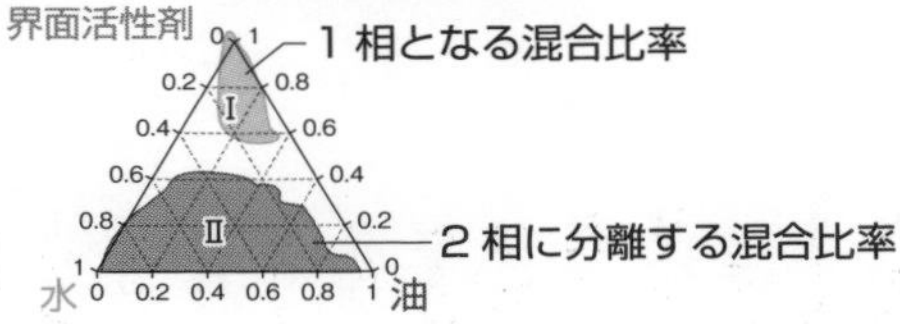

相図の見方

この点の濃度は？

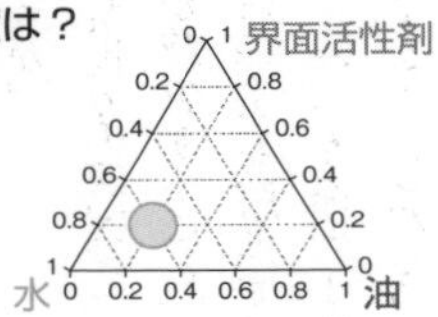

この点の濃度
界面活性剤：20%
水： 60%
油：20%

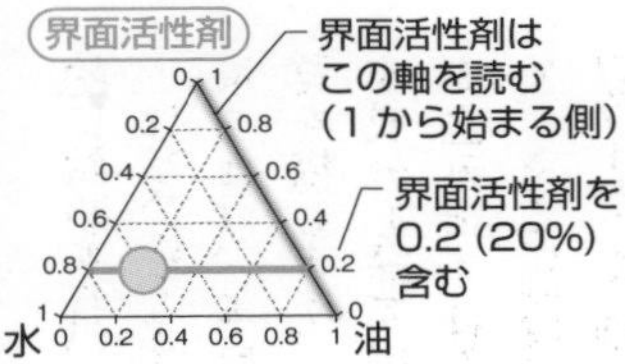

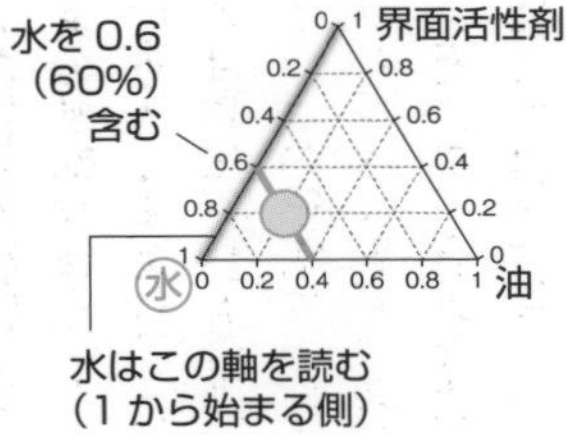

相図で状態の変化を予測する

エマルションの塗布後の感触変化を予測

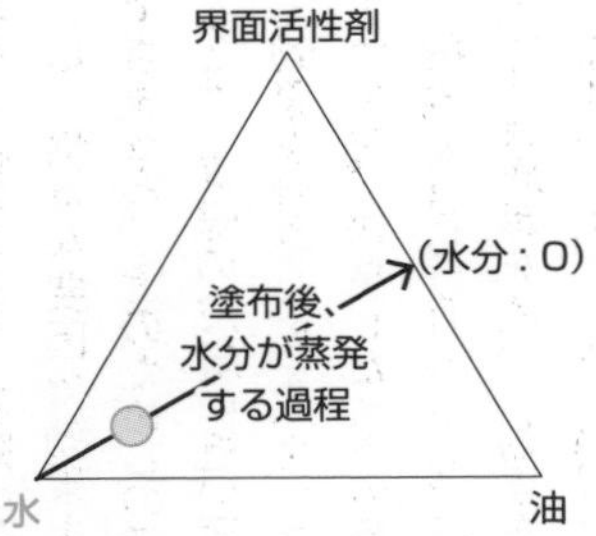

塗布後の水分の蒸発に伴う
変化を予測可能

例）組成が異なるエマルションの
塗布後の変化

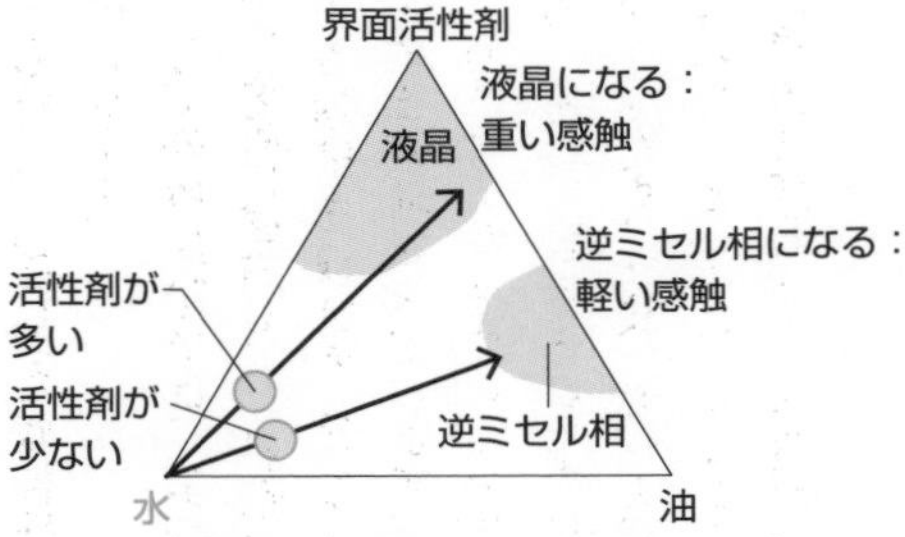

塗布後の感触が大きく異なる
ことが予測できる

Column

有効成分開発の実際

スキンケア化粧品には、様々な有効成分が配合されています。それでは、有効成分はどのように開発するのでしょうか。

例えば、ある肌悩みの原因が「皮膚のコラーゲンが減少すること」とわかれば、その肌悩みを解消するためには、コラーゲンを増やすことが必要となります。しかしコラーゲンのような大きな物質を皮膚に塗っても、そのままでは皮膚の内部にまで届けることは困難です。これは皮膚にはバリア機能があるためです。その場合には、別の手段を考えます。皮膚の内部に十分に届く小さな成分を使い、「細胞からのコラーゲンの産生を増やすこと」等です。

そのような成分を探すには、まず数万の試験物質を集めます。膨大な実験が必要になるため、これを効率的に行うために、段階的に試験を行います。

はじめにできるだけ簡単な実験系を作り、手早く効果のある物質を探します。コラーゲンを増やす成分を探す場合は、コラーゲンを生み出す細胞だけの実験系です。そこに試験物質を添加して、コラーゲンが増えたのかを、できるだけ簡単に測ります。これを大量の候補物質について繰り返し行います。そのため、このステップには自動化された機械が多用されます。この段階は1次スクリーニングと呼ばれます。スクリーニングの過程で、有効な物質の化学構造の特徴を把握し、その構造に類似した物質に絞り込むことで、より効率的にスクリーニングを行うことができます。

1次スクリーニングで効果のあった物質は、次のステップへ進みます。体の中は複雑です。細胞には効果があった物質でも、実際の体の中では、様々な要因で効果を発揮できません。そのためこのステップでは、実際の皮膚に近い実験系で効果を検証します（2次スクリーニング）。培養したヒトの皮膚や、細胞を3Dプリントして作ったモデル皮膚等を使い、効果を検証します。この一連の過程と並行して、有効な物質の安全性の確認も行い、最終的な候補薬剤を選出します。

そして最終段階では、実際にヒトの皮膚に塗布して、肌悩みに対する効果を検証することで、開発する薬剤を決定します。普段、何気なく使うスキンケア化粧品も、そこに配合された有効成分が、このような長い過程を経て選ばれた、ということを知ると、その見方も変わってくる気がします。

第6章

スキンケア化粧品を作る

52 「油性成分」と「水性成分」

スキンケア製品の大半を占める成分

スキンケア製品の大部分は「油性成分」と「水性成分」でできています。油性成分には以下のものがあります。

「炭化水素」は、皮膚に塗布するとその表面を覆って蓋となり、水分の蒸散を抑えます。これは閉塞効果と呼ばれ、ワセリンは代表的な成分です。ワセリンは炭素と水素が連なってできた炭化水素です。

「高級アルコール」は、界面活性剤の状態を変えることで、分散しているコロイド粒子を安定化します。そのためエマルションの安定化や、塗布時の使用性のコントロール等に使われます。高級アルコールは、炭化水素に水酸基（-OH）がついた構造で、その中でも炭素の数が多いもの（6個以上）のことです。

「高級脂肪酸」は、界面活性剤の原料として、エマルションや洗浄料を作るために、また使用性の調整に使われます。炭化水素にカルボキシル基（-COOH）がついた構造が脂肪酸で、その中でも炭素数が12個以上の大きなものが高級脂肪酸です。

「エステル」は、合成された油です。天然物由来の油の代替品として使用されます。酸とアルコールが結合してできた成分です。

「シリコーン」は、粘度が低いため、サラサラとした使用感触を出すことができます。ケイ素と酸素の繰り返しでできています。

「ロウ」は皮膚に光沢を与えるために配合されます。口紅の成分としても使われます。高級アルコールと高級脂肪酸でできた、天然物由来の成分です。

「油脂」は、オリーブ油などの天然物由来の成分で、製品の保湿性を高めることができます。高級脂肪酸と、グリセリン（高い保湿効果のあるアルコール）でできています。

水性成分には、水やエタノール、保湿成分（前述）があります。「エタノール」はアルコールですが、炭素数が少なく、成分を溶かし込む作用や、成分の皮膚への浸透性を高める機能、清涼感を与える効果があります。

要点BOX

- ●油性成分として、炭化水素、高級アルコール、高級脂肪酸等が配合される
- ●水性成分として、水、エタノール等が使われる

スキンケア製品の主要な成分

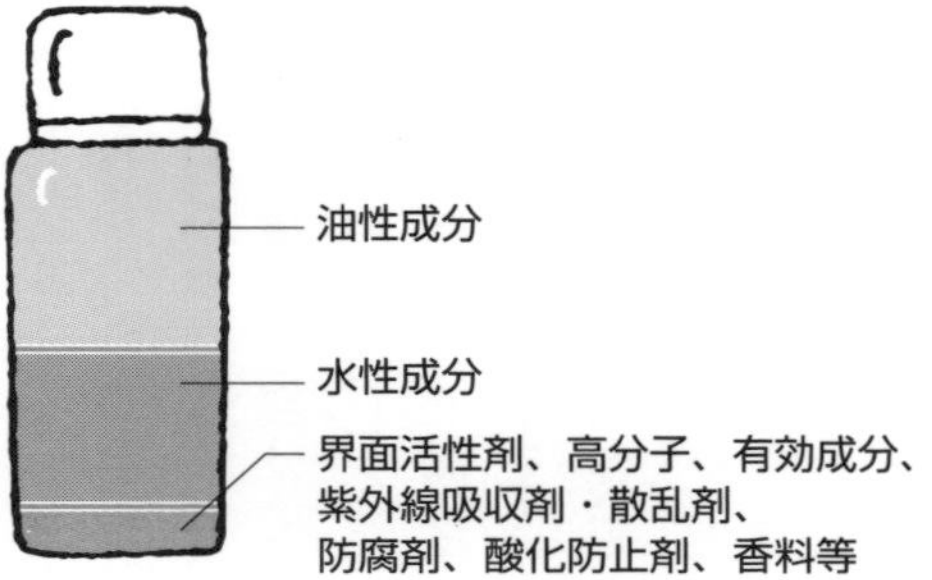

スキンケア製品の油性成分と水性成分

油性成分		例
炭化水素	• 皮膚の表面を覆い、水分の蒸散を防ぐ(閉塞効果) • 炭素と水素が連なった構造	ワセリン、スクワラン、流動パラフィン
高級アルコール	• 界面活性剤の状態を変え、コロイド粒子を安定化 • 塗布時の使用性をコントロール • 炭化水素に水酸基がついた構造 • 炭素数が多いもの(6個以上)が「高級」アルコール	ステアリルアルコール、ミリスチルアルコール、ベヘニルアルコール
高級脂肪酸	• 界面活性剤の原料 • 使用性を調整 • 炭化水素にカルボキシル基が結合した構造 • 炭素数が多いもの(12個以上)が「高級」脂肪酸	パルミチン酸、ステアリン酸、オレイン酸
エステル	• 天然物由来の油の代替 • 合成された油	ミリスチン酸イソプロピル、乳酸ミリスチル
シリコーン	• 粘度が低く、サラサラとした使用感 • ケイ素と酸素の繰り返し構造	ジメチルポリシロキサン、シクロペンタシロキサン
ロウ	• 皮膚に光沢を与える(口紅にも使用) • 天然物由来の成分	カルナバロウ、ミツロウ、キャンデリラロウ
油脂	• 保湿性を高める • 天然物由来の成分	オリーブ油、パーム油、ヒマシ油

水性成分		例
エタノール	• 成分を溶かし込む作用 • 成分の皮膚への浸透性を高める • 清涼感を与える効果	エタノール
水、保湿成分	• うるおいを与える • 皮膚上で水分を保持する	グリセリン、ブチレングリコール

53 「高分子」で使用性を高める

高分子の増粘性を活用する

化粧品には様々な高分子が使われています。高分子は非常に大きく、ロープのような長い分子です。例えばヒアルロン酸は、基本となる糖の構造が、繰り返して直線的に連なった高分子です。このような構造を持つ分子の中で、特に大きな分子（分子量1万以上）を高分子と呼びます。高分子は工業製品として、身の回りにもたくさんあります。ナイロンやポリエステルのような合成繊維、レジ袋として使われるポリエチレン、ゴム等、様々です。

高分子は非常に長い構造のため、分子自身、そして分子同士で絡み合います。この「絡み合い」で分子の動きが制限されるため、高分子の溶液には粘性があります。そのため高分子は増粘剤として使われます。エマルションに高分子を加えることで、分散しているコロイド粒子の動きが穏やかになり、粒子の衝突で起きる合一を抑え、エマルションを分離しないように安定に保つことができます。また増粘効果により、エマルションにとろみを与えることで、手に取った時のたれ落ちを防ぐことも可能です。とろみはエマルションに高級感を与え、心理的な効果を高めます。

固まると膜を作り出す高分子もあります。この膜は「皮膜」と呼ばれ、パック等に使用されます。泡を安定化する高分子は、泡のたれ落ちを防ぐことから、洗浄料に使われます。

水に親和性の高い高分子は、水溶性高分子と呼ばれます。増粘効果に加え、水分子を保持することから、保湿剤として使われます。一方、油に親和性の高い高分子は、油溶性高分子と呼ばれます。油の増粘効果を高めるため、オイルクレンジング等に使われ、使用中のたれ落ちを防ぎます。

化粧品には、以前は天然物由来の高分子が多く使われていました。現在では品質の安定性を維持するため、合成した高分子も多く使われています。

要点BOX

- 高分子はエマルションに粘性を与える
- 増粘効果は製品の使用性や安定性、機能性を高める

高分子

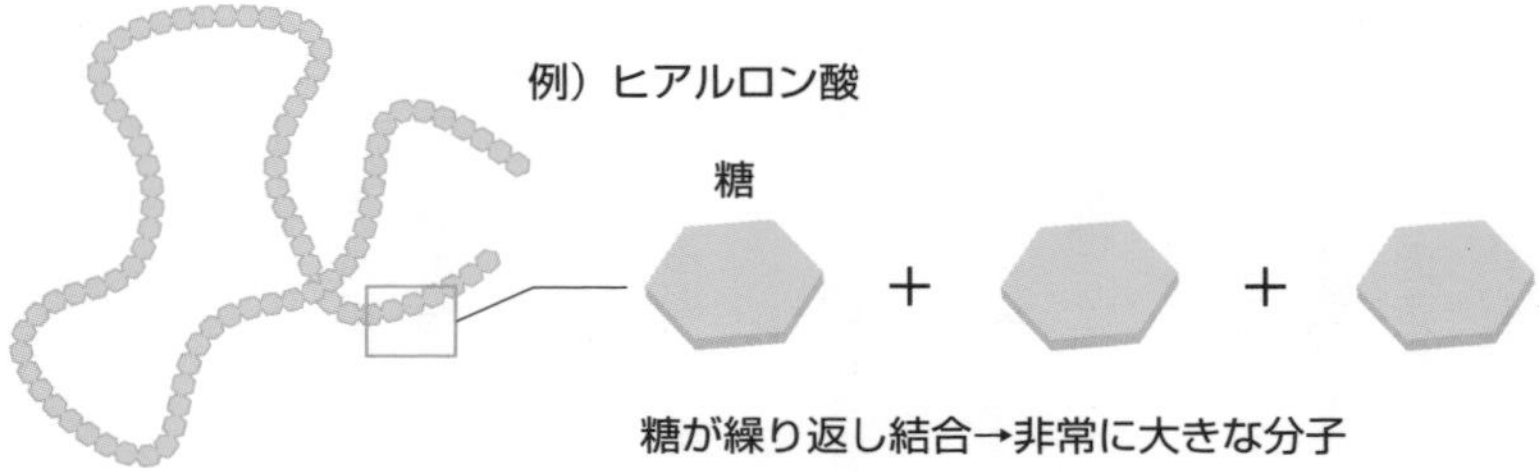
例）ヒアルロン酸
糖
＋
＋
糖が繰り返し結合→非常に大きな分子

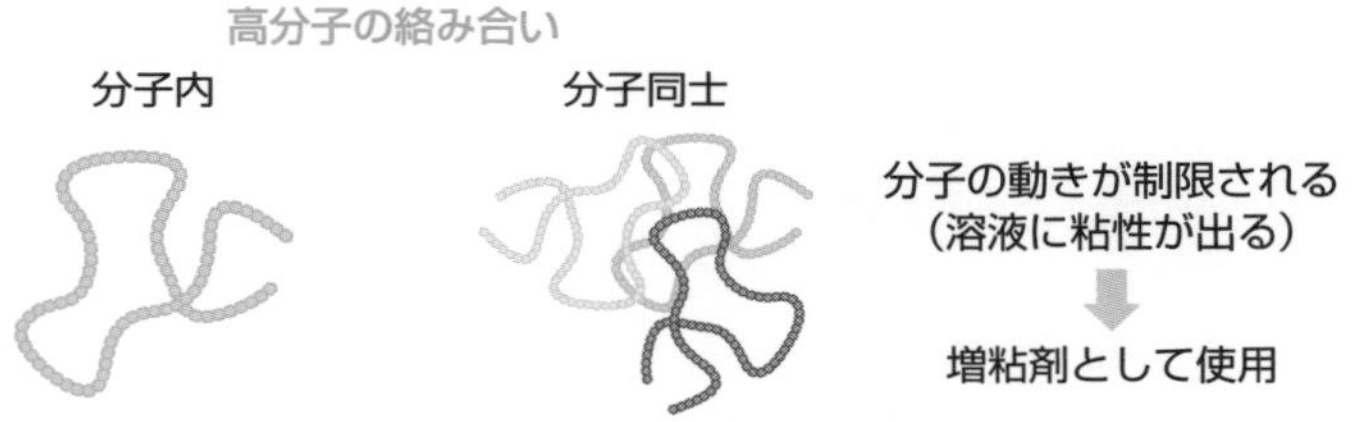
高分子の絡み合い
分子内
分子同士
分子の動きが制限される
（溶液に粘性が出る）
増粘剤として使用

高分子の活用

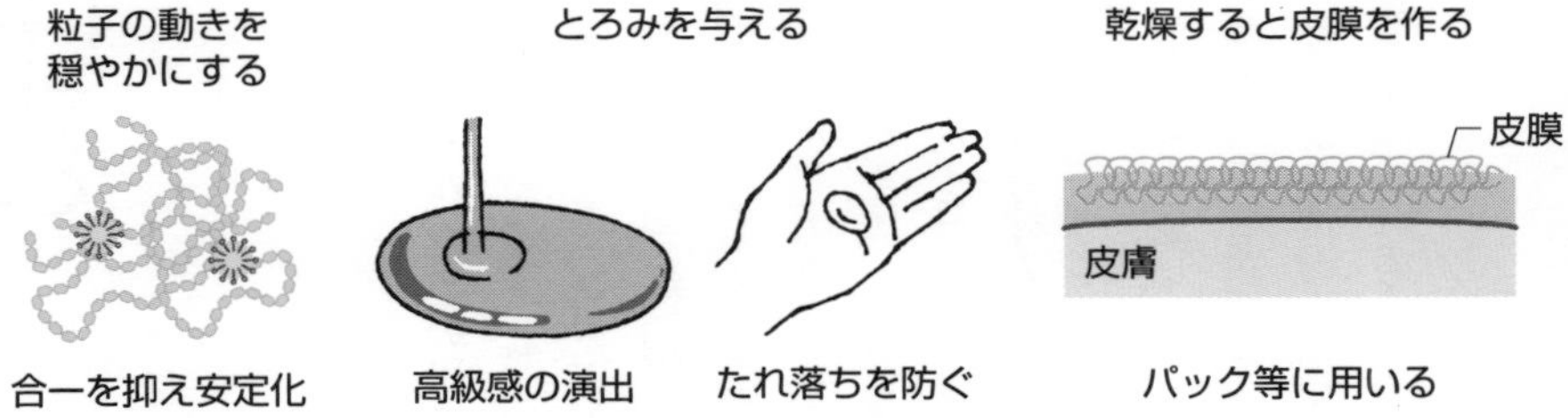
粒子の動きを
穏やかにする
とろみを与える
乾燥すると皮膜を作る
皮膜
皮膚
合一を抑え安定化
高級感の演出
たれ落ちを防ぐ
パック等に用いる

高分子の種類と応用

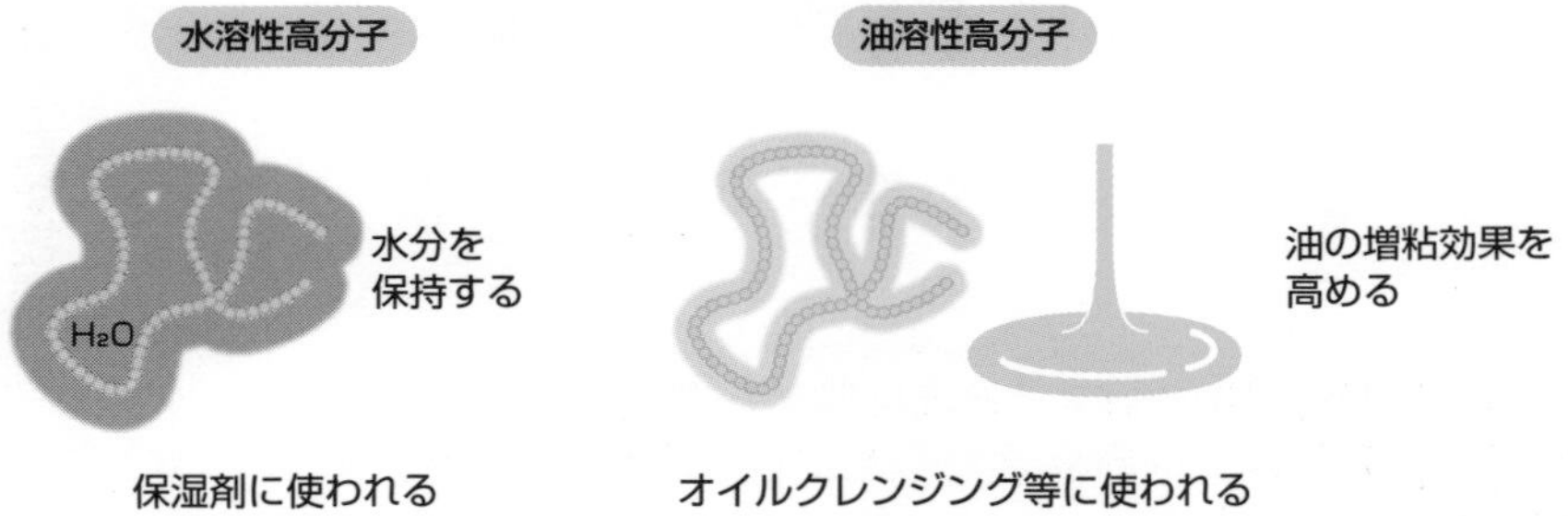
水溶性高分子
油溶性高分子
水分を
保持する
H2O
油の増粘効果を
高める
保湿剤に使われる
オイルクレンジング等に使われる

54 「洗浄料」を作る

汚れを落とす技術

スキンケアの最初のステップは、「洗い流す」ことです。

皮膚は外界と直接接触しているため、空気中の塵、衣服の繊維、微生物等の汚れが付着します。また皮膚の内部から出る汗や皮脂、剥がれた角層等に加え、メイクアップ製品も皮膚には残っています。このような汚れを放置すると、皮膚表面の環境に影響します。汚れを洗い流すことは、皮膚を清潔に保つだけではなく、塗布する化粧水や乳液に含まれる成分の浸透性を高めます。

汚れを落とすためには、2つの方法があります。界面活性剤を使う方法と、油剤を使う方法です。界面活性剤は、まず付着している汚れの表面に吸着し、表面の状態を変えることで、汚れを皮膚から浮き上がらせます。これは「ローリングアップ」と呼ばれます。そして汚れを界面活性剤が取り囲み、ミセルの状態とすることで、再び汚れが皮膚に付着することを防ぎます。これを洗い流すことで、汚れが取り除かれます。

メイクアップ化粧品のように、油性成分や粉体が多く使われている場合は、より洗浄力の強い界面活性剤が使われます。また界面活性剤の液晶の状態を使うことで、界面活性剤の疎水性の層の部分に、多量の油剤を含ませることができます。これにより、油性成分等の汚れを多く溶かし込み、取り除くことが可能となります。さらに界面活性剤の層の流動性がより高い「バイコンティニュアス」な状態を活用することで、油性成分等の汚れを溶かし込む力を高めることが可能です。

油剤を使う方法は、界面活性剤では落ちにくいワックス等の成分に有用です。油の中にワックス等の疎水性（親油性）の成分を溶かし込み、コットンで拭き取り、物理的にも汚れを取り除きます。

要点BOX

- ●汚れを放置すると皮膚環境が悪化する
- ●洗浄には界面活性剤を使う方法と、油剤を使う方法がある

汚れを落とす方法

界面活性剤を使う方法

洗浄のメカニズム　　汚れを浮き上がらせる　　界面活性剤が汚れを取り囲む

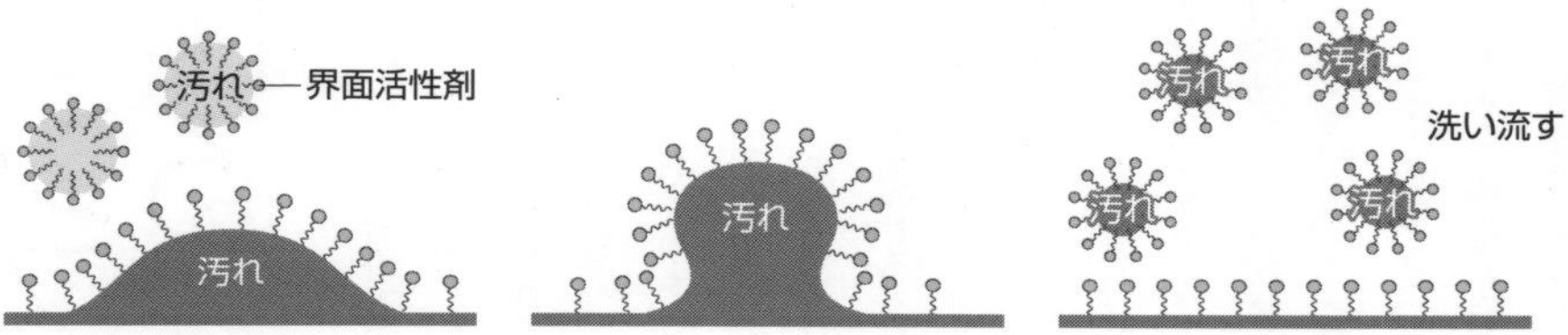

汚れの表面に吸着　　ローリングアップ　　汚れが再度付着することを防ぐ

液晶を使う方法

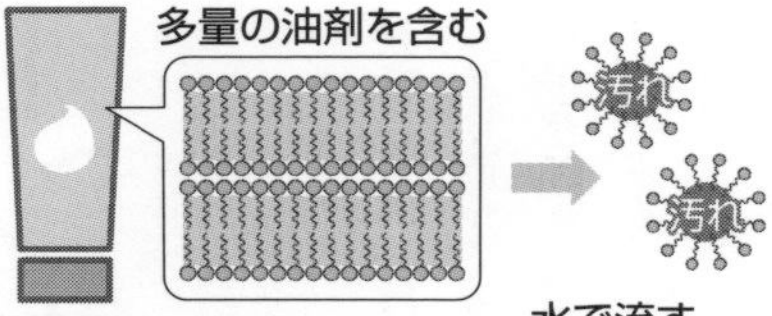

水で流す

油性成分、粉体等の汚れを溶かし込める

バイコンティニュアスな状態を使う方法

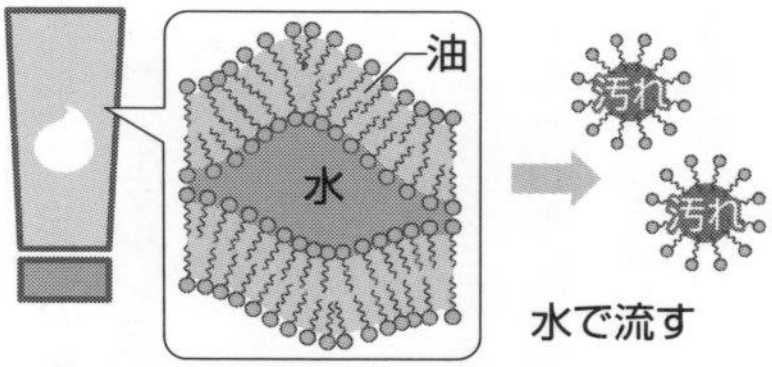

水で流す

界面活性剤相の流動性が高い（可溶化力が高い）

油剤を使う方法

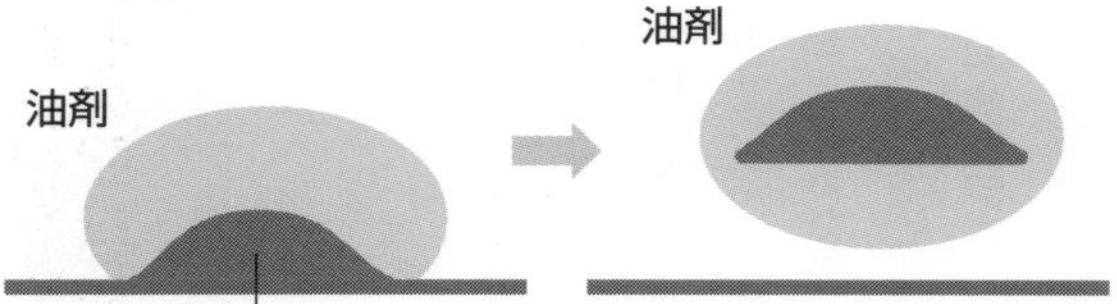

汚れを油になじませ、拭き取る

物理的に汚れを取る方法

洗浄料（油剤）を含ませたコットンで拭き取る

55 サンスクリーンを作る

紫外線を防ぐ成分とその配合技術

紫外線を防ぐためには、「紫外線吸収剤」や「紫外線散乱剤」が使われます。使用できる成分は、ポジティブリスト（64項参照）で決められています。紫外線吸収剤にはUVAを吸収するもの、UVBを吸収するもの、両方を吸収するものがあり、これを組み合わせて使います。吸収剤の多くは油性成分のため、べたつき感が出やすくなります。そのため蒸発しやすく、サラサラとした感触を出せるシリコーン油を配合する等の対応が行われています。

紫外線散乱剤は粉体です。これが皮膚表面を覆い、紫外線を散乱させることで、紫外線が皮膚に届くことを防ぎます。また紫外線を吸収する効果もあります。一方で、紫外線散乱剤は粉体のため、粉っぽい使用感や、塗布した皮膚が白くなることが課題となります。サンスクリーンで皮膚が白く見える原因は、粉体自体が大きいことや、粉体が凝集して塊を作ることで、可視光まで散乱するためです。また粉体が凝集していては、皮膚を覆えない部分があり、紫外線の通り道ができてしまいます。そのため、製品の中で粒子が固まらず、均一に分散するように粉体のサイズを小さくしたり、粉体の表面を処理したりします。

レジャー用のサンスクリーンは汗や水で落ちにくくする必要があります。この耐水性を上げるためには、エマルションのタイプをW／O（油の中に水滴が分散）として、油性の紫外線吸収剤を高配合します。W／O型のエマルションに使用する界面活性剤は、水になじみにくいため、耐水性も上がります。一方、日常で使うサンスクリーンは、ジェルや乳液等の使用感が好まれることから、O／W型（水の中に油滴が分散）のエマルションが使われます。しかし、O／W型で使われる親水性の界面活性剤は、水に濡れた時に水になじんでしまい、落ちやすくなります。そこで界面活性剤の代わりに、水にも油にもなじむ（両親媒性）の高分子の乳化剤を使う方法も開発されています。

要点BOX

- 紫外線吸収剤や散乱剤を組み合わせてサンスクリーンを作る
- 使用場面に合わせてエマルションを使い分ける

紫外線を防ぐ成分

紫外線吸収剤：UVA、UVBの吸収剤を組み合わせて使う

課題　油性成分のため べたつき感が出る

蒸発しやすく、サラサラとする シリコーン油を配合し対応

紫外線散乱剤：紫外線を散乱し皮膚に届くことを防ぐ

課題　紫外線散乱剤の凝集

均一に分散させる

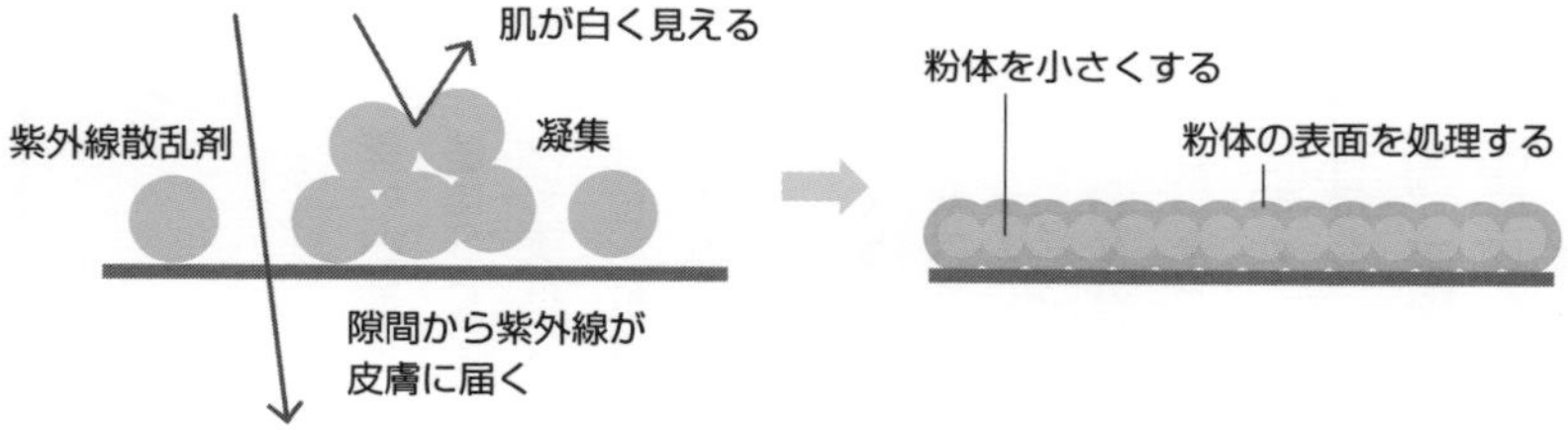

使用場面に合わせた製剤化

レジャー用

高い耐水性が求められる

エマルション：W/O　水になじみにくい界面活性剤の使用等

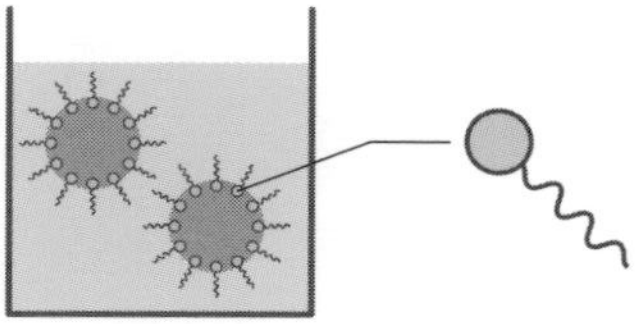

日常用

ジェルや乳液の使用感が好まれる

エマルション：O/W　高分子の乳化剤の使用等 水にも油にもなじむ

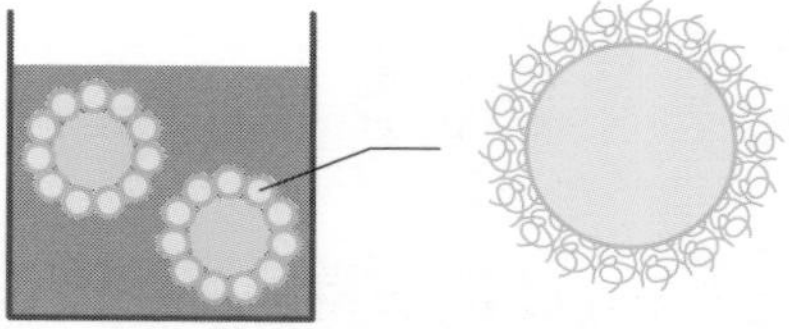

56 サンスクリーンの効果を測る

SPFとPA

サンスクリーンには、クリーム状のものや、ジェル状のもの、スプレー式のもの等、多様な形態があります。これは使用場面や、使用方法に応じて、最適な形態を提供するためです。またサンスクリーンは、相反する生活者の要望に応える必要もあります。海水や汗で落ちにくい一方で、洗浄料で落しやすいこと等です。そのためにエマルションを作る様々な技術が応用されています（55項参照）。さらに重要な要素が、紫外線を防ぐ効果です。紫外線には、波長の長いUVA波と、短いUVB波、UVC波があります。UVCはオゾン層で吸収されるため、サンスクリーンではこのUVAとUVBを防ぐ効果が求められます。その効果は、それぞれ別の指標で表されます。

UVBに対する防御効果は「SPF」で表示します。これは紫外線で起きるサンバーンを防ぐ効果を計測したものです。サンバーンとは、紫外線で皮膚が赤くなる現象です（紅斑）。この紅斑を引き起こす最小の紫外線量を、「最小紅斑量（MED）」と呼び、これを基にSPFを計測します。実際に皮膚にサンスクリーンを塗布してUVBを照射し、塗布せずに照射した部位と紅斑の程度を比較します。そして製品を塗布することで、MEDが何倍になるかを示すのがSPFです。つまり、その製品がどれだけ強い紫外線から、赤くなることを防げるかを表します。そのためSPFが大きいほど紫外線防御効果は高くなります。SPF50以上は、SPF50+と表示します。

UVAの防御効果は、「PA」で表示します。これはUVAで起きる皮膚の黒化を製品がどの程度防げるのか、を示しています。黒化を起こす最小のUVA量を、最小持続型即時黒化量（MPPD）と呼びます。実際に皮膚に製品を塗布して紫外線を照射し、塗布していない部位とMPPDを比較します。そしてこれを、＋から＋＋＋までの4段階に分けて表示したのがPAで、＋の数が多いほど防御効果が高くなります。

要点BOX

- 紫外線の防御効果はSPFとPAで表す
- 紫外線防御効果に加え、使用法や使用性等の要望に応える

サンスクリーンに求められる要素

耐水性が高い（汗や水で落ちない）　　　　洗浄料で落としやすい

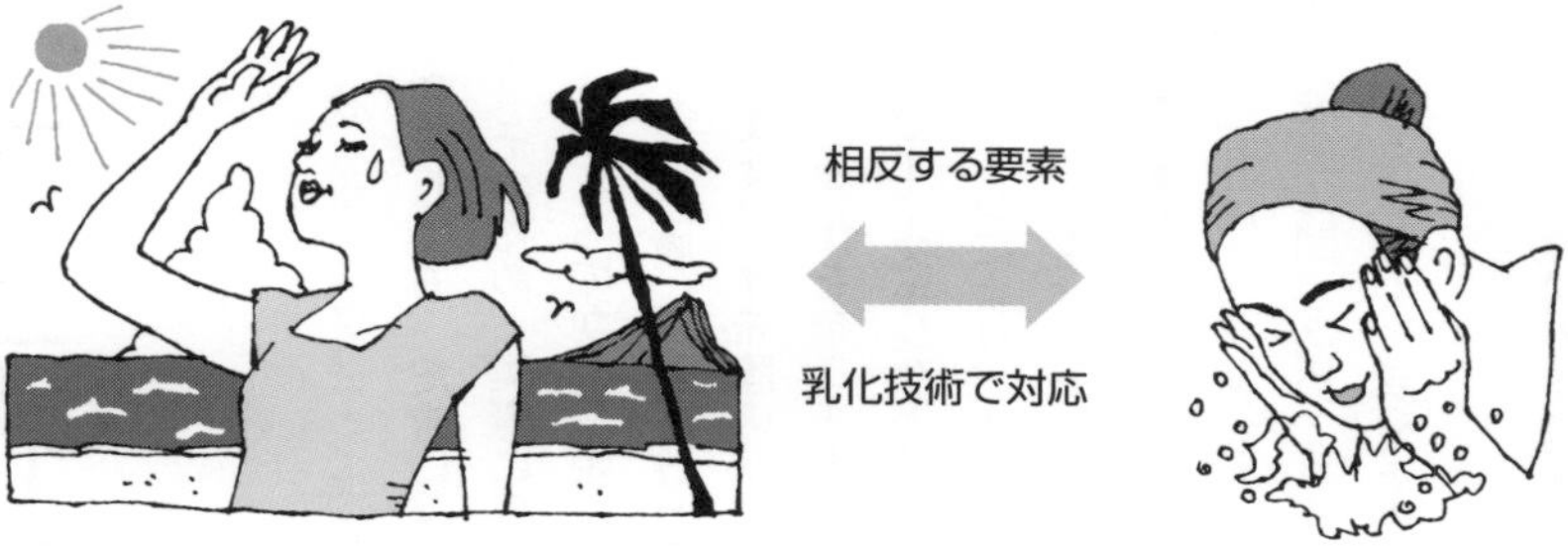

UVBに対する防御効果：SPF

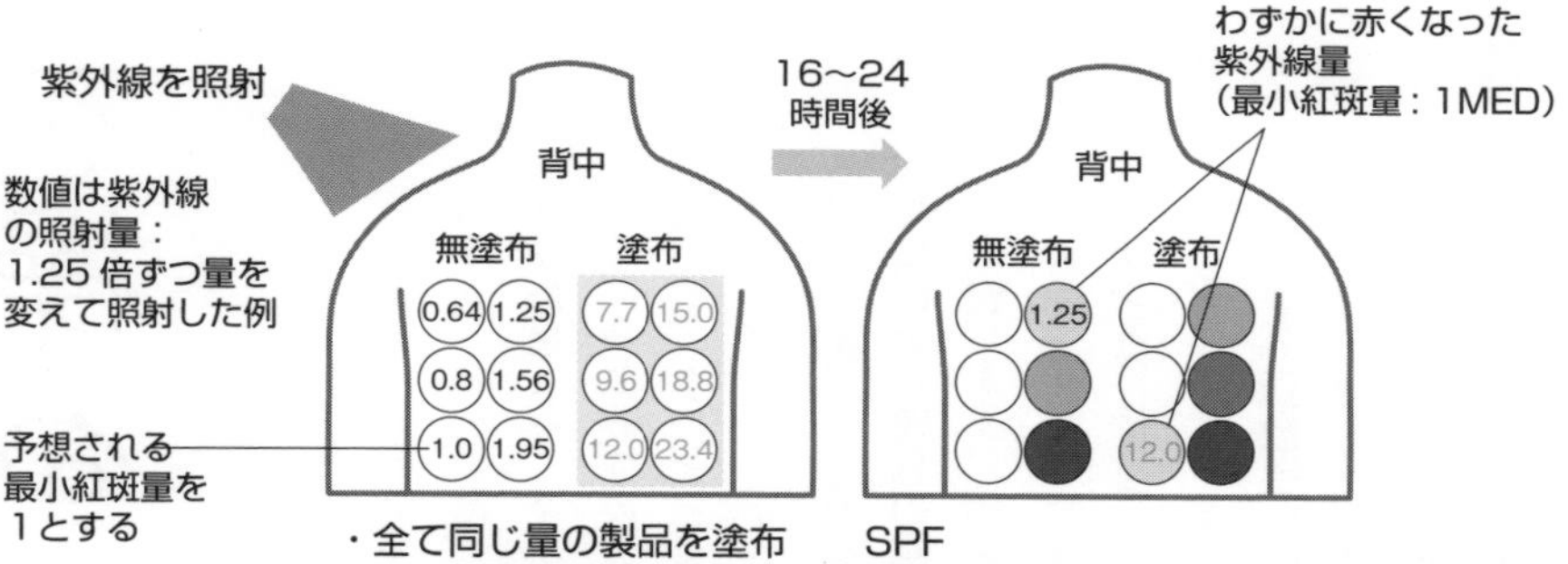

・全て同じ量の製品を塗布
・紫外線量を変えて照射

SPF
＝塗布部位の MED ÷ 未塗布部位の MED
この場合は
SPF ＝12.0 ÷ 1.25 ＝ 9.6

UVAに対する防御効果：PA

SPFと同様の試験

・UVA主体の照射器
・最小持続型即時黒化量(MPPD)を指標とする
・照射2〜24時間後に判定

UVA防止効果の表示方法

表示	計算したUVAPF	意味
PA+	UVAPF2以上4未満	UVA防止効果がある
PA++	UVAPF4以上8未満	UVA防止効果がかなりある
PA+++	UVAPF8以上16未満	UVA防止効果が非常にある
PA++++	UVAPF16以上	UVA防止効果が極めて高い

UVAPF=塗布部位のMPPD ÷ 未塗布部位のMPPD

57 「塗布膜」を操る

塗ったスキンケア化粧品はどうなるの?

化粧水や乳液、サンスクリーンはビーカーの中で安定的な状態が完成しても、皮膚に塗ると状態は大きく変わります。そのため、実際に皮膚の上で製品がどのような状態になるのかを想定して製品を作ることが重要です。この皮膚に塗り広げられた状態は、「塗布膜」と呼ばれます。塗布膜の状態は時間とともに変化します。この変化を起こす大きな要因は、物理的な力と、乾燥です。スキンケア製品を皮膚に塗る時、塗布する指やコットンにより、こすれる力（シェアストレス）がかかります。シェアストレスは、油滴（または水滴）の凝集や合一を起こすことがあります。このシェアストレスを逆に利用することも可能です。例えば、成分を大きな油滴に閉じ込めておき、シェアストレスで油滴が崩壊することで、成分を皮膚に届けることができます。

塗布膜の状態は、水分が蒸発することや、油分が揮発することでも変化します。成分の比率が変化することで、含まれる油滴（または水滴）の状態も変化します。そのため、例えば、この変化を活用して油滴を崩壊させ、そのタイミングをコントロールすることで、急にみずみずしく感じられる乳液の設計も可能です。クレンジング料では、この崩壊するタイミングをコントロールすることで、皮膚になじませる時は粘性があり、たれ落ちを防ぐ等の設計が可能です。乾燥により成分の濃度が高まることも、製品の状態に影響します。例えば増粘剤の濃度が高まることで、粘性も高まり、塗布する時に重い感触となります。

サンスクリーンでは、塗布膜の厚さが均一になることが重要です。塗布膜が薄い部分では、紫外線吸収剤や紫外線散乱剤の量が不充分となり、想定した紫外線の防御力が期待できません。また耐水性を上げるために、皮膜剤を配合して、耐水性の塗布膜を作ることも行われています。

要点BOX

- ●皮膚に塗り広げられたスキンケア製品の状態を塗布膜と呼ぶ
- ●塗布膜の状態は塗布後の時間とともに変化する

塗布膜

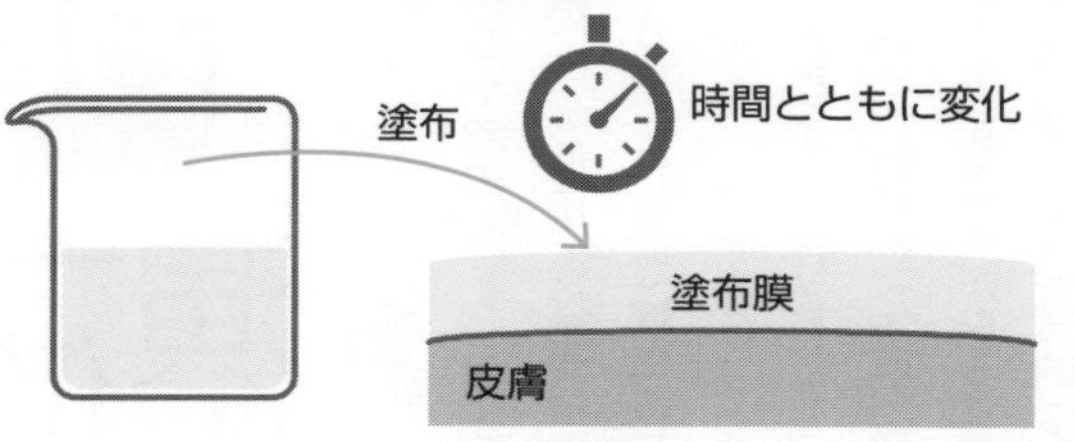

・塗布膜の状態はビーカーの中と異なる
・塗布膜の状態を想定して製品を作る

塗布膜の状態の重要性

不均一な塗布膜の状態

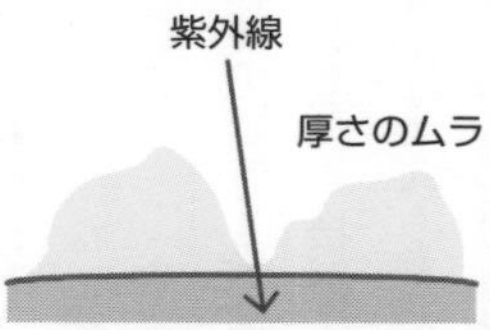

紫外線防御効果の低下

塗布膜が時間とともに変化する要因

物理的な力

（シェアストレス）

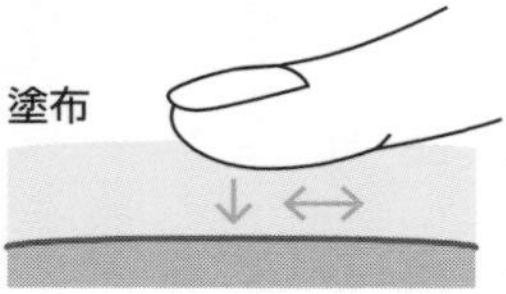

乾燥

成分の蒸発、揮発

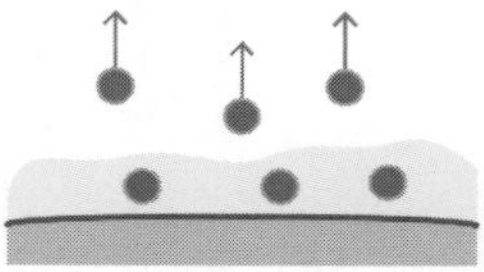

塗布膜の変化の活用例

シェアストレスの活用

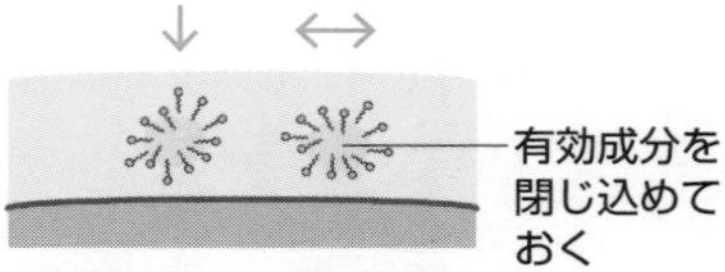

物理的な力で油滴が崩壊

↓

配合が難しい有効成分を
肌に届ける

乾燥の活用

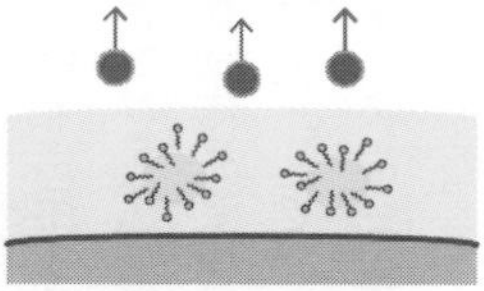

乾燥で成分の濃度が変化し
油滴が崩壊

↓

塗布中に感触が変化

塗布膜の設計

（サンスクリーンの例）

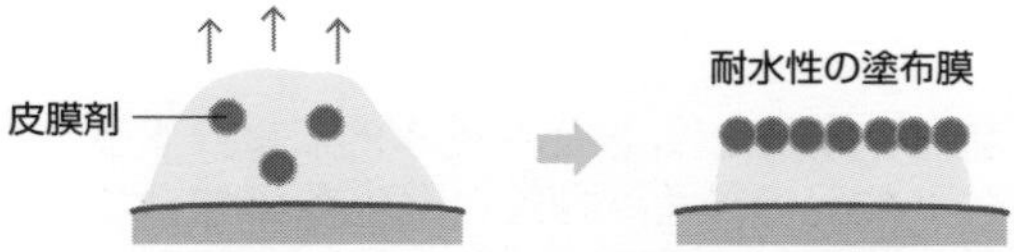

成分の揮発により、皮膜剤による耐水性の塗布膜を作る

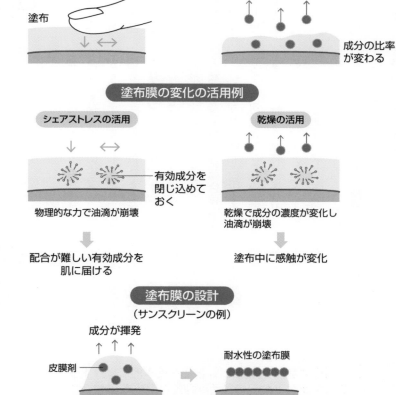

58 「使用性」を演出する

「レオロジー」による感触の評価

スキンケア化粧品では、成分による効果とともに、使用性や使用感といった感覚的な要素も重要です。コクのある使用感は高級感が感じられます。広がりやすさは、快適な使用性に繋がります。しかし製品の状態を、人はどのように捉えるのか、そこには明確な方程式はありません。そのため、感性や感覚的な側面と、物質的な側面から研究が進められています。

熟練した製品の試験者は、使用感触の微細な差異を捉え、それを感覚的な言葉に置き換えて表現できます。このような評価を、開発や生産で活用できれば、製品作りを効率的に行えます。そのためには製品の状態が、誰もが同様に扱える「数値」となっていることが重要です。

この物質の状態を数値化するアプローチがレオロジーです。製品等を機器に置いて力を加え、その変化を計測することで、物理的な性質を測定します。一般的に使われるのは、レオメーターと呼ばれる機器で、物質の弾性や粘性を計測できます。「弾性」とは、バネに力を加えた時のように、加えた力に応じて物質が変形して、反発して戻る力のことです。反発力が強ければ、弾性が高いことを示します。一方、「粘性」とはダッシュポット(ダンパー)に力を加えた時のように、じわじわと変形する性質のことです。粘性が高ければ、変形は穏やかです。スキンケア製品の多くは、弾性と粘性を併せ持つ「粘弾性体」です。

このような数値を活用することで、使用感触のデザインが可能となります。例えば、組成を少しずつ変えて、様々な試作品を作り、その使用感と粘性等の値をマップ化することで、人の感覚を数値で捉えることができます。またこの数値は、製品の製造工程の効率化にも応用可能です。最適な試作品の粘性と、それを作るために必要な攪拌力との関係性を明らかにすることで、エネルギー効率が良く、生産性の高い、最適な攪拌力を決めることができます。

要点BOX

- ●感性や感覚を数値化し、製品を効率的に設計する
- ●スキンケア製品の多くは弾性と粘性を併せ持つ粘弾性体

製剤化技術がデザインする製品の印象

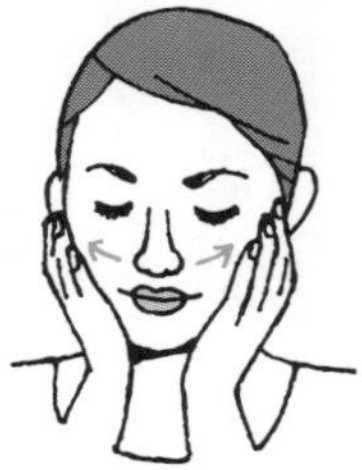

使用感

コク、とろみ、高級感等

使用性

塗布時の広がりやすさ

捉えにくい現象

感性、感覚の数値化：製品化の効率の向上

製品の物理的な性質を調べる方法：レオロジー

レオメーター

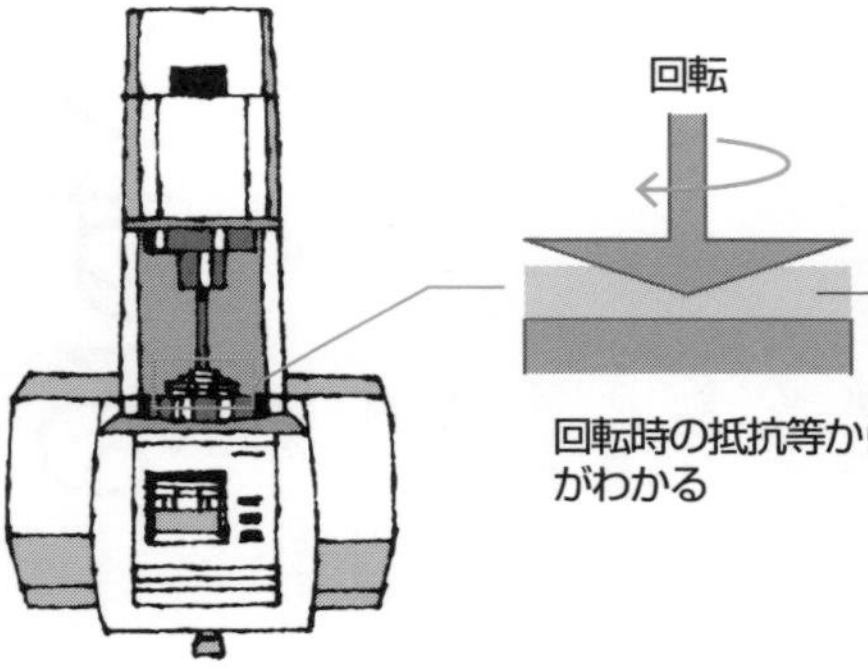
ここにサンプルを乗せる

回転時の抵抗等から、製品の「弾性」や「粘性」がわかる

弾性

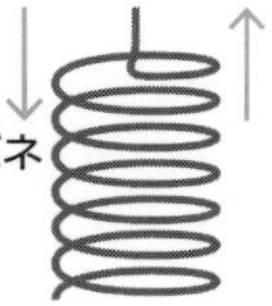
バネ

加えた力に応じて変形し
反発して戻る性質

粘性

荷重
ダンパー

じわじわと変形する性質
戻らない

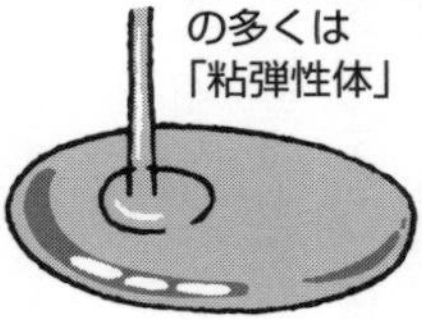

スキンケア製品の多くは「粘弾性体」

例）

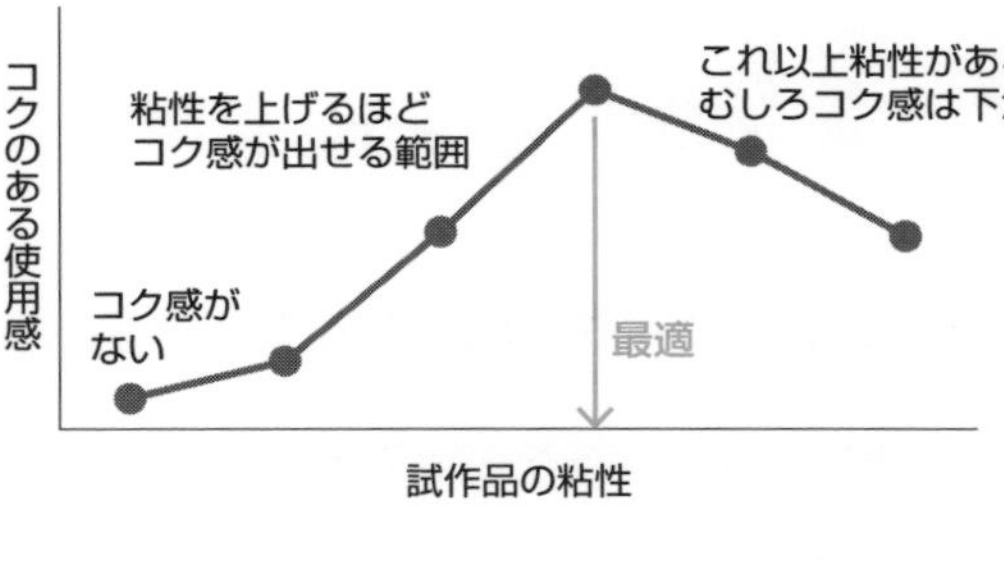
これ以上粘性があると、
むしろコク感は下がる

コク感を出すための最適な粘性がわかる

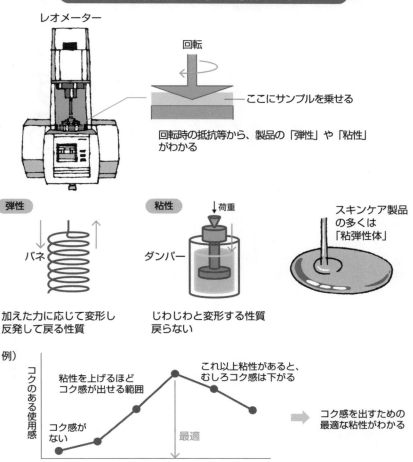

59 「容器」をデザインする

スキンケア製品を支えるもう1つの技術

店頭に並ぶスキンケア製品には、そのコンセプトを一目で伝える魅力的な容器が使われています。ガラス製の容器には高級感があり、特徴的な色合いの容器には、その製品の背景に流れる哲学を感じます。このような見た目の演出に加え、容器はスキンケア製品の機能性を支える重要な要素です。

スキンケア製品には、ボトル、ジャー、チューブ、ディスペンサー等、様々な容器が使われています。使用する「容器の形状」は、内容物の状態で選択します。例えば、化粧水のように液状のものは、ボトルタイプが適しています。チューブではこぼれてしまいます。酸化しやすい成分を使う場合は、空気が入りにくいチューブタイプの容器を使用します。

「容器の材質」は、内容物の保護、という観点で選択します。例えば、紫外線に弱い成分を入れる場合は、遮光性の高い素材を使います。成分が容器に吸着したり、容器を溶かすことがないよう、内容物と材質の組み合わせを考えます。成分単独の性質だけではなく、内容物の全体の性質も合わせて考えます。例えば、油になじみやすい材質の容器に、油になじみやすい成分を入れる場合、溶液が水系の場合は、成分が容器になじみ、吸着してしまいます。その場合は、処方を改良して、溶液の油分を増やすことで、成分の容器への吸着を抑えます。このように、容器の選択は、内容物の設計にも影響するため、製品の企画段階から並行して進めます。

容器をデザインする時は、製品のイメージに加え、使いやすさやを考慮します。誰もがはじめから容易に使用できる「ユニバーサルデザイン」の容器を使用することが望まれます。またリサイクルしやすい材質を使用する等、環境への配慮も重要です。容器が完成したら、実際に内容物を入れて確認を行います。過酷な使用環境も想定した条件に置き、容器や内容物に変化がないことを確認します。

要点BOX

- 容器は製品の印象に加え、使用性や機能性を支える
- 企画段階から内容物とともに容器を設計する

容器の選び方

容器の形状：内容物の状態で選択する

例）酸化しやすい成分の入ったクリーム

ジャータイプ	チューブタイプ	アルミ層を持つチューブタイプ

✕ 空気との接触面が大きい（酸化しやすい）	○ 空気との接触面が小さい（酸化しにくい）	◎ アルミの層が酸素の透過を抑制

容器の材質：製品の企画段階から、内容物とともに設計する（成分の吸着や、容器を溶かすことがないように）

例）油になじみやすい容器に、油になじみやすい成分を入れる場合

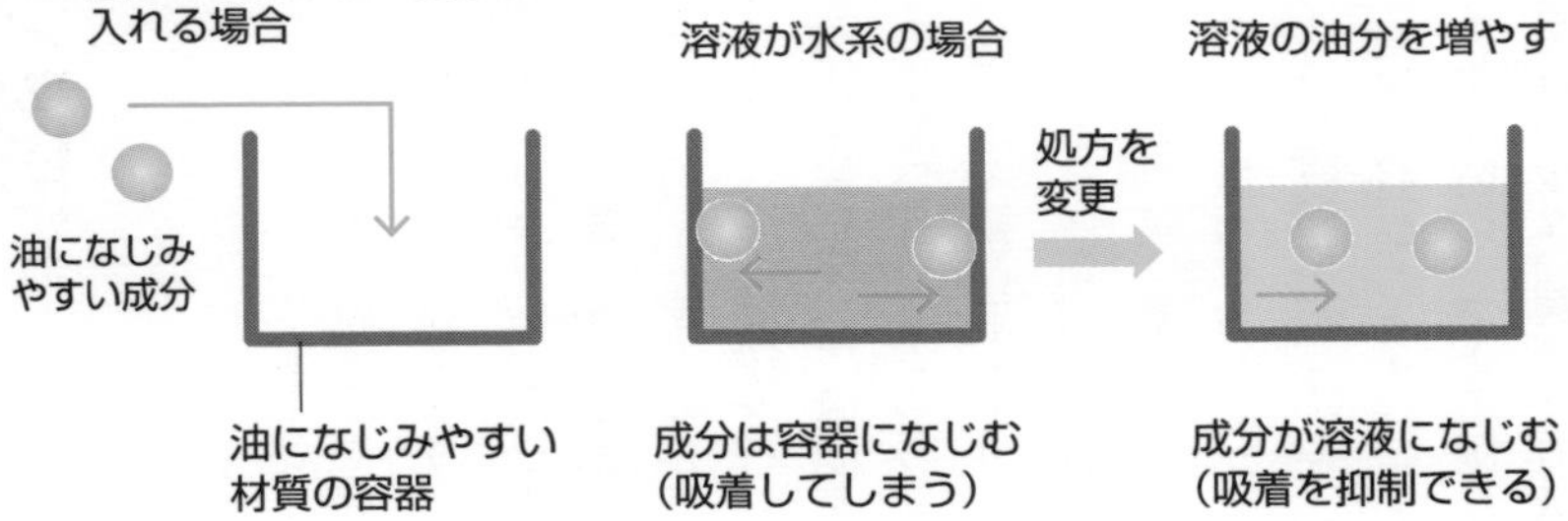

容器のデザイン

・ユニバーサルデザイン：誰もがすぐに使える
・リサイクルしやすい素材：環境への配慮

ユニバーサルデザインの例

例）シャンプーの容器にだけ凹凸を付ける

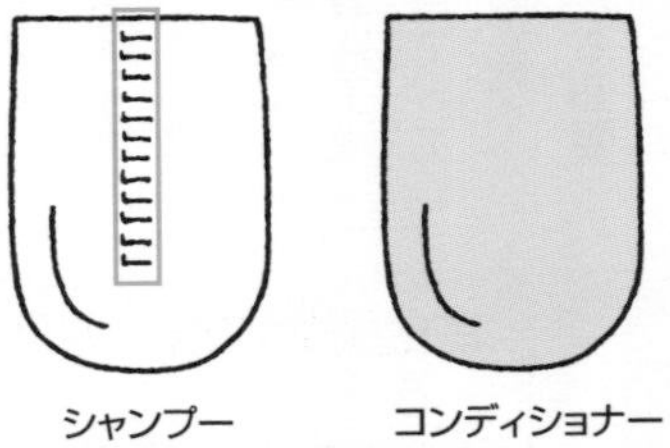

似たような製品の違いが簡単にわかる

60 モノ創りの実際

製剤化技術の集大成

スキンケア製品の生産は、企画から始まります。例えば「みずみずしい感触で、高いSPFを持ちながら、粉っぽくならないサンスクリーン」、のようにコンセプトが決まると、「エマルションはO／W型にして、乳化剤はポリマー微粒子かな?」等と、製剤化の方向性が決まります。これにより配合する成分も絞られますが、国ごとに配合可能な成分が異なるため、国別に製剤化の方法を変える必要もあります。

　また、容器の選択も必要となります。例えば、紫外線に弱い成分を配合する場合は、遮光性の容器が必要となります。しかしコスト増となるため、製品の価格を抑えたい場合は「紫外線吸収剤等を配合し、通常の容器を選択する」といった判断も必要となります。一方、製品のコンセプトから容器が決まっている場合は、「その容器に充填する場合は、エマルションにかかる力で油滴が壊れるから、乳化の安定性を高めよう」等と、製剤化での対応も必要となります。

このように、製品の企画や容器等も考慮して、製剤化の方向性を絞り込みます。

　製剤化の方向性が決まれば、実験室で試作品を作ります。その際、安定性の確認には時間がかかるため並行して行い、また温度を上げる等、より過酷な条件を使った加速試験を行います。安全性や微生物による汚染等に関して確認が終われば、段階的に工場での生産へとスケールアップしていきます。この時、実験室の小さなビーカーでうまく作れた方法でも、工場の大きな製造容器ではトラブルが起きることがあります。これは、規模が大きくなることで、中心部までの熱の伝わり方が異なること等が関係します。このような課題に対しても、製剤化方法や製造工程の改変等で対応します。またSDGsの観点で、工場での生産時に、できる限りエネルギー効率が良く、製造工程の少ない製剤化方法を設定することも必要です。

要点BOX

- 企画や容器を考慮して製剤化の方向性を決める
- SDGsにも貢献する処方を設計する

スキンケア製品ができるまで

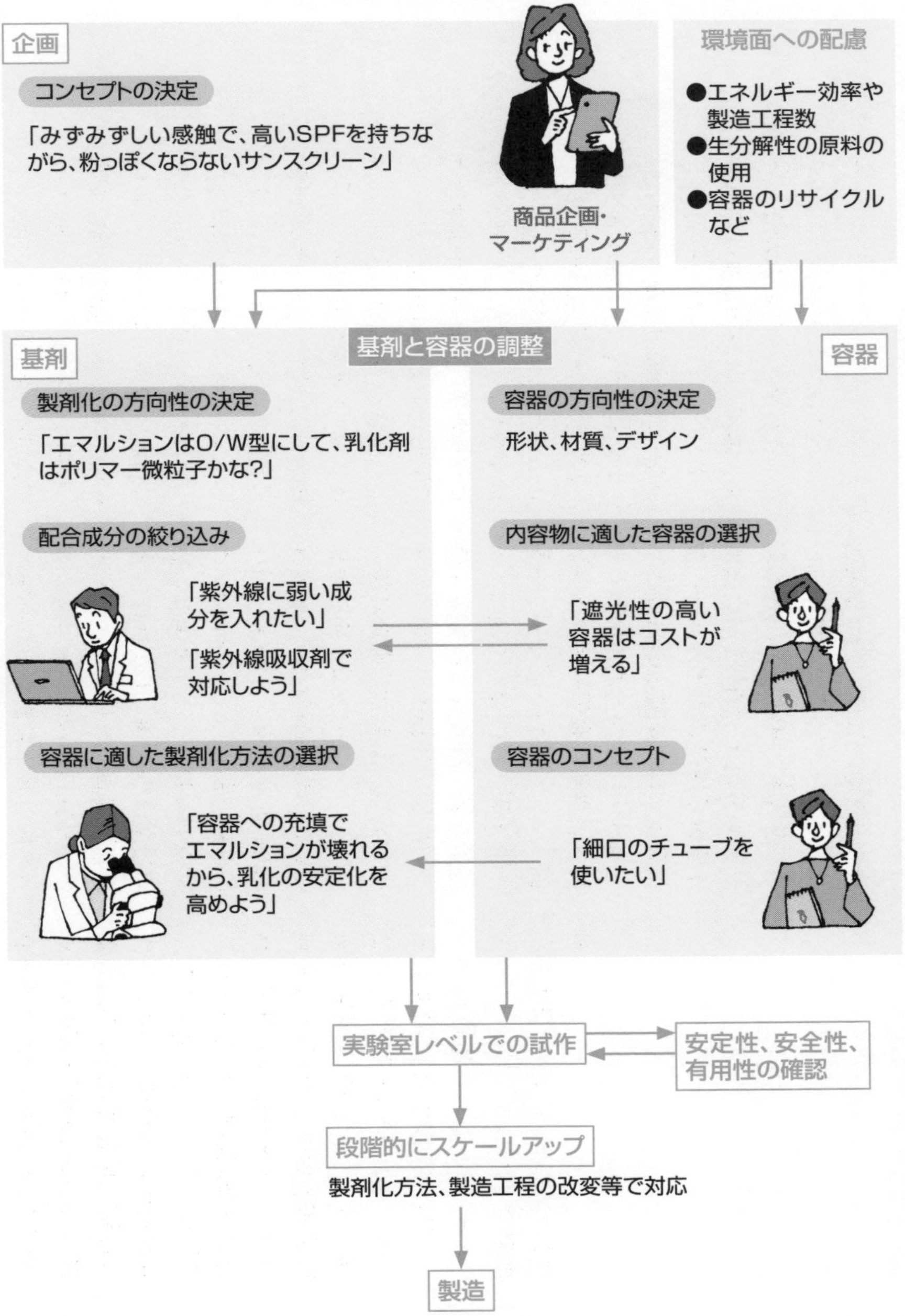
企画
コンセプトの決定
「みずみずしい感触で、高いSPFを持ちながら、粉っぽくならないサンスクリーン」
商品企画・マーケティング
環境面への配慮
●エネルギー効率や製造工程数
●生分解性の原料の使用
●容器のリサイクルなど
基剤と容器の調整
基剤
製剤化の方向性の決定
「エマルションはO/W型にして、乳化剤はポリマー微粒子かな?」
配合成分の絞り込み
「紫外線に弱い成分を入れたい」
「紫外線吸収剤で対応しよう」
容器に適した製剤化方法の選択
「容器への充填でエマルションが壊れるから、乳化の安定化を高めよう」
容器
容器の方向性の決定
形状、材質、デザイン
内容物に適した容器の選択
「遮光性の高い容器はコストが増える」
容器のコンセプト
「細口のチューブを使いたい」
実験室レベルでの試作
安定性、安全性、有用性の確認
段階的にスケールアップ
製剤化方法、製造工程の改変等で対応
製造

Column

進化する
スキンケア化粧品

店頭には多様なスキンケア化粧品が並びます。使用性が高く、様々な使用感触を楽しむことができます。肌の状態を整える高い機能性もあります。その進化は、技術革新が支えてきました。

水と油はスキンケア化粧品に必要な成分です。しかし、この混ざらない水と油を混ぜて、それを安定に保つことは難しい技術でした。界面活性剤を使う「乳化技術」が開発されたことで、水と油を自在に配合し、エマルションを安定化できるようになりました。さらに、界面活性剤の代わりに粉体や、高分子を使う方法も開発され、より高度な使用感触のコントロールが可能となりました。このような乳化技術の革新は、乳液やクリームだけではなく、多くのスキンケア化粧品の進化に繋がりました。

例えば洗浄料は、当初はオイルを塗布して、拭き取るタイプが主流でした。これが乳化技術の進化とともに、界面活性剤の液晶の状態や、バイコンティニュアスなミクロエマルションを活用することで、洗浄力が著しく向上し、水があっても使えるクレンジング等も開発されました。

乳化技術の革新は、サンスクリーンの進化にも繋がっています。耐水性がありながら、洗浄料ですぐに落ちる製品や、耐水性とみずみずしい使用感触という、相反する性質を同時に実現した高度な製品も開発されています。

有効成分の開発には、その基盤となる皮膚解析技術の革新が貢献しています。皮膚は多様な成分でできています。その中にはとても微量な成分や、すぐに分解するため、取り扱いが難しい成分もあります。その全ての成分を、まるごと簡便に解析できる方法（網羅的遺伝子発現解析法）が開発されたことで、皮膚の理解は飛躍的に進みました。さらに、皮膚の内部を立体的に見る可視化技術や、皮膚を切開することなく、直接測ることができる非侵襲計測技術が開発されたことで、肌悩みの原因が次々と明らかになり、有効成分の開発が進みました。

技術革新は加速しています。それとともに、スキンケア化粧品の可能性もまた拡大し続けています。

第7章

スキンケア化粧品を届ける

61 スキンケア化粧品を製造して販売するには

どんな許可が必要なのか?

ここまでは、スキンケア化粧品を作るところまでを見てきました。それでは実際に最終的な製品を製造して、消費者に届けるためには、どのようにすればよいのでしょうか。最終章では、必要な手続きや守るべき法律、配慮すべきことを見ていきます。

スキンケア化粧品を、実際に製造して販売することは、非常にハードルが高く思えます。工場が必要な上に、その従業員を雇用するなど、大変そうです。化粧品を国内で製造して、販売するには、許可を受ける必要があります。製造に関しては「製造業」の許可を、販売に関しては「製造販売業」の許可を、それぞれ都道府県から受けます。製造業の許可では、製品を販売することはできません。反対に、製造販売業の許可では、製品を製造することはできません。名前に製造を含むため、混乱するポイントです。そのため、製品を製造して、さらにそれを販売するには、製造業と製造販売業の両方の許可を得る必要があります。

製造販売業の許可を得るには、品質や安全性に関する基準を満たし、製品に対する責任を持つ必要があります。また製造販売業者は、重篤な副作用について、報告を行う必要があります。

製造販売業として製品を販売する会社は、製造するための工場を持つ必要がなく、製造を外部の受託企業（OEM）に依頼することができます。製造に関連するハードルが低いことから、化粧品業界に様々な企業が参入しています。優れた製品開発力や、高いマーケティング力を持つ企業が、OEMを活用することで、その存在感を高めています。

一方で、自社で製造する企業は、開発から製造、販売まで一貫して行うことで、その効率化に加え、より高度なモノづくりを行うことが可能です。

要点BOX

- 製造には製造業、販売には製造販売業の許可が必要
- 製造を外部委託し、製造のハードルを下げる

化粧品を製造し、販売するために取得する許可

製造業の許可:化粧品の製造

製造販売業の許可:化粧品の販売

工場

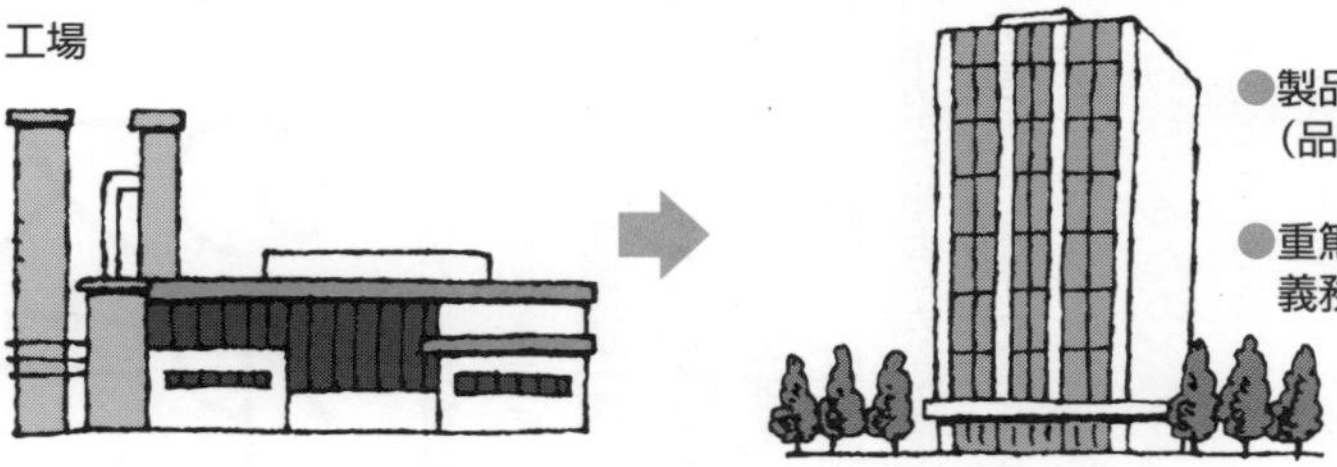

●製品に対する責任を持つ（品質、安全性等）

●重篤な副作用の報告の義務

○:化粧品の製造
×:化粧品の販売

×:化粧品の製造
○:化粧品の販売

化粧品を製造して販売するには、両方の許可を得る

化粧品の製造、販売形態

OEMを活用した製造、販売

●自社工場を保有するコストが不要
●製造のノウハウが不要
●マーケティング力にフォーカス可能

自社工場を持たない

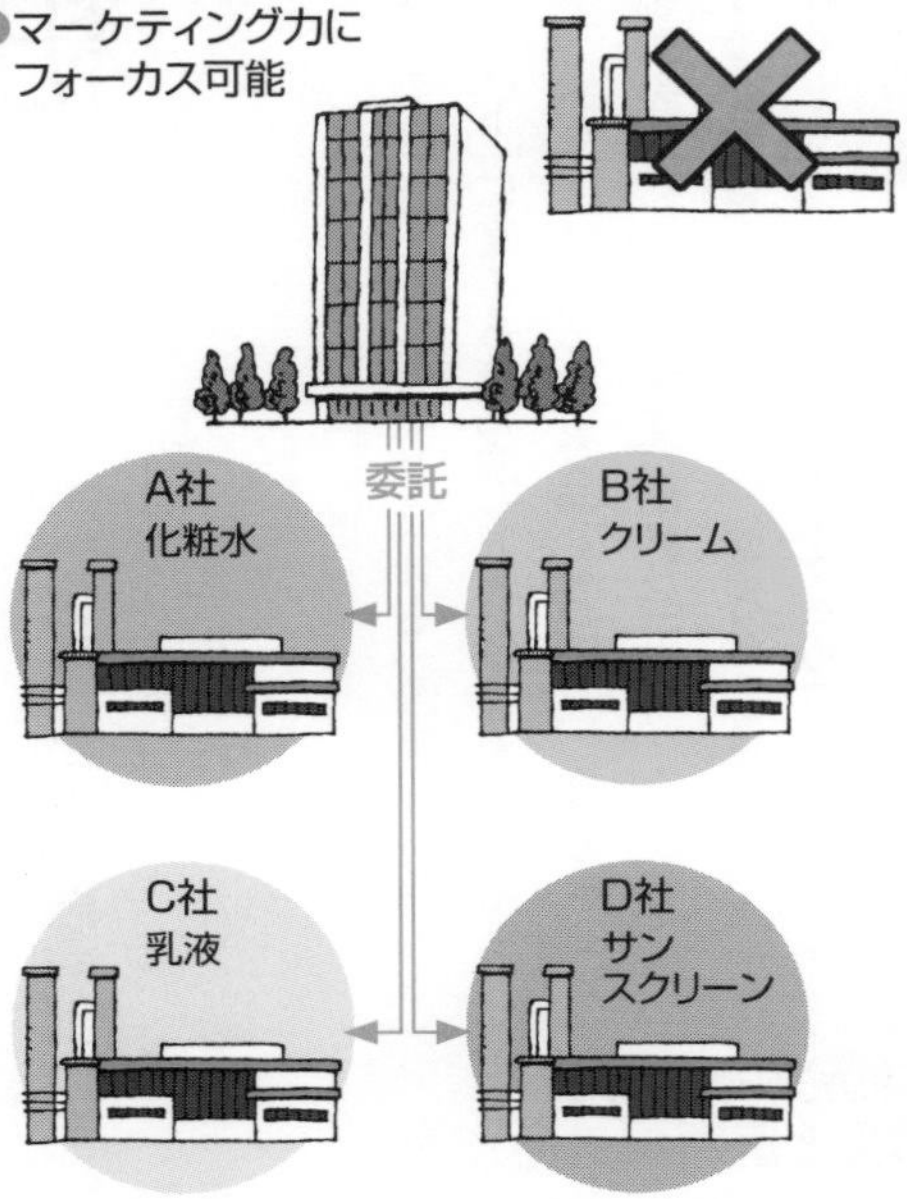

製品毎に最適な受託製造会社（OEM）に委託

製造から販売まで一貫型

化粧品の製造、販売

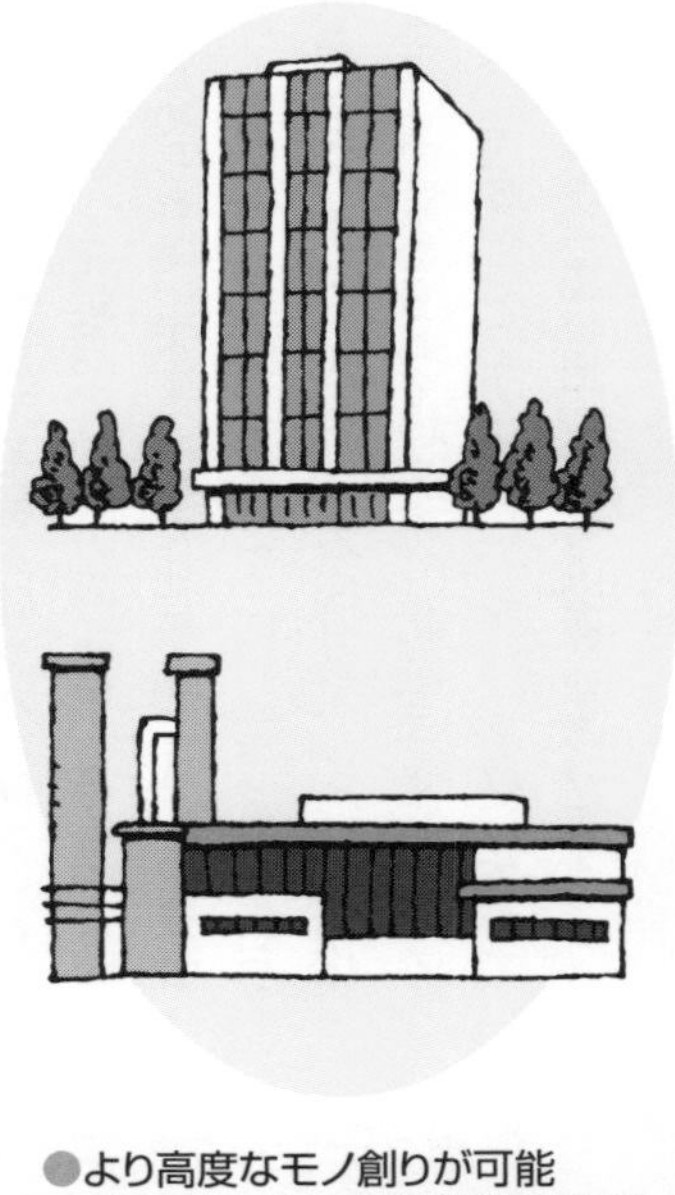

●より高度なモノ創りが可能
●効率化による、価格抑制や環境負荷の低減
●高度なトレーサビリティの提供

62 スキンケア化粧品のルール

「化粧品」と「医薬部外品」

スキンケア製品を含む、化粧品とは何かを定めているのが「医薬品、医療機器等の品質、有効性及び安全性の確保等に関する法律（「医薬品医療機器等法」）」で、「薬機法」と呼ばれています（薬事法と呼ばれていた法律が改訂されたものです）。薬機法では、化粧品の種類や効能の範囲、成分表示、化粧品の製造や販売、副作用の報告などが規定されています。

スキンケア製品は、その効能により「医薬部外品」「化粧品」に分類されます。なお「医薬品」は病気の治療や予防を目的とするため、有効成分を含みますが、副作用を起こすこともあります。これに対して医薬部外品は、「薬用化粧品」とも呼ばれ、効果は穏かな範囲で、予防のレベルとなります。そこで提示できる効果の範囲は、種類別に定められています。医薬部外品に配合できる有効成分は定められていますが、承認を得ることで、新たな成分を配合できるようになります。有効成分以外の成分は、添加剤と呼ばれます。添加剤として配合可能な成分も「医薬部外品の添加物リスト」に定められた成分と、承認を受けた成分です。製品には医薬部外品と表示し、有効成分の名称も表示します。医薬部外品では、全成分を表示する必要はありませんが、業界の自主基準で表示されています。製品を販売するためには、承認を受ける必要があります。

化粧品は医薬部外品に比べ、効果が穏やかで、身体を美化したり、皮膚や毛髪を健やかに保つことを目的とします。化粧品の効能の範囲は、具体的に56項目が定められています。また化粧品では、消費者が自身で安全性を判断できるように、全成分を表示する必要があります。配合できる成分や、その量は「化粧品基準」で定められています。化粧品を販売するためには、医薬部外品のように「承認」を受けるのではなく、行政に「届け出」を行う必要があります。

要点BOX

- スキンケア製品のルールを定める薬機法
- スキンケア製品には化粧品と医薬部外品がある

薬機法

医薬品　医薬部外品　化粧品　医療機器

（医薬部外品・化粧品）→ スキンケア化粧品（化粧品）

「医薬品、医療機器等の品質、有効性及び安全性の確保等に関する法律（「医薬品医療機器等法」）」

- 定義、種類や効能の範囲
- 成分表示法
- 製造や販売
- 副作用の報告義務

医薬部外品と化粧品の違い

	医薬部外品（薬用化粧品）	化粧品
特徴	有効成分を含む 効果は穏やか、予防のレベル	身体を美化したり、皮膚や毛髪を健やかに保つ 部外品と比べ、効果がより穏やか
効果効能の範囲	有効成分の効能と 化粧品の効能	化粧品の効能（56項目）
全成分表示	必要なし （ただし業界の自主基準で表示）	必要
承認	製品を販売するためには、承認を受ける必要あり	製品を販売するためには、行政に届ける （承認不要）

医薬部外品の表記法

＜医薬部外品＞

メラニンの生成を抑え、シミ、ソバカスを防ぐ

有効成分:〇〇〇〇

その他の成分:水、エタノール、グリセリン、ヒアルロン酸、〇〇エキス、……………、フェノキシエタノール、赤〇〇、黄〇〇、香料

- 医薬部外品であることを表示できる
- 効能や、有効成分を記載

化粧品の全成分の記載方法

配合量の多い順
（1%以下の成分は順不同）
→

水、エタノール、グリセリン、ヒアルロン酸、〇〇エキス、……………、フェノキシエタノール、赤〇〇、黄〇〇、香料

着色剤はそれ以外の成分の後に記載

63 表示、広告のルール

スキンケア化粧品を伝える

　スキンケア製品を販売する時には、インパクトのあるPRをしたくなります。しかしPR活動に関しても、ルールに従う必要があります。この製品やサービスの表示や広告に関して規定した法律が「景品表示法」(不当景品類及び不当表示防止法)です。これは、過大な表示や、景品等により、消費者が質の悪い製品やサービスを購入し、不利益を受けないように作られた法律です。ただ、景品表示法は、様々な商品やサービスに関する法律のため、化粧品に関して判断に迷う点もあります。そのため景品表示法を基に、化粧品の表示について定めたのが「化粧品の表示に関する公正競争規約」です。これは、業界による自主的な基準ですが、公正取引委員会の認定を受けています。

　化粧品の容器や外装には、様々なことが書かれていますが、それもこの規約に従っています。どのような製品かを、明確に伝えるために表示するのが「種類別名称」です。化粧水、乳液と規約に従い表示します。また製造販売業者名称や、内容量、成分等も規約に従い表示しますが、その書き方やフォントサイズなども詳細に定められています。さらに表現についても、安全、万能、最上級等を表す言葉は、断定的に使用できない等、細かく規定されています。

　医薬品や化粧品等の広告に関しては、「薬機法」でも定められています。そこでは虚偽や誇大広告とならないように、事実に基づいた適正な情報を提供するように規定しています。また、その解釈を示したのが「医薬品等適正広告基準」ですが、主に医薬品を想定しているため、化粧品に絞って解説した業界の自主基準が「化粧品等の適正広告ガイドライン」です。販売名の付け方、効能や、成分、原料の表現方法、宣伝上の演出等、具体的な例を挙げて解説しています。これは新聞、雑誌、テレビや、ウェブサイト、ブログ、販売促進ツール等、一般消費者向けの広告全てを対象としています。

要点BOX

- ●化粧品の表示や広告、景品などは詳細に規定されている
- ●景品表示法、薬機法に従い販売やPRを行う

化粧品の表示、宣伝のルール

景品表示法　消費者庁

薬機法　厚生労働省

景品表示法：過大な表示や、景品等により、消費者が質の悪い製品やサービスを購入し、不利益を受けることがないように作られた法律

↓ 化粧品の表示を具体的に示したもの

「化粧品の表示に関する公正競争規約」（化粧品公正取引協議会）」

例）容器等の記載事項

記載例	記載事項
<化粧水>	種類別名称
○○ローション	販売名
株式会社○○　東京都○丁目○番地	製造販売業者の氏名又は名称及び住所
50g	内容量
AAA111	製造番号又は製造記号
成分:水、エタノール…‥	厚生労働大臣の指定する成分
原産国日本	原産国名
注意:・・・・	施行規則で定める化粧品については、その使用上又は保管上の注意
問い合わせ先:○○	問い合わせ先

薬機法：虚偽や誇大広告とならないように、事実に基づいた適正な情報を提供するように規定

↓ その解釈を示したもの

「化粧品等の適正広告ガイドライン」（日本化粧品工業会）

効果効能や安全性の最大級表現の禁止

例）
× 安全性No.1
○ 売り上げNo.1

売り上げは客観的事実のため可

作用部位の表現

例）
× 肌へ浸透
○ 角質へ浸透

「肌への浸透」の表現は「角質層」の範囲内

効果効能のしばり表現

例）
× 小ジワを目立たなくする
○ 乾燥による小じわを目立たなくする

取得した効能を省略できない
（「乾燥による」がしばり表現）

無添加などの表現

例）
× 無添加
○ ○○無添加

何を添加していないかを明示

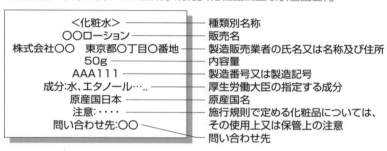

64 「安全性」を担保する

この成分は配合できるの？

化粧品に配合する成分に関しては、「化粧品基準」が定められています。これは薬機法に基づくものです。化粧品には、保健衛生上の危険を生じる恐れがある物は配合できません。また医薬品成分や（添加剤としてのみ添加の場合は除く）、特定の化学物質も配合が禁止されています。この特定の化学物質を定めたのが、「化学物質の審査及び製造等の規制に関する法律」（化審法）で、人の健康や、動植物への影響を考慮して定められた法律です。化審法の第一種特定化学物質、第二種特定化学物質とそれに類するものが、化粧品への配合が禁止された成分です。それ以外にも水銀やカドミウム化合物等のように配合が禁止されたもの、エストラジオール（女性ホルモンの一種）や、サリチル酸のように配合が制限されたもの（規定内であれば配合可能）が規定されています。これらは「ネガティブリスト」と呼ばれています。一方で防腐剤、紫外線吸収剤、タール色素の中で配合可能なものは、配合可能な量が規定され、「ポジティブリスト」と呼ばれています。それ以外の成分の配合に関しては、安全性を企業の責任で担保する必要があります。

その判断の基準となるのが、業界団体の自主基準として定められたガイドライン「化粧品安全性評価に関する指針」です。すでに配合実績がある成分は、安全性が担保されている、とみなすことができます。既存の情報を活用して、安全性を担保することも可能です。実績や、既存情報が無い場合は、新たに安全性を担保する試験を行う必要があります。しかしヨーロッパでは、安全性試験を動物で行った場合、その成分の化粧品への応用が禁止されています。日本でも自主規制として、そのような動物実験は行われていません。そのため、新規原料の安全性を担保するための「細胞等を用いた代替法」の開発が進められています。原料で安全性が担保できた場合は、製品をボランティアに塗布し、安全性を確認します。

要点BOX

- ●化粧品の安全性は企業が責任を負う
- ●成分の配合を規定するポジティブリストとネガティブリスト

化粧品に配合する成分のルール

配合できる?

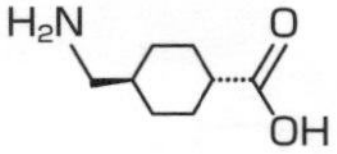

検討の流れ

化粧品基準：薬機法に基づく

×:保健衛生上の危険を生じる恐れがある物
×:医薬品成分（添加剤としてのみ添加の場合は除く）
×:特定の化学物質

↓

化学物質の審査及び製造等の規制に関する法律」（化審法）

ネガティブリスト 配合が禁止、制限された成分

× 化審法の第一種特定化学物質
× 第二種特定化学物質とそれに類するもの
× 水銀やカドミウム化合物等
△ エストラジオール、サリチル酸（規定内であれば配合可能）

ポジティブリスト

- 防腐剤
- 紫外線吸収剤
- タール色素

配合可能なものについて、配合可能な量を規定

それ以外の成分の配合:安全性を企業の責任で担保する

↓

「化粧品安全性評価に関する指針」（日本化粧品工業会）

○ 既に配合実績がある成分
○ 既存情報を活用して安全性を担保可能な成分
→それ以外は、安全性を担保する試験を行う

原料での試験

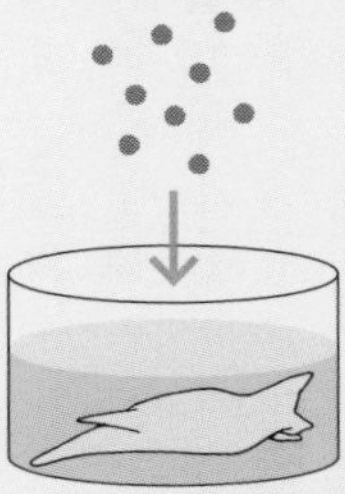

細胞

➡

ボランティアでの試験

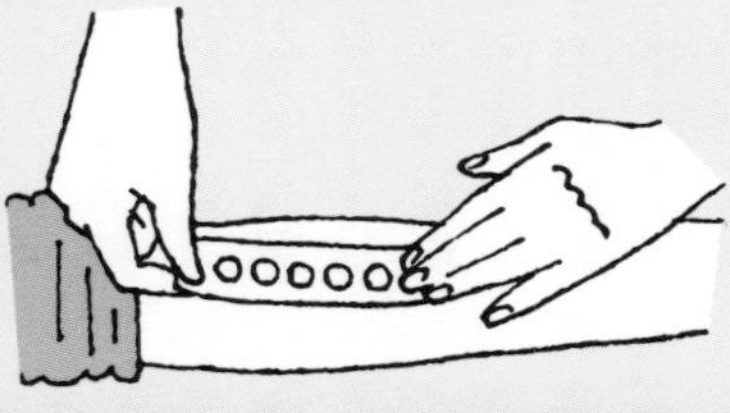

9項目（単回投与毒性、皮膚一次刺激性、連続皮膚刺激性、光毒性、ヒトパッチテスト、眼刺激性、接触感作性、光感作性、変異原性）

65 「安定性」を保証する

過酷な環境でも安定に

スキンケア化粧品の有効期限はどのくらいでしょうか。薬機法では、製造後3年以内で変質する化粧品を除き、使用期限を表示する必要はないとしています。これは未開封の状態の規定のため、開封後は速やかに使用することが推奨されています。

化粧品は、製造された後、消費者が使用するまで、様々な環境に晒されます。それによる化粧品の分離や変色は、見た目だけの問題ではなく、安全性にも影響します。そのため、様々な環境でも品質が保たれることを確認する「安定性試験」を行います。その際、新有効成分含有医薬品に関する厚生労働省の「安定性試験ガイドライン」を参照します。

安定性試験には「長期保存試験」、「加速試験」、「過酷試験」があります。

長期保存試験では、製品で推奨する貯蔵方法で12ヵ月保存し、製品の物理的、化学的、生物学的、微生物学的性質が適正に保たれているかを検証します。保存条件は主に25℃、相対湿度60％です。医薬部外品の場合は、有効成分の量に変化がないことも確認します。有効成分を定量し、規定量の90～110％の範囲にあることを確認します。

加速試験は、製品で推奨する貯蔵方法で長期間保存した場合の化学的変化の予測と、製品の流通中に短期的に保存条件から外れた場合の影響を評価します。製品を主に40℃、相対湿度75％（または推奨する保管温度より15℃高い温度）で保管し、その間の品質の変化を評価します。

過酷試験は、製品の流通の間に起こり得る「過酷な条件」での品質の安定性を評価する試験です。加速試験よりも過酷な保存条件で実施します。加速試験より高い温度（50℃、60℃と10℃ずつ高く設定）や、相対湿度75％以上の湿度で保管し、品質変化を評価します。また可視光と紫外線を同時に照射し、安定性を評価する「光安定性試験」も行います。

要点BOX

- 安定性の低下は安全性にも影響する
- 長期保存試験、加速試験、過酷試験で安全性を担保する

安定性を保証する

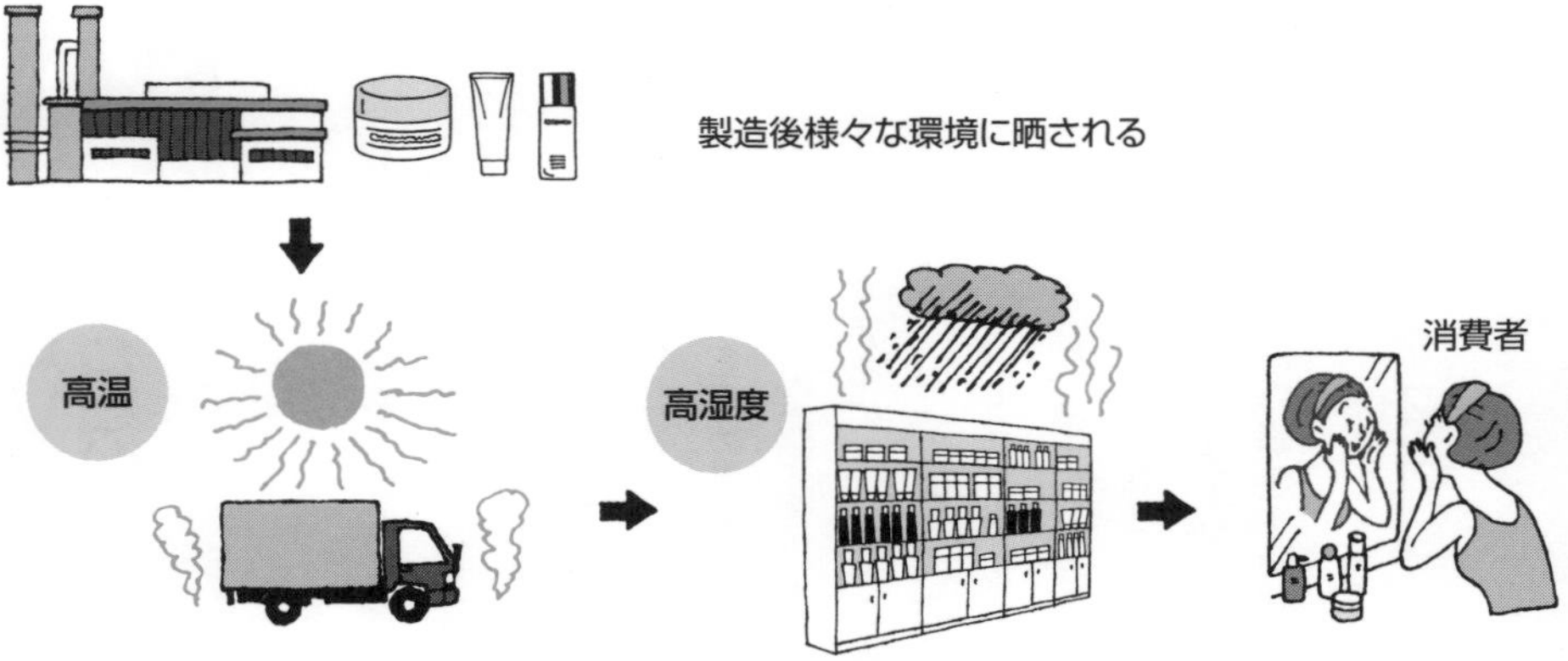

安定性試験

安定性試験を行い保証する：「安定性試験ガイドライン」を参照

長期保存試験

12ヵ月（最短）　25℃（または設定する貯蔵温度）　60%

- 製品で推奨する貯蔵方法
- 有効期間中の安定性を評価
- 医薬部外品は、有効成分の量を保証

加速試験

6ヵ月（最短）　40℃（または推奨する保管温度＋15℃）　75%

- 化学的変化の予測
- 流通中に、保存条件から外れた場合の影響を評価

過酷試験

目的に合わせて設定　50､60…℃（または設定する貯蔵温度）　75%以上

- 流通の間の「過酷な条件」での品質の安定性を評価

可視光と紫外線

光安定性試験：光に対する安定性も合わせて評価

66 腐敗を防ぐ

スキンケア製品は水分を多く含むため、「腐敗」するリスクがあります。腐敗とは、微生物が繁殖し、状態を変えてしまうことです。一方で、その変化が人間にとって有用な場合は、「発酵」と呼ばれます(例：酒)。また植物エキス等の有効成分は微生物の栄養源となり、腐敗のリスクを高めます。

製品を製造する段階での微生物汚染を、「1次汚染」と呼びます。1次汚染には、製造環境を清潔に保つことで対応します。対応が難しいのは、製品が消費者の手に渡った後で、汚れた手をジャーの中に入れてクリームを取り出す等、微生物が混入することで、腐敗のリスクが高まります。これを「2次汚染」と呼びます。そのため、容器や処方を変更したり、防腐剤を使用する等、微生物の繁殖を抑制します。容器の観点では、ジャータイプに比べ、製品に直接手が触れないディスペンサータイプの方がリスクを低減できます。

使用可能な防腐剤は、ポジティブリストとして定められています(化粧品基準別表第3)。防腐剤は、規定されている配合上限濃度に加え、溶解性や有効濃度、製品のpH、油と水へのなじみやすさ、臭い等を考慮して選定します。パラベンフリー等、防腐剤の低減が製品のコンセプトの場合は、代替となる成分を使用します。

防腐剤の効果を表す指標は、微生物の増殖を抑制できる最小の濃度「最小発育阻止濃度(MIC)」です。これは実際に微生物を培養して評価します。ただMICは、その試験で使った特定の微生物への効果を表すため、実際に対象とする微生物との違いを考慮する必要があります。

製品に配合された防腐剤について、実際の効果は、「チャレンジテスト」で検証します。製品に微生物を加えて培養し、一定期間後(2、4週間後)に微生物が99%以上死滅する防腐剤量を検討します。

要点BOX

- 製造段階での1次汚染、使用段階での2次汚染のリスクに対応する
- ポジティブリストに示された防腐剤が使用可能

スキンケア化粧品の腐敗のリスク

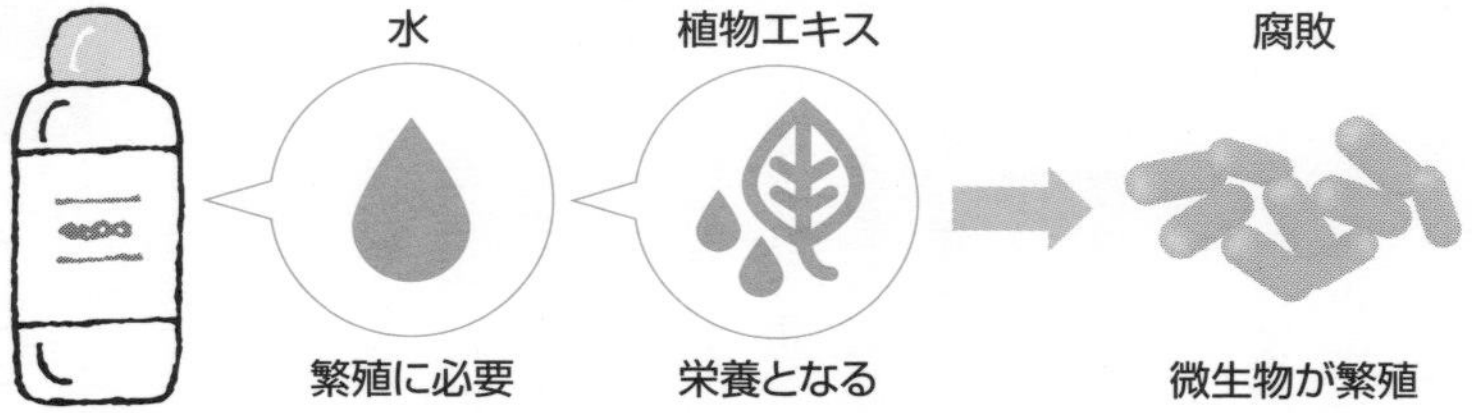

製品の汚染経路と対策

1次汚染：製造段階での汚染

2次汚染：消費者による汚染

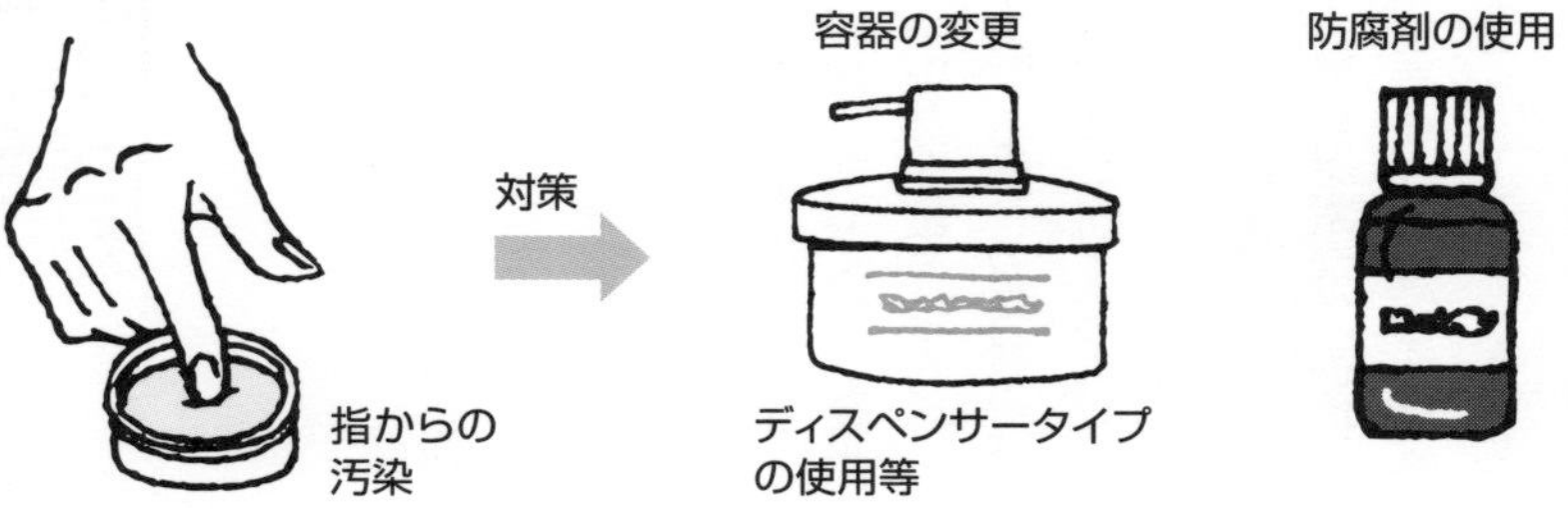

防腐剤の効果の指標

「最小発育阻止濃度（MIC）」

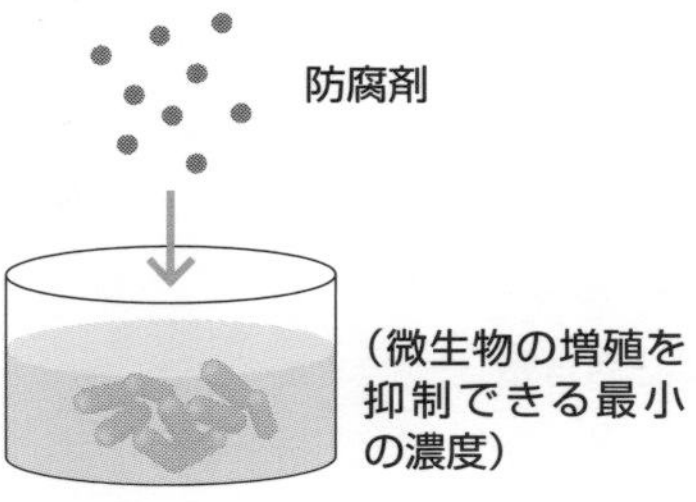

製品中での防腐剤の効果の検証

チャレンジテスト

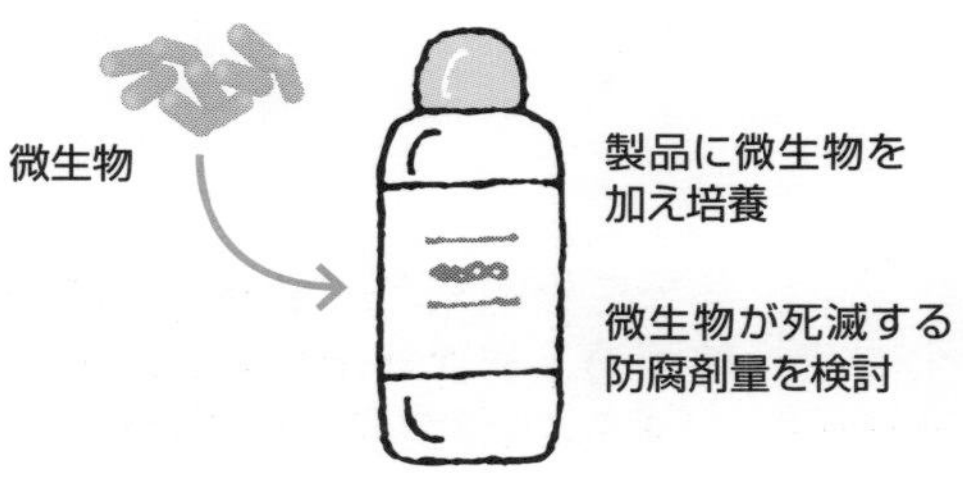

67 地球環境への配慮

未来の地球のために

環境問題への関心が世界的に高まっています。国連でも、世界の様々な問題を解決し、よりよい世界を作るための持続可能な開発目標（SDGs）を設定しています。スキンケア化粧品も環境問題に対して、古くから積極的に取り組みを進めてきました。それはスキンケア化粧品が製造され、消費者の手に届けられて、廃棄されるまでの、全ての過程を対象としています。スキンケア製品の成分に関しては、天然物由来の成分や、微生物により分解される生分解性の成分への変更が行われています。また成分を採取するための天然物自体の生産についても、森林の保全や農薬の低減等の基準の設定が進められています。プラスチックは、自然環境の中では分解されるまでに膨大な時間がかかります。このプラスチックが、断片化されて小さくなったものが「マイクロプラスチック」です。明確な定義はありませんが、5㎜以下の小さなプラスチックの粒子は「マイクロプラスチックビーズ（MPB）」と呼ばれます。これが海の中で海洋生物に取り込まれ、食物連鎖でより大きな生物に濃縮されます。MPBの表面に汚染物質が吸着することも、生物への悪影響に繋がります。そのため、スクラブ製品に含まれるMPBの廃止等が行われています。

製品の容器に関しては、軽量化や簡素化による「リデュース」、中身を詰め替え式にして本体を再利用する「リユース」、単一の素材の容器を使うことで再利用を容易にする「リサイクル」、再生可能な資源に置き換える「リニューアブル」等が進められています。

さらに製造工程を減らすことは、地球温暖化の原因となる二酸化炭素（CO_2）の排出量の削減に繋がります。また製造機器の洗浄には多くの水を使うため、工程が減ることで水資源を節約できます。製品の輸送にも、多くのエネルギーが使われるため、効率化を進めることで、CO_2の排出を減らすことが可能です。

要点BOX

- 天然物由来の成分や生分解性の成分を使う
- 製造工程を効率化することは、CO_2排出量の低減や、水資源の節約に繋がる

原料に関する取り組み

天然物由来の成分の使用

生分解成分の使用

天然成分の生産過程への規制

森林の保全、農薬の低減

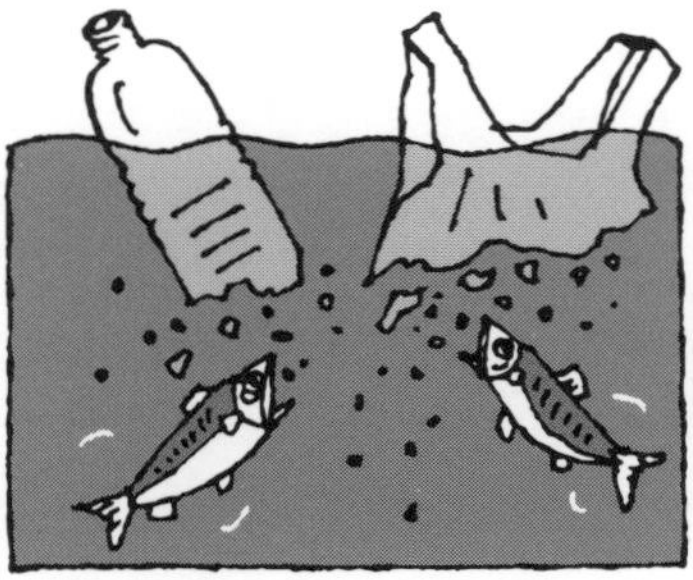

粒子状の物質の使用廃止（例：スクラブ剤）

マイクロプラスチックビーズ（MPB）：

- ●5mm以下のプラスチックの断片
- ●MPBに汚染物質が吸着し、食べた生物に悪影響
- ●食物連鎖で濃縮される

容器に関する取り組み

4R

- ●リデュース：軽量化、簡素化
- ●リユース：容器の再利用（詰め替え）
- ●リサイクル：容器の再生産（作り変え）
- ●リニューアブル：再生可能な資源に切り替える
  （紙やバイオマスプラスチック）

製造工程、輸送に関する取り組み

製造工程の短縮

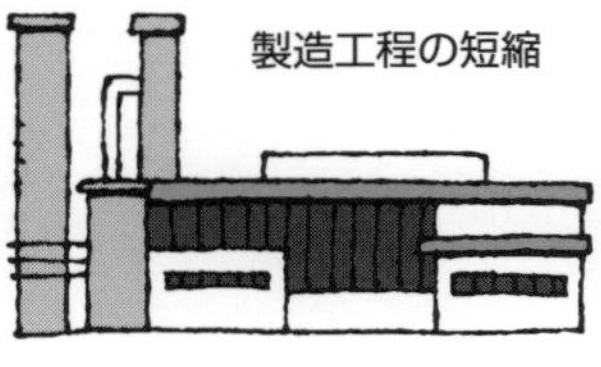

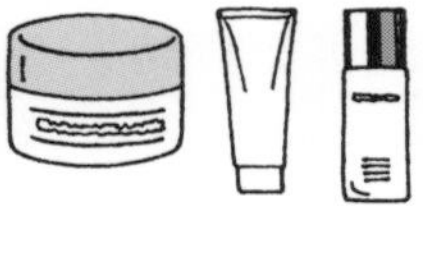

輸送の効率化

CO_2の低減、水資源の節約

CO_2の削減

日焼け 60
美容器具 86
表情筋 44
美容液 12
表皮層 30
美容法 86
表面 98
表面張力 98
ヒアルロン酸 42
非露光部 16
ファンデルワールス力 98
フィラグリン 36・72
フェースライン 18
付属器官 30・46・56
付属器官経路 84
物性 28
腐敗 152
ブラウン運動 110
フリーラジカル 62・82
プロドラッグ化 84
プロフィラグリン 36
分化 48
分散系 92
分散コロイド 94
分散相 94
分散媒 94
分子コロイド 94
分配 84
ヘキサゴナル液晶 102
防腐剤 90・152
ほうれい線 18
保湿 72
保湿機能 72
保湿剤 90
保湿成分 72
ポジティブリスト 148・152
ボツリヌストキシン 44
ポリエチレングリコール 72
ポリマー微粒子 116
ホルミシス効果 88
ホルモン 52
翻訳 50

マ

マイオカイン 70
マイクロRNA 50
マイクロニードル 84
マイクロプラスチック 154
マイクロプラスチックビーズ 154
マッサージ 86
マトリックスメタロプロテイナーゼ 40
マリオネットライン 18
水 90
ミネラルオイル 72
メカニカルストレス 86
メチル化 50
メラニン 60・74
メラノサイト 60・74
免疫細胞 58
網状層 38
毛包 46
網羅的遺伝子発現解析法 140
毛隆起 48

ヤ

薬用化粧品 144
薬機法 144
有棘層 32
有効成分 90・144
有酸素運動 70
油脂 122
油性成分 90・122
ユニバーサルデザイン 136
溶解 94
容器 136
容器の形状 136
容器の材質 136

ラ

落屑 78
ラメラ液晶 102
ラメラ構造 36・112
リサイクル 154
立方晶 102
立毛筋 46
リデュース 154
リニューアブル 154
リユース 154
両性界面活性剤 104
臨界ミセル濃度 102・104
リンパ管 30
レオメーター 134
レオロジー 134
レチノール 76
レプリカ法 66
レンガ・モルタルモデル 36
ロウ 122
老化 56
老化細胞 58
老人性色素斑 20
ローリングアップ 126
露光部 16・56
六方晶 102
ロリクリン 34

ワ

ワセリン 72・122

水性成分 122
睡眠 70
スーパーオキシド 82
スーパーオキシドディスムターゼ 82
スクリーニング 120
スクワレン 82
図形シワ 16
生活習慣 64・70
整肌 12
製造業 142
製造販売業 142
成体幹細胞 48
静電容量 66
セノモルフィック薬 58
セノリティック薬 58
セラミド 36・72
線維芽細胞 38
線状シワ 16
洗浄料 126
染色 68
相図 118
層板顆粒 36
即時黒化 60
疎水基 100
粗大分散系 94
そばかす 20

タ

ターンオーバー 32
タイトジャンクション 32
脱核 34
タバコ 70
たるみ 18
たるみ毛穴 24
炭化水素 122
弾性 38・134
弾性線維 42
男性ホルモン 80
タンパク質最終糖化生成物 64
単分子分散 102
弾力性 38
遅延型黒化 60
チキソトロピー性 112
チャレンジテスト 152
超音波診断装置 66
長期保存試験 150
縮緬シワ 16
チロシナーゼ 74
定着シワ 16
テロメア 58
添加剤 144
転写 50
転写調節因子 50
転相 108
転相温度 108
天然保湿因子 36・72
糖化 64
透明感 20・64・106
塗布膜 132
トラネキサム酸 74・78
トランスグルタミナーゼ 34
トレチノイン 76
とろみ 124

ナ

ナイアシンアミド 76
ニールワン 76
ニキビ 80
日光弾性線維症 56
乳化 92
乳頭構造 56
乳頭層 38
濡れ性 114
ネガティブリスト 148
粘性 38・124・134
粘弾性 38
粘弾性体 134
ノニオン界面活性剤 104

ハ

パーソナライズスキンケア 14
バイコンティニュアス 126
媒質 94
肌荒れ 78
肌悩み 10・14
発酵 152
バリア機能 28・32・72・78
バルジ 48
ヒアルロニダーゼ 42
ヒアルロン酸 72・76・78
ヒアルロン酸合成酵素 42
非イオン性界面活性剤 104
皮下脂肪 44
皮下組織 30・44
光安定性試験 150
光老化 56
皮丘 22
皮溝 22
皮脂 36
皮脂腺 36・46・56
ヒストン 50
ビタミンC 82
ビタミンE 82
ピッカリングエマルション 114
ヒドロキシラジカル 82
美白有効成分 74
皮膚経路 84
皮膚のバリア機能 66
皮膜 90・124

角層細胞 34
角層の水分量 66
角層剥離 32・78
撹拌機 106
過酷試験 150
過酸化脂質 82
過酸化水素 82
可視化技術 140
化審法 148
加速試験 150
カタラーゼ 82
カチオン界面活性剤 104
活性酸素 82
カミツレエキス 74
絡み合い 124
顆粒層 32
感覚器 86
幹細胞 48
汗腺 46・56
乾燥 72
肝斑 20
黄色化 20
企画 136
気化熱 28
基底層 32
基底膜 62
キメ 22
逆ヘキサゴナル 102
逆ミセル 102
キュービック液晶 102
凝集 110
鏡面反射 20
くすみ 20
クリーミング 110
グリコール酸 80
グリセリン 72
グリチルリン酸 78
グルタチオンペルオキシダーゼ 82
黒ニキビ 80
毛穴 24
経皮吸収促進剤 84
景品表示法 146
化粧品安全性評価に関する指針 148
化粧品基準 148
化粧品等の適正広告ガイドライン 146
化粧品の表示に関する公正競争規約 146
血管 30
ケラチン線維 34・78
高圧乳化 106
高圧ホモジナイザー 106
合一 110
高級アルコール 112・122
高級脂肪酸 122
コウジ酸 74
紅斑 130
高分子 90・116・124
高分子乳化剤 116
香料 90
コエンザイムQ10 82
コーニファイドエンベロープ 34・72・78
コラーゲン 40
コラゲナーゼ 40
コレステロール 36
コロイド 94
コロイド分散系 94
コロイド粒子 94

サ

最小紅斑量 130
最小持続型即時黒化量 130
最小発育阻止濃度 152
サイトカイン 52
細胞外マトリックス 38
細胞間脂質 36・72・78
細胞の老化 58
サスペンション 92
サリチル酸 80
酸化ストレス 82
酸化防止剤 90
サンタン 60
サンバーン 60・130
シェアストレス 132
紫外線 60・62
紫外線吸収剤 90・128
紫外線紅斑 60
紫外線散乱剤 90・128
色素細胞 60・74
自然老化 56
持続型即時黒化 60
脂肪幹細胞 48
シミ 20・74
雀卵斑 20
自由神経終末 86
周辺帯 34
種類別名称 146
使用感 10・134
使用性 10・134
シリコーン 122
白ニキビ 80
シワ 14
シワの測定 66
神経 30
神経線維 86
尋常性ざ瘡 80
親水基 100
親水性ー疎水性バランス 104
真の溶液 94
真皮 38
真皮層 30
親油基 100
水圧 88

索引

英数

1次汚染 152
1次スクリーニング 120
2次汚染 152
2次スクリーニング 120
4-メトキシサリチル酸カリウム塩 74
Ⅰ型コラーゲン線維 40
Ⅲ型コラーゲン 40
Ⅳ型コラーゲン 40
Ⅴ型コラーゲン 40
Ⅶ型コラーゲン 40
ⅩⅦ型コラーゲン 40
AGEs 64
AGEs受容体 64
CE 72
cmc 102・104
Corneometer 66
Cutometer 66
D相乳化法 108
HAS 42
HE染色像 68
HLB 104・106・108
MED 130
MIC 152
miRNA 50・52
MPB 154
MPPD 130
NMF 36・72・78
O/W 96
OEM 142
oil in water 96
PA 130
PIT 108
RAGE 64
SASP 58
SASP因子 58
SKICON 66
SOD 82
SPF 130
Tewameter 66
TEWL 66
UV 60
UVA 60・62
UVB 60
VapoMeter 66
VISIA 66
W/O 96
water in oil 96

ア

赤ニキビ 80
アクネ 80
アクネ菌 80
アスコルビン酸 74・82
アセチル化 50
アニオン界面活性剤 104
油 90
アポエクリン汗腺 46
アポクリン汗腺 46
アポトーシス 58
アミノ酸 36
アラントイン 78
アルデヒド 64
αゲル 112
アルブチン 74
安定型ビタミンC誘導体 74
安定性 150
安定性試験 150
安定性試験ガイドライン 150
硫黄 80
イオン化 104
一過性のシワ 16
遺伝子 50
医薬品 144
医薬品等適正広告基準 146
医薬部外品 76・144
インボルクリン 34
液晶 102
エクソソーム 52
エクリン汗腺 46
エステル 122
エタノール 122
エピゲノム 50
エマルション 92
エラスターゼ 42
炎症 62・78
エンドセリン 74
オイルクレンジング 124
オールインワン化粧品 12
オストワルドライプニング 110
温泉 88
温度 88

カ

会合コロイド 94
界面 98
界面活性剤 90・100・102
界面張力 98
角化 32
角化細胞 32・74
拡散 84
拡散反射 20
角栓 24
角層 32

今日からモノ知りシリーズ
トコトンやさしい
スキンケア化粧品の本

NDC 576.7

2024年3月30日　初版1刷発行

©著者　江連 智暢
発行者　井水 治博
発行所　日刊工業新聞社
東京都中央区日本橋小網町14-1
(郵便番号103-8548)
電話　編集部　03(5644)7490
管理部　03(5644)7403
FAX　03(5644)7400
振替口座　00190-2-186076
URL　https://pub.nikkan.co.jp
e-mail　info_shuppan@nikkan.tech
印刷・製本　新日本印刷㈱

●DESIGN STAFF
AD――――志岐滋行
表紙イラスト――――黒崎　玄
本文イラスト――――小島サエキチ
ブック・デザイン――黒田陽子
(志岐デザイン事務所)

●
落丁・乱丁本はお取り替えいたします。
2024 Printed in Japan
ISBN　978-4-526-08334-1　C3034

●定価はカバーに表示してあります

●著者略歴

江連 智暢(えづれ とものぶ)

神戸大学大学院イノベーション研究科客員教授。株式会社資生堂みらい開発研究所フェロー。老化研究を専門とし、化粧品では困難とされた見た目の老化の領域を開拓したパイオニア。化粧品技術の世界大会IFSCC (International Federation of Societies of Cosmetic Chemists)で前人未踏の4大会連続受賞を達成。IFSCCで「世界で最も有名な化粧品研究者」と称される。国内外の専門学会で多数の受賞の他、業界発展功労賞なども受賞。資生堂150年の歴史の中ではじめてフェローの称号を贈られる。著書に「顔の老化のメカニズム」(日刊工業新聞社)、「他人目線でたるみケア」(講談社)、「新しいアンチエイジングスキンケア」(日刊工業新聞社)等がある。博士(農学)